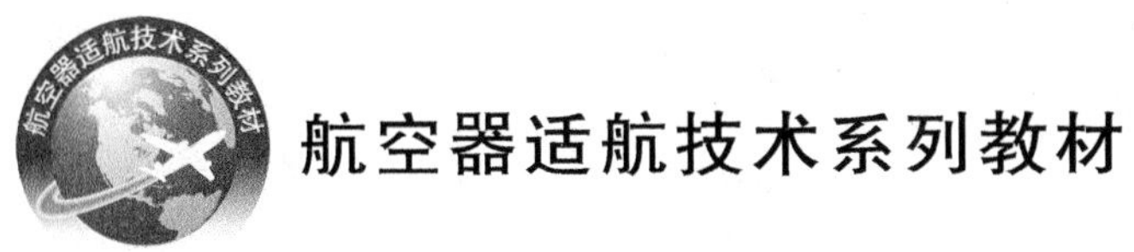

民用航空器适航管理

蔡景　许娟　刘明　付宇　陆晓华　编著

北京航空航天大学出版社

内容简介

本书共有三部分内容。第一章到第三章为第一部分内容，主要介绍了适航管理的基本概念、发展，适航管理组织体系，适航法规文件和主要涉及的行业协会；第四章到第七章为第二部分内容，以航空器及其零部件的型号合格审定为主，介绍了航空器的设计批准管理、生产批准管理、适航批准管理，零部件适航管理；第八章到第十一章为第三部分内容，以航空器的持续适航审定与管理为主，介绍了航空器运行合格审定、运行与维修相关机构合格审定、持续适航管理，以及航空事故与规章修订。

本书涵盖的内容较多，可以作为适航技术与管理专业学生的专业教材，也可以作为该专业或相关专业技术人员的参考书。

图书在版编目(CIP)数据

民用航空器适航管理 / 蔡景等编著. -- 北京 : 北京航空航天大学出版社, 2018.1

ISBN 978-7-5124-2520-0

Ⅰ. ①民… Ⅱ. ①蔡… Ⅲ. ①民用航空—航空器—适航性—研究 Ⅳ. ①V328.5

中国版本图书馆 CIP 数据核字(2018)第 003902 号

民用航空器适航管理

蔡 景 许 娟 刘 明 付 宇 陆晓华 编著

责任编辑 张冀青

*

北京航空航天大学出版社出版发行

北京市海淀区学院路 37 号(邮编 100191) http://www.buaapress.com.cn

发行部电话:(010)82317024 传真:(010)82328026

读者信箱: goodtextbook@126.com 邮购电话:(010)82316936

北京九州迅驰传媒文化有限公司印装 各地书店经销

*

开本:710×1 000 1/16 印张:16.5 字数:352 千字

2018 年 4 月第 1 版 2024 年 8 月第 6 次印刷 印数:6 001～7 000 册

ISBN 978-7-5124-2520-0 定价:49.00 元

若本书有倒页、脱页、缺页等印装质量问题，请与本社发行部联系调换。联系电话:(010)82317024

前　言

适航技术与管理是以国家大型民机工程的迫切需求为牵引的国防紧缺学科。适航管理对于保证航空器的安全性具有重要意义，是航空器设计、制造与使用维护的基础。国内已有的教材有中国民用航空总局航空器适航司编写的《中国民用航空器适航管理》、上海交通大学出版社出版的《适航理念与原则》和北京航空航天大学出版社出版的译作《适航性：航空器合格审定引论》等。以上书籍对适航管理体制、内容和管理的基本过程都进行了介绍，但在运行合格审定、持续适航管理、规章修订等方面介绍得相对较少。随着适航的发展，新的适航理念与管理要求在变化，因此，本书根据最新的适航要求，比较系统地介绍了适航管理所涉及的基本概念和管理基础，航空器及其零部件的型号合格审定，以及航空器持续适航审定与管理等。编写本书的目的是让读者能比较全面地了解和掌握航空器适航管理的框架和基本内容，对适航管理有一个比较全面的认识。

笔者在适航管理的教学、研究和实践方面积累有限，近年来，随着国产民用飞机、发动机的研制，适航技术与管理相关专业人才需求大幅度增加，因此，笔者和同仁斗胆总结了国内外相关的标准规范以及相关研究，先后编写了教学讲义，通过几年的教学实践，在不断地对讲义进行修改、提高后，又对其进行了进一步归纳和总结并提炼而成本书。因此，本书凝聚了以往国内外航空器适航管理的研究成果，以及国内外适航当局的实践经验。民用航空器适航管理作为一个相对比较新的学科，凭借一个团队，通过一本书，要将民用航空器适航管理彻底梳理清楚是困难的，再加上笔者的能力、水平有限，所以本书还存在很多不妥、粗浅的地方，希望读者能够给予指正，不胜感谢。

在书稿的撰写过程中，除署名作者外，鲍晗、陈志雄、张丽、郭锐、代定强、王治国、董平等参与了书稿的撰写与修改工作，另外，没有提及到的研究生直接或间接地对本书做出过贡献，这里不一一列举，在此铭记，并致以谢忱。

对本书影响最大的是著作《中国民用航空器适航管理》和《适航理念与原则》，我国适航当局颁布的相关标准规范和程序等，以及另外一些优秀著作的思想。书中个别地方直接摘录了一些优秀著作的内容，也参考了大量学术论文和资料，已在参考文献中列出。

蔡　景

2017 年 10 月

目　　录

第一章　适航管理概述

1.1　基本概念

1.1.1　适航性

适航性在辞典中的定义：Fitness to Fly，航空器适于在空中飞行的性质。

航空器适航性的定义（维基百科）：适航性是航空器适合于安全飞行的一种度量。航空器的适航性通过国家民航当局颁发适航予以认可，同时，通过实施必须的维修保养以保证航空器持续适航。

《民用航空机载系统与设备安全性评估方法与指南》（SAE ARP4761）中，将适航性定义为：航空器、航空器系统或部件安全运行并完成预期功能的一种状态。美国科学院《改进航空安全性》给出的定义："适航性是航空器在经申明并被核准的使用限制之内和预期的使用环境中运行时，其本体（包括各系统、部件、操作等）的安全性和物理完整性。"

德国民航当局（ Luftfahrt-Bundesamt，LBA）对适航性的定义：航空器的设计、制造符合可接受的安全标准，达到适当的要求（在预期的使用环境中和在经申明并被核准的使用限制下），并具有可接受的大纲一致的维修。

《国际民航公约》附件 8 和美国联邦法典 CFR14-3.5 中对航空器适航性的定义：航空器、发动机、螺旋桨或部件符合其被批准的设计并处于满足安全运行条件的状态。

适航性早期就与政府机构对航空器安全性的管理和控制联系在一起。航空器最早应用于民用航空活动是邮递航空（通过送信或送货来获取利益）。当时受生产力水平的制约，航空器技术水平较为落后，随着民用航空运输活动的增加，事故也在不断发生。据统计，在 1935 年美国的空邮服务期间，第一批 40 名客机飞行员中，死于飞行事故的有 31 人，飞行员的平均寿命只有 3 年。因此，民航一度被人们称为"冒险者的事业"。航空器坠毁砸坏了地面民房，甚至砸死了地面人员等，使公众的利益受损。为了维护公众的利益，政府开始制定民用航空器的飞行品质以满足飞行安全（即"适航性"），以及制定满足适航性应该符合的相应标准（即"适航标准"），然后检验航空器是否满足这些标准（即"适航检查"），并给符合要求的适航器颁发证件（这个证件就是适航器适航证）。获得政府颁发的有效证件，适航器才可以合法运行。这种政府管理是民用航空管理的最早形式，也是适航管理的雏形。因此，民用航空器的适航性不是仅满足航空器的设计、制造需求,也不是出于学术研究的需要,更多的是出于民用航空立法以及维护公众利益的需求。

1.1.2　安全性

国际民航组织对航空安全的定义:"航空安全是一种状态,即通过持续的危险识别和风险管理过程,将人员伤害或财产损失的风险降至并保持在可接受的水平或其以下。"国际民航组织将航空安全的概念引申为一种状态,由此可以看出,安全就是风险可以接受,风险较小或风险得到控制。

影响飞行安全的因素主要包括三个方面:人、机、环境。

① 人的因素主要包括飞行员、空中交通管制人员、维修人员和相应人员等,在飞行安全中属于主动因素。上述人员在各自领域具备熟练技能可以避免导致事故或灾难性的飞行操作错误。因此,国家必须赋予特殊公共机构相关的责任义务,以确保上述人员在专业培训、技术和程序更新,以及心理和身体素质方面处于一个适应的水平。

② 机是指飞行器本体。飞机结构和功效的完整性是飞机安全的重要保障。国家赋予特殊公共机构相关责任,确保该机型的运行和操作说明符合飞行安全标准。需要特别指出的是,这些影响飞行安全的因素依据情形具有层次之分,而不是并列关系。

③ 环境涵盖了对飞机飞行产生影响的所有外部因素,包括气象条件、空中交通状况、通信、机场等等。环境评估的目的是要避免可能危及飞机本体的情形,即考虑正确的飞行气象信息,纵向和横向气流分离规则,合适的机场条件等等。

民用航空中所指的"安全"与传统意义上的"安全"是不完全相同的。传统意义上的"安全"的概念就是"无危则安,无缺则全",其含义是尽善尽美,没有事故,没有风险。事实上,不存在任何人造系统的绝对安全。随着对系统安全研究的逐步深入,人们从系统安全的角度对安全进行定义:安全指的是系统处于这样的一种状态,通过系统持续地识别危险源和风险管理,使人员伤害或财产损坏的风险降低并保持在公众可接受的水平。

可以从两方面更好地理解安全的含义:一是安全和风险之间存在辩证关系,即安全与风险互不相容。当系统的风险降低到某种公众可接受的风险水平时,该系统便是安全的。二是安全的相对性。某系统是否安全,是人们对从事该类活动的主观评价。当人们认为该活动的危险程度可以接受时,则这种活动的状态是安全的。不存在危险因素的系统或活动几乎是没有的,万事万物都普遍存在着危险因素,例如,人走路存在摔跤的危险,只不过是该因素发生的概率的大小和轻重程度不同而已。

安全是与公众可接受的风险水平相关的,可接受的风险水平又与经济发展状况有关。例如,不同国家对风险可接受的水平是不一样的,发达国家对风险的接受水平应该低于不发达国家，这也是为什么不同的国家的安全目标是不同的。

世界各地区的民航安全水平差异显著，如图 1.1 所示。2000—2004 年，全球 2 250 公斤以上固定翼航空器定期航空运输致命事故率（每百万飞行小时事故次数）平均为 0.8，而非洲地区最高达到 5.0，是世界平均数的 6 倍多。亚洲和太平洋地区的致命事故率为 1，略高于世界平均水平。欧洲的事故率为 0.5，北美地区（美国和加拿大）为 0.4，均低于世界平均数。

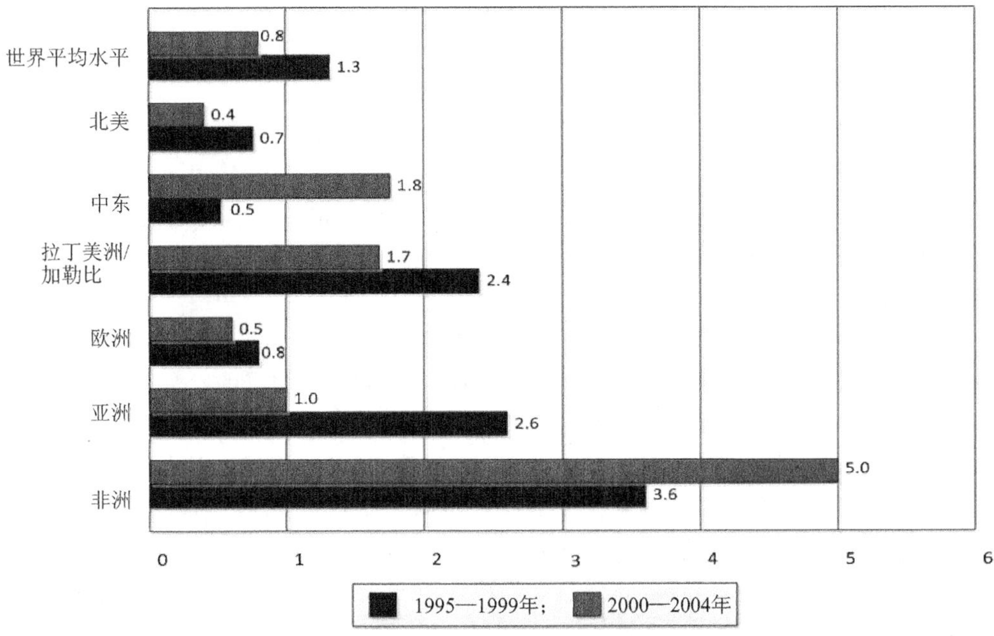

图 1.1　按地区划分的 2 250 公斤以上固定翼航空器定期航空运输致命事故率

国际民航安全水平随着安全技术能力和航空安全意识的提高而不断提升，图 1.2 给出了 2010 年世界不同地区的民航安全水平。我国民航安全水平在显著提

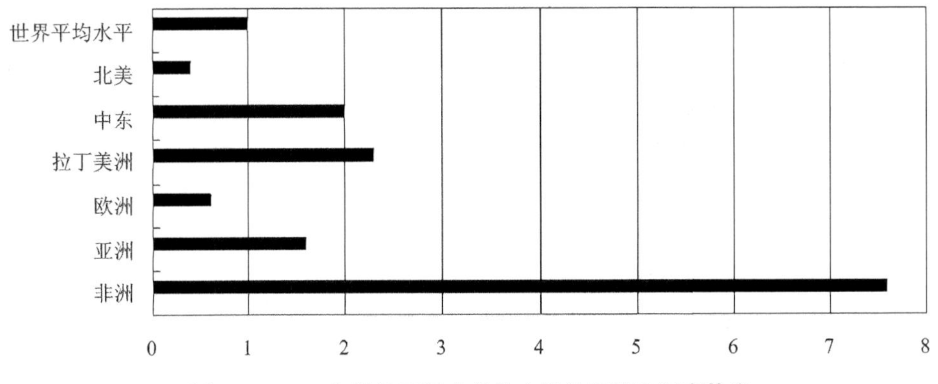

图 1.2　2010 年按地区划分的航空运输离港飞行事故率

高，这与我国机队的总体役龄特点存在一定的关系，但更说明了我国民航安全管理水平的提高。

由此可见，非洲是目前民航安全形势最差的地区，但非洲公众接受了这个风险水平，还是选择乘坐飞机；如果这个安全形势发生在美国，美国公众又因不能接受这个安全水平而不选择乘坐飞机出行，就会影响到美国民航的发展。

1.1.3 适航与安全的关系

1.1.3.1 适航与安全的联系

(1) 适航源于安全

飞机适航性的概念源于安全性。该概念最早由美国提出，目前，美国已建立起较为完整的适航体系，分别从整个航空运输的层面和航空器的技术层面两方面进行安全审定，对各类型旋翼机、商用飞机、航空发动机等都制定了具体的适航审定标准。基于航空安全，适航运用相关理论方法、法规管理及工程技术手段，保障航空器全寿命周期内运行过程中的安全。

(2) 安全是适航的目标

适航是安全运行的基础，安全是适航的目标。以保障航空器的安全为目标，航空器的适航管理是政府适航部门在制定各种最低安全标准的基础上，对航空器的设计、制造、使用和维修等环节进行科学统一的审查、鉴定、监督和管理。因此，适航标准也是最低安全标准。“最低”有两层含义：一是表明该标准是基本的、起码的；二是表明该标准是最经济的。适航标准处处都体现出安全与经济的平衡。不切实际盲目追求安全性，不利于航空业的发展；片面追求经济性而安全得不到保障，飞机失事将造成巨大损失。

(3) 适航与安全交叉融合

正是由于早期航空技术不发达，事故频发，政府应公众要求做出规定，以禁止不安全的航空器飞行，并组织机构对航空器安全性的管理和控制提出了适航要求。初始适航阶段，安全性设计评估技术涵盖了航空器的设计、制造过程；持续适航管理阶段，航空器运行也融合了现代的安全审计与管理理念和方法。要保证航空安全，首先要保证航空器满足适航标准，而航空器性能的安全性也属于适航的范畴。安全的航空器是适航的，适航的航空器在预期运行环境和使用限制下一定能始终保持安全性和物理完整性，始终处于符合其型号设计的安全运行状态。适航是安全运行的基础，源于安全，安全是适航追求的目标，彼此交叉融合，在航空器运行管理中相辅相承，互为补充。

1.1.3.2 适航与安全的区别

适航不等同于安全，二者的区别见表 1.1。

表 1.1　适航与安全的主要区别

	关注对象不同	涵盖内容不同	实施主体不同	实施规章标准不同
适航	航空器全寿命的过程管理	航空器从设计、制造到使用维护的客观规律	三层式民用航空器适航管理组织体系	适航管理法规标准体系、适航管理文件、适航管理程序和咨询通告等
安全	人、机、环境、管理等诸多要素	保障和推进航空安全运行的一切管理措施和活动	采用民航局、地区管理局及安全监督管理局共同组成的“两级政府、三级管理”的安全管理组织体系	以国家安全生产法规体系为基础，以国际公约为前提，以我国民航法规体系为主体的三层式航空安全法规标准体系

航空安全管理方面，中国民航采用民航局、地区管理局及安全监督管理局共同组成的“两级政府、三级管理”的安全管理组织体系（见图 1.3）。

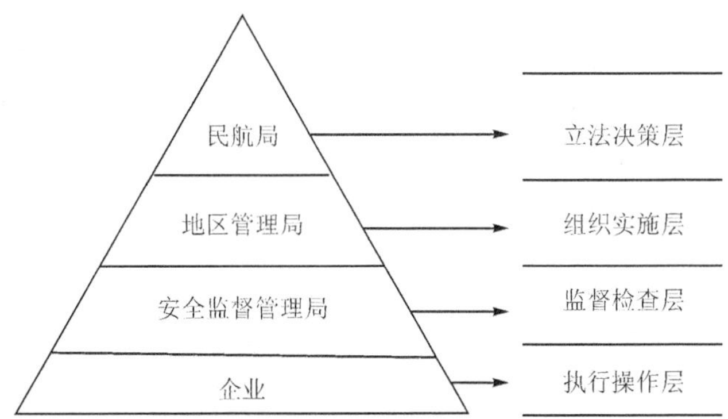

图 1.3　我国民航安全监管组织体系

民航政府部门实施的安全管理活动主要集中在立法决策、组织实施以及监督检查等宏观管理层面。航空公司实施的安全管理活动主要集中在组织实施、检查和执行操作等微观层面。航空公司通过建立安全委员会负责公司总体安全运营，具体安全方针政策的执行和日常管理监督工作则由安全监察部来实施。

《中华人民共和国民用航空器适航管理条例》（简称《适航管理条例》）明确规定：民用航空器的适航管理，是根据国家有关规定，对民用航空器的设计、制造、使用和维修，实施以确保飞行安全为目的的技术鉴定和监督，必须执行规定的适航标准和程序。适航管理法规标准体系分为两个层次：第一层次是法律、行政法规和规章，主要包括由全国人民代表大会通过的《中华人民共和国民用航空法》、国务院发布的行政法规以及民航局颁布的《中国民用航空规章》（CCAR）等；第二层次是为执行第一层次的法律和规章而制定的实施细则，是由民航局适航司发布的法规性文件体系，其中包括：适航管理文件（AMD）、适航管理程序（AP）和咨询通告（AC）等（见图 1.4）。

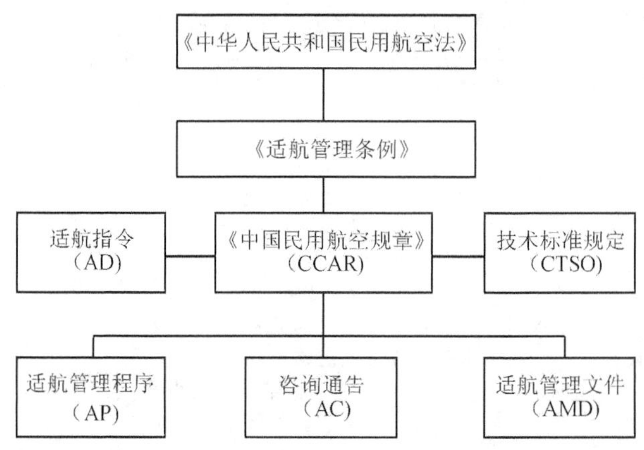

图 1.4 适航管理规则标准体系

根据“安全第一，预防为主，综合治理”的安全方针，我国建立起以国家安全生产法规体系为基础，以国际公约为前提，以我国民航法规体系为主体的三层式航空安全法规标准体系。全国人大通过的法律为第一层次；国务院通过的行政法规为第二层次——由于航空活动涉及诸多部门，因此需要由国务院以行政法规的形式规范各部门的相互法律关系；民航局颁布的各类规章、标准及程序为第三层次，其中标准包含国家标准（GB）和航空标准（HB）。

1.1.4 适航管理

民用航空器适航管理是以保障民用航空器的安全性为目标的技术管理，是政府适航管理部门在制定了各种最低安全标准的基础上，对民用航空器的设计、制造、使用和维修等环节进行科学统一的审查、鉴定、监督和管理。适航管理的宗旨是保障民用航空安全，维护公众利益，促进民用航空事业的发展。适航管理的过程贯穿于民用航空器从孕育、诞生到寿命终止的全过程。从适航管理的阶段来分，一般可分为初始适航管理和持续适航管理。

初始适航管理是对设计、制造的管理，是指在民用航空器交付使用之前，适航主管部门依据适航规章和程序，对民用航空器的设计和制造所进行的型号合格审定和生产许可审定，以确保民用航空器和民用航空器部件的设计、制造是按照适航主管部门的规定进行的。

持续适航管理是对使用、维修的管理，是指在民用航空器满足初始适航标准和规范、取得适航证并投入运行后，为保持它在设计制造时的基本安全标准或适航水平，为保证民用航空器始终处于安全运行状态而进行的管理。

适航管理中的初始适航和持续适航相辅相成、密不可分，两者没有明显的界限，也无法截然分开。而两者的交联和融合，则构成了适航管理的一个整体和全部内容。

1.2　适航管理的特点和主要内容

1.2.1　适航管理的特点

各国对民用航空器的适航管理，基本上都具有国际间普遍承认的五大特点。

(1) 权威性

所有的适航规章、标准均具备强制性，适航管理所依据的标准和审定监督规则，具有国家法律效力；作为适航管理部门，也必须具有权威性，航空器的设计、制造、使用和维修单位、个人，必须服从国家适航管理部门的统一、公正的管理。

(2) 国际性

航空器一方面作为国际间航空运输的重要工具，另一方面也是国际上的重要商品。航空产品的进出口，特别是航空器的生产日趋国际化，决定了各国的适航管理必然具有国际性。各国的适航管理部门为了保证航空的安全和利益，根据本国的适航标准，严格审查各种进口的航空产品。同时各国也要求积极扩大国际交流，制定国际上能够得到普遍承认的适航标准，广泛制定保护本国利益的国际间的适航协议，使本国的航空产品能够更多地进入国际市场。

(3) 完整性

任何一个国家的适航管理部门，对航空器的设计、制造、使用、维修，直至其退役的全过程，都要实施以安全为目的、统一的闭环式的审查、鉴定、监督和管理。

(4) 动态的发展性

航空科技的进步和民用航空业的不断发展，要求各国适航管理部门不断改进和增加新的适航标准，适航管理也必然随之变化发展。因此，适航管理不能是静态的、永恒不变的，而应当是动态发展的。

(5) 独立性

适航管理部门的独立性是保证其在立法和执法工作上的公正性和合理性的要求。世界各国适航管理部门几乎都是在经济和管理体制上独立于航空器的设计、制造、使用和维修等环节之外的政府审查监督机构。只有这样，才能保障航空安全和促进航空运输业及制造业的发展。

1.2.2　适航管理的内容

目前，人们普遍认为初始适航管理是对设计、制造的控制，而持续适航管理是对使用、维修的控制，在一定程度上造成了初始适航与持续适航相对割裂的现象。实际上，从航空器的整个寿命过程来看，初始适航和持续适航是一个“你中有我、我中有你”的有机闭环。根据国际民航组织对持续适航工作范畴的界定，持续适航工作起始于航空器设计阶段，即在航空器设计阶段应采用“为检查工作提供必要的可达性，并使为实施维修工作而制定的工艺和措施能得以使用”的设计准则。在航空器设计中，有关持续适航的要求，如“可达性措施”“持续适航文件”等，是适航规章明确要求的“强制性要求”。同时，在航空器设计阶段，还必须考虑运行规章和航空器营运人对航空器的特定设计要求，尽管这些要求并不一定是适航规章提出的强制性要求。

按照人们的习惯认识，将适航管理分为初始适航和持续适航两个阶段，各自的管理内容和目的既有区别又有联系。

1.2.2.1　初始适航管理

初始适航是在航空器交付使用之前，适航部门根据各类适航规章、标准和程序，对民用航空产品的设计符合性和制造符合性进行型号合格审定和生产许可审定，并实施持续性的监督，以颁发型号合格证件、生产许可证件及适航证件。

一般地讲，国际民航组织（ICAO）设立飞机/发动机/系统符合相关初始适航的认证标准。该组织于1944年由《国际民用航空公约》（又称《芝加哥公约》）确立权限，使用的标准通常是由国际民航组织会议宣布的最低安全标准。例如某新型飞机由该组织宣布代码，以及相关子系统（发动机、航电等）代码，同时，这些标准以“适航证书”的形式提供。这是国际民航组织间的公约，可以认为，权威认证的飞机初始适航标准的“主管”是国际民航组织。

遵循国际民航组织的《国际民用航空公约》，由国家适航部门建立起的适航标准是国家的一种规定，它是为保证民用航空器的适航性而制定的最低安全标准，也是国家的一种技术依据。我国主管机构颁发相关法律、法规，适航司为实行这些法律法规制定细则和解释。《中国民用航空规章》（CCAR）中有关适航的各个部分，是有关适航的基本法规依据，目前，在初始适航管理领域内，我国已颁布生效了关于各类航空器的初始适航技术标准，构成初始适航管理工作的基本依据。

只有通过型号设计审定和核查后，适航部门颁发型号合格证，取得型号合格证的航空产品才能投入批量生产；只有审核制造厂的生产能力、质量保证系统及技术管理系统等方面后，适航部门才能颁发生产许可证；只有通过航空器使用前适航性审查后颁发适航证，才能在规定范围内做合法航行。这些都是最终达到保障民用航空安全，维护公众利益，促进民用航空事业发展目的的基础。

1.2.2.2　持续适航管理

持续适航航空器满足初始适航标准和规范，满足型号设计要求，符合型号合格审定基础，获得适航证，投入运行后，如何保持它在设计制造时获得的固有安全性（或适航性），使其能始终处于安全运行状态呢？

《国际民用航空公约》包括18个附件。其中附件6（航空器的运行）中阐述了航空器运行、性能、通信与导航设备、维修、飞行文件、飞行人员职责以及航空器的安全保卫等方面的一般规则和要求。依照《国际民用航空公约》，为履行国家适航当局的职责，国家民用航空主管部门需要建立自己的民用航空器适航管理机构，需要制定基本法规并付诸实施。1987年5月4日我国发布的《适航管理条例》是一部极为重要的行政法规,它的发布和实施标志着中国民用航空走上了国际先进的、科学的民用航空器适航管理轨道。在持续适航管理工作中,必须具有相应的规章,才能够逐步建立、健全和完善这样的管理工作。

持续适航管理是一个国际上通用的管理模式,通过构建持续适航审定、风险识别、风险分析和风险控制与改进的闭环控制,达到保持和提高安全性的目的。为此,在具体层面,需要通过各航空运输、维修企业内部的自身管理机制的完善和有效运转,对民用航空器在投入营运后,保障飞行安全,对民用航空事业的发展起到促进的作用。中国民航运行规章将航空器的适航性责任“赋予”了航空器营运人,并由其负责在使用、维修过程中保持该航空器的适航性。受自身工程能力和管理水平的限制,航空器营运人只能依靠航空器型号合格证持有人提供“好用、易修、安全、耐用”的航空器和“全面、周到”的技术支持和服务,并将其作为是否采购该型航空器的衡量指标。因此,在航空器设计阶段,充分考虑航空器的持续适航要求是航空器获得市场认可的重要保障。

综上所述,航空器的持续适航不是简单地对航空器使用和维修活动的控制,必须从设计源头重视持续适航问题,并在设计、制造环节贯彻持续适航要求。

持续适航与初始适航是不可分割的有机整体:初始适航是持续适航的基础,没有初始适航,也就无所谓持续适航;持续适航是初始适航的价值体现,如果航空器不能在使用中保持其适航性,那么仅在审定时“呈现的”初始适航也将变得毫无价值。从该角度讲,初始适航取证只是民用飞机走向成功的开端,持续适航管理则是民用航空器全寿命成功的保证,是航空器由型号成功迈向商业成功,进而带动整个产业发展的关键因素。

1.3 适航管理在保障民用航空安全中的作用

民用航空运输已经成为最安全的交通运输方式。民航的安全超过了铁路、公路、海运等运输方式。资料显示,乘坐不同交通工具的死亡率:乘飞机是每1亿客英里0.4次;乘火车是每1亿客英里0.6次;乘汽车是每1亿客英里41次;乘轮船是每10万船6.9次。

1903年,美国莱特兄弟发明了航空器,航空器的安全性经历了100多年的发展后已经大大地提高。受生产力发展水平的制约,20世纪70年代初期之前的科学技术还相对落后,航空器本身存在的缺陷比较突出,严重影响着航空安全。在这一时期,航空安全的重点是关注和解决系统设备方面的失效问题。

国家航空主管部门对影响安全的技术问题进行充分研究,编写了法规或标准,并将其作为系统设备必须满足的最低安全标准,以防止在新设计和生产的民用航空产品和零部件中再次发生同样的失效。对于在用的民用航空产品和零部件,可以通过颁发适航指令及时纠正这种可能危及安全的情况。这种改进除了采取事故后措施外,还在航空系统运行过程中采取措施,以及因调查研究而采取的措施。这种方法能够有效阻断事故的再次发生,取得了一定成功并显著地降低了事故率。如图 1.5 所示,20 世纪 70 年代初期以后,因系统设备缺陷导致的航空事故比例由早期的 80%左右降到 20%左右。同时,随着航空科技水平的提高,70 年代中期,系统设备的可靠性远远高于人操作的可靠性,事故统计表明:约 80%以上的事故源于人为差错。因此,航空安全管理的重点转向了关注人为因素问题。

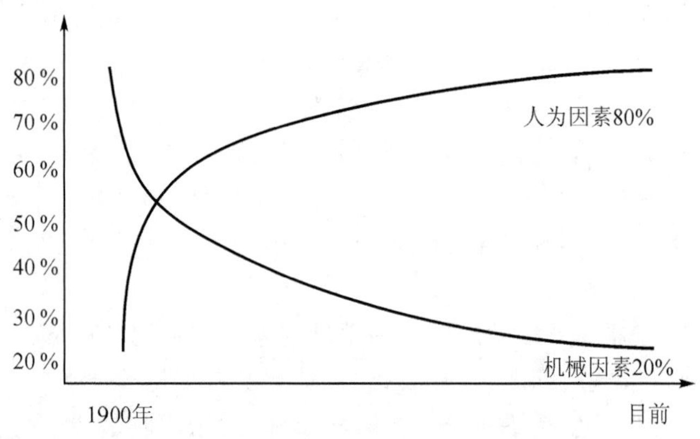

图 1.5　航空事故统计

从影响民用航空运输安全的因素来看,主要有:飞行和维护中的人为差错、由设计或制造问题造成的机械故障、空中交通管制、机场保障、气象条件等。据 1997—2006 年我国民航事故发生的原因分析(见图 1.6),机组原因占 60%(属于人为因素),机械机务原因占 22.86%。这说明人为因素是造成事故的第一大原因,机械机务仍然是造成事故的第二大原因。

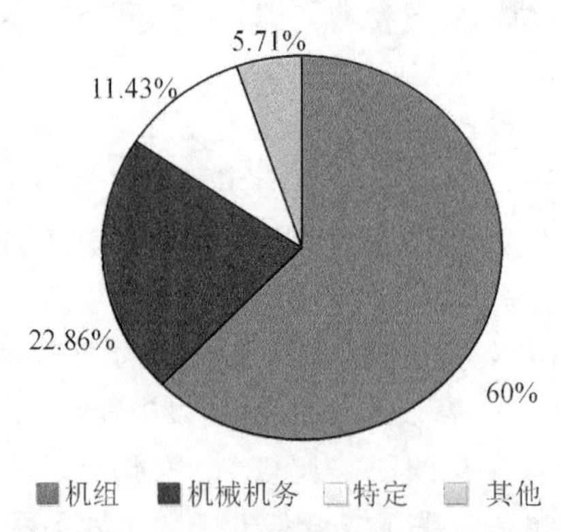

图 1.6　1997—2006 年我国民航事故发生的原因分析

图 1.7 给出了 2010—2013 年我国民航事故征候比重统计,除天气/意外因素外,机务、机械、地面保障、机组等平均约占 17%(属于人为因素),这说明人为因素是除不可抗力外造成事故的第一大原因。

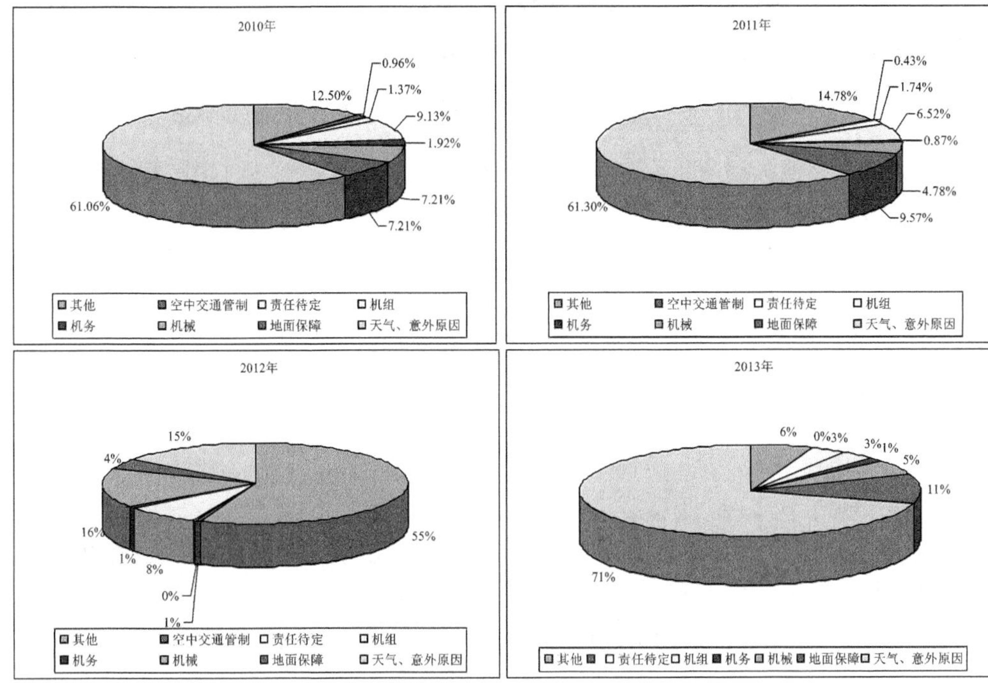

图 1.7 2010—2013 年我国民航事故征候比重统计

民用航空器是保障民用航空安全的物质基础。民用航空器适航管理是以保障民用航空器的安全性为目标的技术管理。因此,适航管理对保障民用航空安全具有重要作用。

1.4 适航管理的发展

在民用航空运输业以及民用航空制造业领域中,美国、欧洲等发达国家和地区起步早、发展快,经过长期的完善与发展,目前形成了美国波音公司和欧洲空中客车公司两个世界级大型民用飞机制造集团。此外,作为两个地区民用航空制造和民用航空运输领域的官方代表,美国联邦航空局(FAA)和欧洲航空安全局(EASA)在适航管理、适航标准建设等领域形成了相对独立的法规体系。

近年来,FAA 规章体系与 EASA 规章体系还呈现出逐渐趋于协调的趋势。总体来讲,欧美的适航体系建设过程以及审定经验对我国适航审定领域的建设具有非常重要的参考意义,特别是在我国民用航空运输机队不断壮大,国产民用航空产品不断进入民用运输市场的背景下,深入理解美国 FAA 以及欧洲 EASA 的审定过程,将有助于加强对现行适航规章的深入理解和灵活把握,进一步提高我国适航审定水平。

随着科学技术与公众需求的变化发展,适航规章的要求也在不断变化。下面以

《涡轮发动机飞机燃油排泄和排气排出物规定》(CCAR－34)和《航空器型号和适航合格审定噪声规定》(CCAR－36)为例,说明要求的变化和规章的制定。

1.4.1 《涡轮发动机飞机燃油排泄和排气排出物规定》的制定

随着目前全球大型飞机的发展以及经济全球化,随着全球飞机飞行次数的增加,飞机消耗大量的石油,并向大气排出大量的二氧化碳(CO_2)、一氧化碳(CO)、氮氧化物(NOx)、颗粒物(PM)等,造成全球变暖、大气污染、机场附近噪声、发动机排放污染等问题。随着人们环境保护意识的增强以及对环境保护的迫切性,针对航空发动机的排放,相关国际组织及世界各国都作了明确的规定和限制。

国际民航组织(ICAO)颁布的民用航空燃气轮机污染排放标准,规定了涡轮风扇及涡轮喷气发动机燃烧污染排放水平。1983 年,ICAO 成立了航空环境保护委员会(CAEP),取代了先前的航空噪声委员会(Committee on Aircraft Noise,CAN)和飞机发动机排放委员会(Committee on Aircraft Engine Emissions,CAEE),负责组织环境保护活动。1986 年,CAEP 召开了第 1 次正式会议,通过了 ICAO 的第 1 个污染排放标准 CAEP1;1991 年,召开了第 2 次正式会议,并通过了 CAEP2 标准。此后,每隔 3 年召开 1 次正式会议,制定了多个 CAEP 污染标准。这些标准颁布、修订和生效的年份见表 1.2。

表 1.2 ICAO CAEP 标准颁布、修订和生效年份

标 准	颁布年份	修订年份	生效年份
CAEP1	1986		
CAEP2	1991	1993	1996
CAEP3	1995		
CAEP4	1998		2004
CAEP5	2001		
CAEP6	2004		2008
CAEP7	2007		
CAEP8	2010		2014

ICAO 于 2010 年 2 月在加拿大蒙特利尔召开了第八次会议,制定了更严格的规范 CAEP8:与 CAEP6 相比,针对 NOx 排放要求降低 15%,2013 年 12 月 31 日以后的民用航空发动机将执行 CAEP8 标准,会议还明确了近期(2015 年)NOx 将达到 50%的 CAEP6,远期 NOx 将达到 30%的 CAEP6。

根据 CAEP 的规定,国际上各个国家也参考制定了相应的环保认证条例。美国环境保护局(Environmental Protection Agency,EPA)制定了 CAA(Clean Air Act,《清洁空气法》),其中对各种发动机,也包括航空涡轮发动机,作了一系列强制性的污染标准的规定。美国联邦法规第 40 篇第 87 部(*CONTROL OF AIR POLLUTION FROM AIRCRAFT AND AIRCRAFT ENGINES*),对航空涡轮发动机的燃油排泄和排放也提出了要求,如针对航空涡轮发动机污染物项目,包括了氮氧化物(NOx)、颗粒物(PM)、一氧化碳(CO)和非甲烷总烃(NMHC)。还有美国联邦航空局(FAA)制定了美国联邦法规第 14 篇第 34 部(*FUEL VENTING AND EXHAUST EMISSION REQUIREMENTS FOR TURBINE ENGINE POWERED AIRPLANES*),即《涡轮发动机燃油及废气排放规定》。欧盟在发动机审定规范 CS-E(Certification Specifications-Engine)中,也明确规定了航空发动机的排放标准。欧洲 ACARE 制定了 2020 年减排目标,即航空发动机的 CO_2 和 NOx 排放水平分别比 CAEP2 的标准值降低 20%和 80%,欧盟为此制定了新的阶段性联合发展计划 NEWAC,这将使 CO_2 和 NOx 排放水平在原有基础上再分别降低 6%和 16%;而美国 GE 公司与 NASA 已在 TAPS 燃烧室基础上展开合作,期望于 2025 年将 NOx 排放降低至比 CAEP2 的标准值低 80%的水平。英国适航管理局(BCAA)在适航条例 BCAR 中也对航空涡轮发动机排放进行了规范。

中国民用航空局制定并发布了 CCAR-34——《涡轮发动机飞机燃油排泄和排气排出物规定》,以满足国际通用的航空器和涡轮发动机设计、制造的排气排出物、燃油排泄要求。

1.4.2 《航空器型号和适航合格审定噪声规定》的制定

《国际民用航空公约》附件 16(环境保护)是国际民航组织理事会通过的噪声认证标准,旨在减少噪声源的噪声等级,目前制造的直升机和飞机都必须符合此类规定。第一代喷气式飞机如道格拉斯 DC-8 和波音 707,因未执行附件 16 被称为无噪声认证飞机。附件 16 的第 2 阶段飞机噪声要求仅针对 1977 年以前设计的飞机,之后的必须满足附件 16 对第 3 阶段喷气飞机的要求。2001 年 6 月,安理会通过一个新的第 4 阶段噪声标准。2006 年 1 月 1 日起,要求用新的标准重新认证第 3 阶段和第 4 阶段的飞机并用它审定新飞机。规定:"2006 年 1 月 1 日之后申请适航证的运输类航空器必须满足第 4 阶段噪声要求。"所以 ICAO 模式一般是针对航空器颁发噪声合格证,通过颁发证件的形式来评估航空器在型号合格证(TC)、TC 更改和 STC 等阶段的声学特性,以及检查维护、改装记录,这样可以发现在整个使用过程中航空器噪声的特性变化。

1968 年,联邦航空局应《飞机噪声削减法》要求,研究实施飞机噪声安全标准。该标准参照了 ICAO 对噪声的限制。FAR-36(部)也将标准分为 4 个不同噪声严格度标准阶段。该标准与 ICAO 的不同之处在于:FAR-36(部)要求"2006 年 1 月 1 日之后申请型号合格证的运输类航空器应满足第 4 阶段噪声要求",即 2006 年 1 月 1 日之前申请型号合格证的飞机,不需满足第 4 阶段噪声要求仍可在美国取证。进一步理解,ICAO 要求确定航空器的噪声级别应以航空器所有人或承运人申请适航证或等效证件的时间为准，而 FAA 要求确定航空器的噪声级别应以制造人申请型号合格证(TC)的时间为准。因此，FAA 对航空器不颁发噪声合格证，而采用控制飞行手册的方法来控制噪声水平。

1988 年，国家标准《机场周围飞机噪声环境标准》(GB 9660—85)出台，对飞机噪声在机场周围的环境影响实施控制和管理。该标准将飞机通过的机场周围区域划分为一类区域和二类区域，并规定了相应的噪声值不能超过 70 分贝和 75 分贝。但是飞机噪声控制标准未能在该标准体系中体现。2001 年 12 月，中国民用航空局在沈阳召开了公众听证会，会议一致认为颁布 CCAR - 36 的条件已经成熟。为了维护公众利益，支持新支线飞机、大型客机等国产航空器的研制，促进民用航空运输业健康、有序的发展，满足国际环境保护日益迫切的要求，中国民用航空局制定和颁布了 CCAR - 36 适航规章。

第二章　适航管理组织体系

一个国家的适航管理组织体系是为适应自身的航空产业基础和特点而建立的，是了解其适航管理的基础。本章通过对比国际民航组织（ICAO）、美国联邦航空局（FAA）、欧洲航空安全局（EASA）的组织体系，以及以波音公司和空中客车公司（简称空客公司）为代表的美国与欧洲的航空制造业的适航机构的组织体系特点，对中国民用航空局的航空器适航审定系统的组织框架特点进行介绍。

2.1　国际民航组织（ICAO）

国际民航组织（ICAO）是联合国的一个专门机构，其总部位于加拿大蒙特利尔。ICAO 负责制定国际空运标准和条例，该组织有 191 个缔约国（截至 2016 年 7 月 10 日）。

2.1.1　ICAO 的起源

ICAO 前身为空中航行国际委员会，负有协调各缔约国有关民航经济和法律事务的义务，并制定各种民航技术标准和航行规则。

1889 年，法国政府组织召开了第一个国际航空法会议，就航空活动所涉及的问题进行了讨论，但由于领空主权问题，未能达成协议。一战结束后，在 1919 年的巴黎和会上，与会国顺利制定了第一部国际航空法典——《空中航行管理公约》，又称《巴黎公约》。《巴黎公约》确定了各国对其领土之上的空气空间具有完全和排他的主权，这在航空公法领域具有划时代的意义。后来又陆续出台了一些类似公约，如《马德里公约》《哈瓦那公约》。1944 年二战结束前，52 个同盟国和中立国出席了由英国召集，在美国芝加哥召开的国际民用航空会议，与会国最终签署了《国际民用航空公约》，又称《芝加哥公约》。1947 年根据《国际民用航空公约》第 43 条，ICAO 正式成立。

1944 年 12 月 9 日，当时的中华民国政府签署了《芝加哥公约》，并于 1946 年 2 月 20 日批准该公约。1971 年 11 月 19 日，ICAO 第 74 届理事会第 16 次会议通过决议，承认中华人民共和国政府为中国唯一合法政府。1974 年 2 月中华人民共和国政府决定承认《国际民用航空公约》，并自该日起参加 ICAO 的活动。中华人民共和国从 1974 年起连续当选为 ICAO 理事国，并在蒙特利尔设常驻该组织理事会的中国代表处。

2.1.2 ICAO 的宗旨

ICAO 成员国通过《芝加哥公约》赋予 ICAO 组织国际法主体的地位。《芝加哥公约》第 47 条规定："本组织在缔约国领土内应享有为履行其职能所必需的法律能力。凡与有关国家的宪法和法律不相抵触时，都应承认其完全的法人资格。"同时，《芝加哥公约》还详尽规定了 ICAO 作为一个独立的实体在国际交往中所应享有的权利和承担的义务。因此，《芝加哥公约》具备了一个国际法主体必须具有的三个特征：

① 必须具有独立进行国际交往的能力；

② 必须直接享有国际法赋予的权利；

③ 必须构成国际社会中地位平等的实体。

ICAO 的权利能力和行为能力主要表现如下：

① 协调国际民航关系。努力在国际民航的各领域协调各国的关系及做法，制订统一的标准，促进国际民航健康、有序地发展。

② 解决国际民航争议。多年来，ICAO 充当协调人，在协调各国关系上发挥过不可替代的作用。

③ 缔结国际条约。ICAO 不仅参与国际条约的制订，还以条约缔约方的身份签订国际条约。

④ 特权和豁免。ICAO 各成员国代表和该组织的官员，在每个成员国领域内，享有为达到该组织的宗旨和履行职务所必需的特权和豁免。

⑤ 参与国际航空法的制定。ICAO 主持制定了很多涉及民航各方面活动的国际公约——从《芝加哥公约》及其附件的各项修正到制止非法干扰民用航空安全的非法行为，以及国际航空私法方面的一系列国际性文件。

⑥ ICAO 是政府间的国际组织，联合国的专门机构。ICAO 是各主权国家以自己本国政府的名义参加的官方国际组织，取得 ICAO 成员资格的法律主体是国家，代表这些国家的是其合法政府。对此，《芝加哥公约》第 21 条作出了明确规定，排除了任何其他非政治实体和团体成为 ICAO 成员的可能，也排除了出现两个以上的政府机构代表同一国家成为 ICAO 成员的可能。1946 年，联合国与 ICAO 签订了一项关于它们之间关系的协议，并于 1947 年 5 月 13 日生效。据此，ICAO 成为联合国的专门机构。联合国承认 ICAO 在其职权范围内的职能，ICAO 承认联合国有权提出建议并协调其活动，同时定期向联合国提出工作报告，相互派代表出席彼此的会议，但无表决权。一个组织还可以根据需要参加另一组织的工作。

《芝加哥公约》第 44 条规定，ICAO 的宗旨和目的主要有以下几点：

① 确保全世界国际民用航空安全、有秩序地发展；

② 鼓励为和平用途的航空器的设计和操作技术；

③ 鼓励发展国际民用航空应用的航路、机场和航行设施；

④ 满足世界人民对安全、正常、有效和经济的航空运输的需要；

⑤ 防止因不合理的竞争而造成经济上的浪费；

⑥ 保证缔约各国的权利充分受到尊重，每一缔约国均有经营国际空运企业的公平机会；

⑦ 避免缔约各国之间的差别待遇；

⑧ 促进国际航行的飞行安全；

⑨ 普遍促进国际民用航空在各方面的发展。

2.1.3 ICAO 的组织机构

大会是 ICAO 的最高权力机构，每三年至少召开一次会议。理事会是向大会负责的常设机构，包含 33 个理事国，理事国通过每届大会选举产生。理事会的主席由理事会选举产生，任期三年。理事会每年召开三次会议，下设空中航行、航空运输、技术合作、联营导航、防止非法干扰国际民航、新航行系统实施、财务、法律、人力资源和爱德华奖共 10 个委员会，见图 2.1。

ICAO 的日常办事机构为秘书处，下设空中航行局、航空运输局、技术合作局、法律与对外关系局、管理与服务局等机构，统一在秘书长领导下开展工作。此外，ICAO 还设 7 个地区办事处：亚洲和太平洋办事处（泰国曼谷）；东部和南部非洲办事处（肯尼亚内罗毕）；西部和中部非洲办事处（塞内加尔达喀尔）；中东办事处（埃及开罗）；欧洲和北大西洋办事处（法国巴黎）；南美办事处（秘鲁利马）；北美、中美和加勒比办事处（驻墨西哥的墨西哥城）。

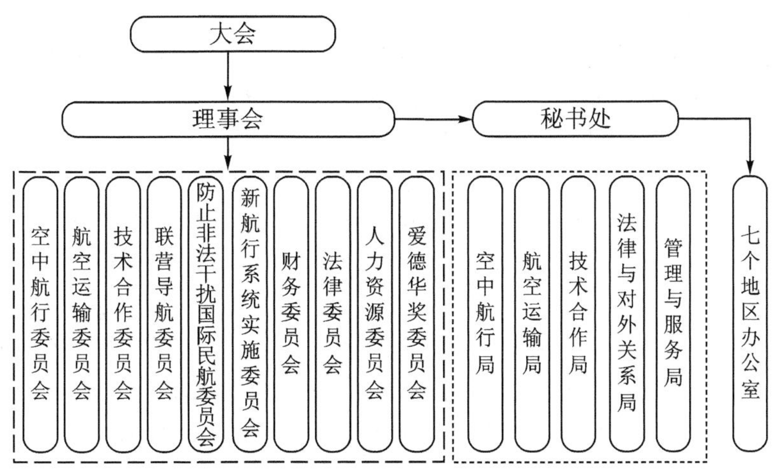

图 2.1 ICAO 的组织机构

ICAO 通过制定《国际民用航空公约》的 19 个技术附件、多种技术文件以及召开各种技术会议，逐步统一国际民航技术业务标准和管理国际航路的工作制度。具体内容包括：通过登记双边通航协定，研讨运力、运价等方针政策，简化机场联检手续，统计汇编等方法促进国际航空运输的发展；通过派遣专家、顾问，建立训练中心，举办训练班及采用其他形式向缔约国提供技术援助;管理公海上的联营导航设备;研究国际航空法,组织拟定和修改涉及国际民航活动的各种公约。ICAO 根据缔约国的建议和议事规则,通过大会、理事会、地区会议以及特别会议讨论和决定涉及国际航空安全和发展的各种重要问题。

2.2 美国适航组织体系

20 世纪 20 年代,美国就开始着手对民用飞机进行适航管理。伴随着美国航空制造业迅速发展直至成为世界上基础最雄厚、技术最先进、产品最丰富的航空制造业强国,美国联邦航空局(FAA)也发展成为当今世界上经验最丰富、最强大的适航当局。

2.2.1 美国适航管理简述

美国航空制造产业是典型的金字塔结构,其塔尖是以波音公司为代表的、拥有雄厚技术实力和巨大市场份额的航空制造业巨擘,基座为数量众多、充满活力、各具技术特点、产品和服务多样化、经济总额巨大的小型航空制造企业。美国大量的小型航空制造企业并不依附于大的航空制造企业,而是独立地提供飞机、发动机、螺旋桨、各种机载设备、零部件及飞机加改装方案等各种航空产品和服务。美国政府通过包括《小企业法》在内的一系列反垄断法律来保护这种自由竞争,不断强化这种金字塔结构。

与上述美国航空制造业的产业特点相得益彰,FAA 建立了由美国联邦航空规章(Federal Aviation Regulation,FAR)和程序(Order)、咨询通告(Advisory Circular,AC)、手册等构成的二级适航法规体系。FAR 具有国家层面航空立法的地位,赋予了适航标准法律地位,适航技术标准涵盖了飞机、旋翼机、航空发动机、螺旋桨及机载设备各个方面。AC 是对 FAR 的注解,其大量引用了 FAA 可接受的其他各种工业标准,实现了作为国家法律的适航标准和作为航空工程技术成果的工业标准规范之间的衔接。

美国的适航法规体系技术覆盖全面,在管理思路上也充分体现了美国航空制造业的金字塔形产业结构。根据 FAR 183 部的规定,FAA 允许通过委托个人或者机构承担一定适航审定任务以支持对美国庞大的航空制造业的适航管理。一方面,通过逐步调整委任管理政策实现从个人到机构的委任授权,FAA 要求在有条件的大型航空制造企业建立委任机构来强化适航管理;另一方面,在政策上继续支持大量的对个人的委托,特别是不隶属于航空制造企业的、自由顾问的个人委任,来降低小型航空制造企业的适航管理门槛,保证 FAA 通过自身有限的资源来支持金字塔基上数量众多的小型航空制造企业的发展。

FAA 适航审定部门的组织体系设置也与美国航空制造业的产业特点相适应,一方面,为了众多适航标准的制定、执行和解释的标准化,设立按航空产品分类的专业审定中心;另一方面,为了开展对数量众多航空制造企业的适航管理,在美国全国范围内设置众多的专职适航审定办公室和机构。

FAA 的主要职责包括:

① 规范民用航空,促进安全;

② 鼓励、发展民用航空学,包括新的航空技术;

③ 发展并运营军、民共用的空中交通管制及导航系统;

④ 研究并发展国家空域系统及民用航空学;

⑤ 开发并实施环保项目,对航空器噪声及其他民用航空带来的环境问题进行控制;

⑥ 规范美国商业空间运输。

2.2.2 FAA 的历史

伴随着美国航空制造业的发展,1926 年美国商务部成立了航空司分部,并颁发第 7 号航空通报(基本要求),对飞行员、航图、导航、适航标准进行管理。第一架飞机 Buhl Airstar 获得了型号合格审定,并取得发了飞机设计手册。航空司 1928 年颁发了第 14 号航空通报,该通报关注飞机结构、发动机和螺旋桨。航空司从 1928 年到 1933 年相继颁发了第 7A、7G、7F 航空通报,分别对飞机结构、发动机和螺旋桨、飞机部件和附件作了进一步要求。

1934 年航空司更名为航空局,并开始制定民用航空规章(Civil Aviation Regulation,CAR)。从 1934 年到 1958 年,航空局相继制定并颁发了 CAR04(飞机适航要求)、CAM04(要求和解释材料)、CAR03(小飞机)、CAR06(旋翼机)、CAR04a-1(TSO)、CAR7(运输类旋翼飞机)航空通报。

1958 年航空局更名为联邦航空当局,增加了制定联邦航空规章和军民空管职责。同年,第一架喷气式飞机 B707 通过了 FAA 的审定,该飞机一直生产到 1991 年。从 1958 年 FAA 开始逐步制定 FAR,1965 年制定颁发了 FAR - 21(部)——适航审定管理程序,并陆续将民用航空规章转换为 FAR。

2.2.3 FAA 的组织结构

FAA 的组织结构如图 2.2 所示。

FAA 适航审定部门的组织体系也一直在不断完善,当前的机构设置如图 2.3 所示。

FAA 设置了航空器审定司,由负责航空器安全事务的副局长管理,位于美国首都华盛顿特区。在航空器审定司总部,下设四个处:

① 生产和适航审定处:负责生产许可审定和单机适航审定的政策制定;

② 航空器工程处:负责航空器适航审定的工程技术的政策制定;

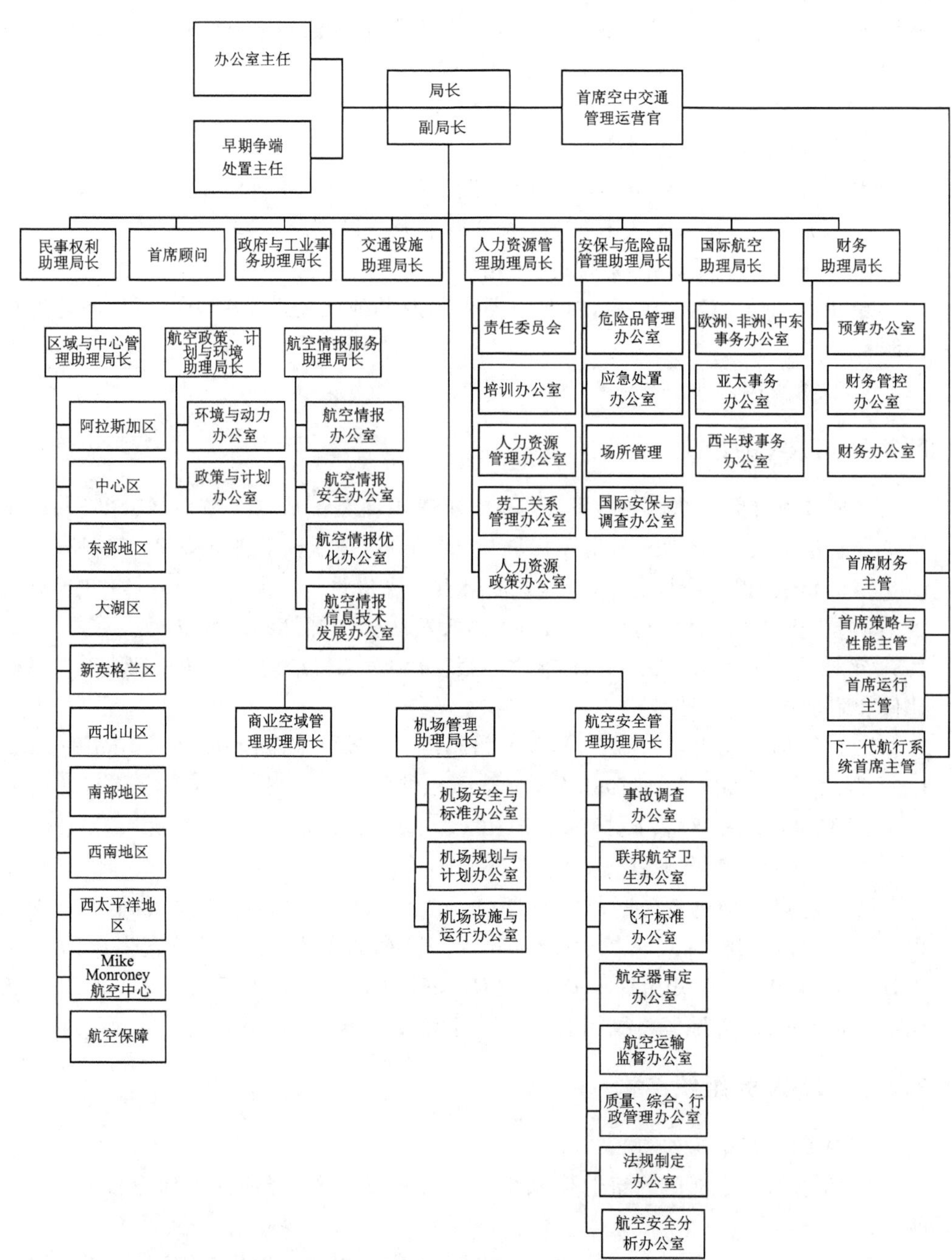

图 2.2　FAA 的组织结构

③ 国际政策办公室：负责国际适航双边协议和国际事务的政策制定；

④ 计划和项目管理处：负责型号合格审定的程序制定。

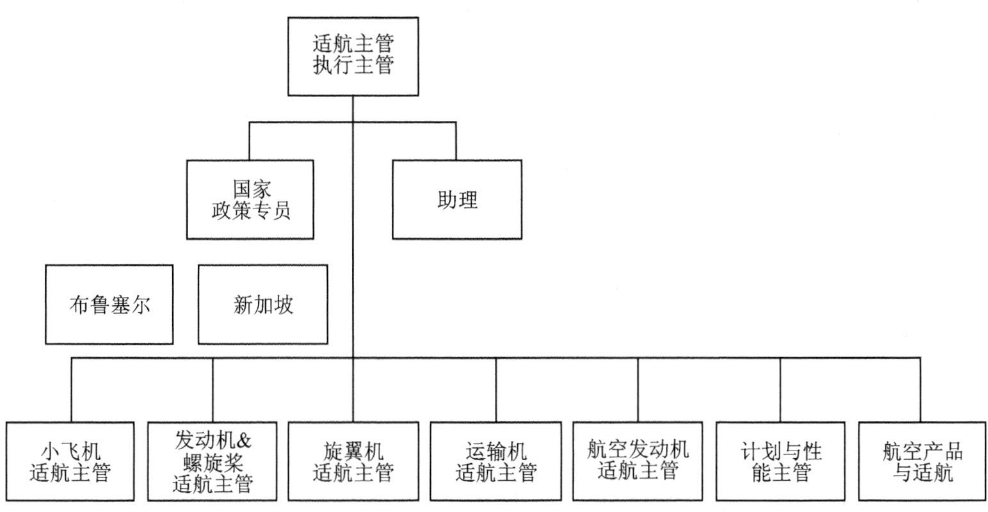

图 2.3　FAA 适航审定部门的组织结构

在航空器审定司的直接垂直管理下，在美国境内的四个城市设置了 10 个审定中心：西雅图、洛杉矶、丹佛、安克雷奇、堪萨斯、芝加哥、亚特兰大、沃斯堡、纽约和伯灵顿。各审定中心由 FAA 航空器审定司领导，具备双重职能：各审定中心根据航空产品的不同类别，负责适航审定政策的标准化；同时，审定中心按照所在地域管理周边几个州的现场办公室，负责所管辖几个州的所有航空产品和零部件的适航审定项目。审定中心类型有：

① 运输类飞机审定中心：负责运输类飞机适航审定政策的标准化；

② 小飞机审定中心：负责除运输类飞机之外的小飞机的适航审定政策的标准化；

③ 旋翼机审定中心：负责旋翼机适航审定政策的标准化；

④ 发动机和螺旋桨审定中心：负责航空发动机和螺旋桨的适航审定政策的标准化。

2.2.4　FAA 对航空制造企业适航责任的相关规定

根据 FAR－21(部)规定，航空制造企业在型号合格审定过程中不仅仅要承担设计和制造飞机的责任，还必须承担提交型号设计、试验报告和各种计算结果的责任。航空制造企业通过这些工作，开展符合规章要求的适航责任工作，这部分工作应在局方审定之前由企业自己完成并确认。

FAR－21(部)中并没有具体规定航空制造企业内部应由怎样的管理机构来承担上述的适航责任。一般认为，FAR－183(部)给出了 FAA 通过委任个人或机构的方式来要求企业承担适航责任。

自 20 世纪 40 年代起，FAA 的前身民航局(CAA)就采用了委任代表制度，委任申请人机构中的个人承担一定的适航审定任务。委任代表分工程委任代表(Designation Engineering Representative,DER)和生产检验委任代表(Designation Manufacturing Inspection Representative,DMIR)两种。自 20 世纪 50 年代起,为了支持美国国内的小飞机、发动机和螺旋桨的迅猛发展,CAA 首次采用委任机构而不是个人来承担适航审定任务,即 DOA(Designed Option Authorization)。

1958 年,FAA 成立,取代了 CAA。自 20 世纪 60 年代起,FAA 创立了 DAS (Designated Alteration Station),允许修理站中的经批准的工程人员颁发补充型号合格证(STC)。DAS 允许符合要求的航空承运人、公务机运营人、国内的修理站和制造商颁发 STC。因此,DAS 同样是一种机构委任形式。

20 世纪 70 年代,FAA 评审当时有效的机构委任制度发现,这些委任机构只能批准重大的改装数据,而不能批准重大的修理数据。为此,FAA 于 1978 年颁发特殊联邦航空规章 SFAR36,允许符合要求的航空承运人、公务机运营人和国内修理站无需 FAA 的批准即可编制和使用自己的重大修理数据。

20 世纪 80 年代,FAA 创立了适航委任代表(Designation Airworthiness Representative,DAR),扩大了个人委任代表的适航审定权力范围。同时,在机构委任适航代表(Organizational Designation Airworthiness Representative,ODAR)中,允许机构行使类似个人 DAR 的职责。这意味着,ODAR 也是一种机构委任形式。

2005 年 11 月 14 日,FAR-21(部)的第 86 号修正案(Amendment 21-86)正式生效。该修正案规定,自 2009 年 11 月 14 日起终止原有的 DOA 和 DAS 批准。同时,修订 FAR-183(部)(14 CFR part 183),在 D 分部中以机构委任授权(Organizational Designation Airworthiness,ODA)的形式,取代原所有机构委任形式,包括 DOA、DAS、SFAR-36 和 ODAR。

2006 年 8 月 18 日,FAA 颁布 Order 8100.15,对 ODA 的申请、审批程序作出规定,同时要求目前的 DOA 和 DAS 批准持有人在 2009 年 11 月 14 日之前选择自愿申请 ODA,或自动放弃 DOA 或 DAS 批准。

综上所述,FAA 现行的委任形式包括个人和机构两种。对个人的委任可以是 DER、DMIR 或者 DAR 中的任何一种,对机构的委任统一为 ODA。对于大的飞机制造商,选择 ODA 批准将是一个局方和制造商双赢的选择。例如,波音公司就成立了波音委任符合性验证机构(Boeing Designated Compliance Organization,BDCO),并且获得了 FAA 的 ODA 批准,其公司的 DER 和 DMIR 都转为 BDCO 管理下的适航代表(Airworthiness Representatives,AR)。

2.2.5 美国波音公司的适航组织体系

美国波音商用飞机公司的副总裁直接领导其适航管理部门,除设置产品集成部门主要负责为交付飞机进行单机适航检查、产品后续技术支持、安全管理外,机构还按照 FAR 要求建立了 BDCO,并且获得了 FAA 的 ODA 批准,其机构如

图 2.4 所示。

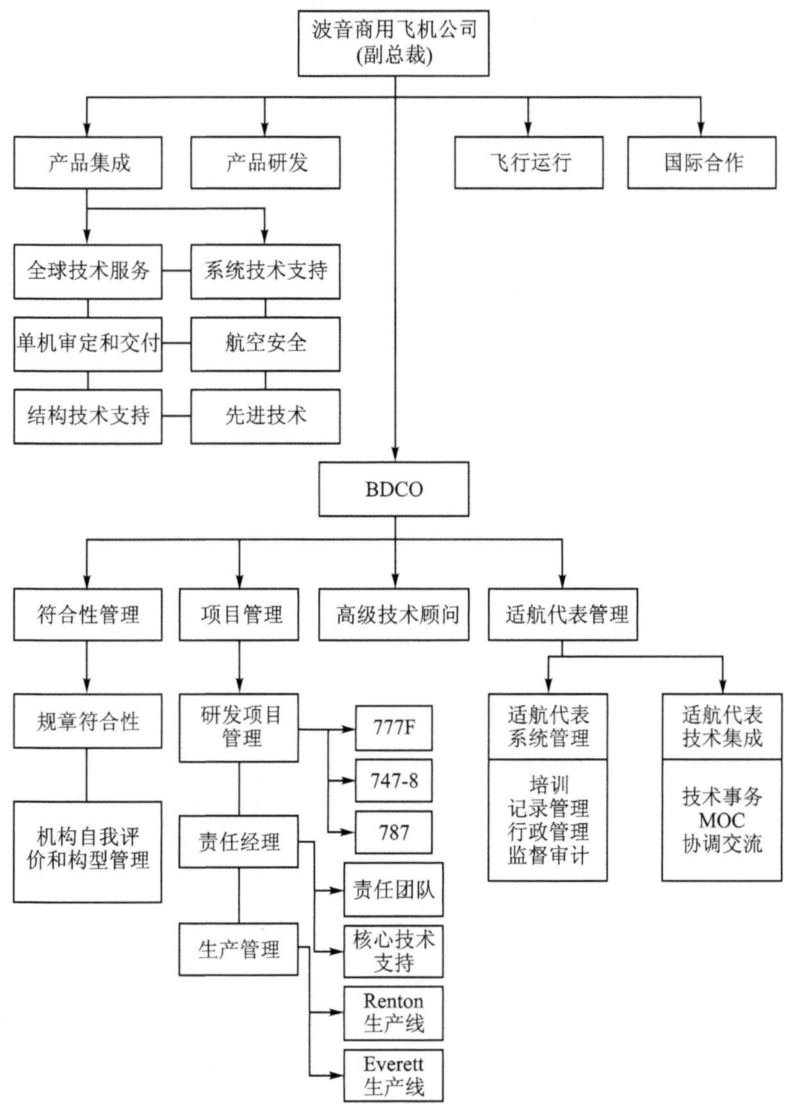

图 2.4　波音公司适航管理组织机构

波音公司适航管理组织中的产品集成部门主要负责交付飞机的单机适航检查、产品后续技术支持、安全管理等职能。BDCO 主要负责型号合格审定项目的管理和技术支持，AR 参与审定项目的流程管理和符合性验证评估的各个环节。

波音公司适航管理组织的特点如下：

① 按型号由专职的适航工程师主管型号合格审定工作，深入型号合格审定的具体流程和符合性验证技术评估的各个环节；

② 适航管理部门负责委任代表的培训、考核和管理；

③ 适航管理部门负责交付飞机的单机适航检查，并针对运行中的机队提供技术支持和安全管理。

波音公司的 BDCO 与 FAA 的接口关系如图 2.5 所示。

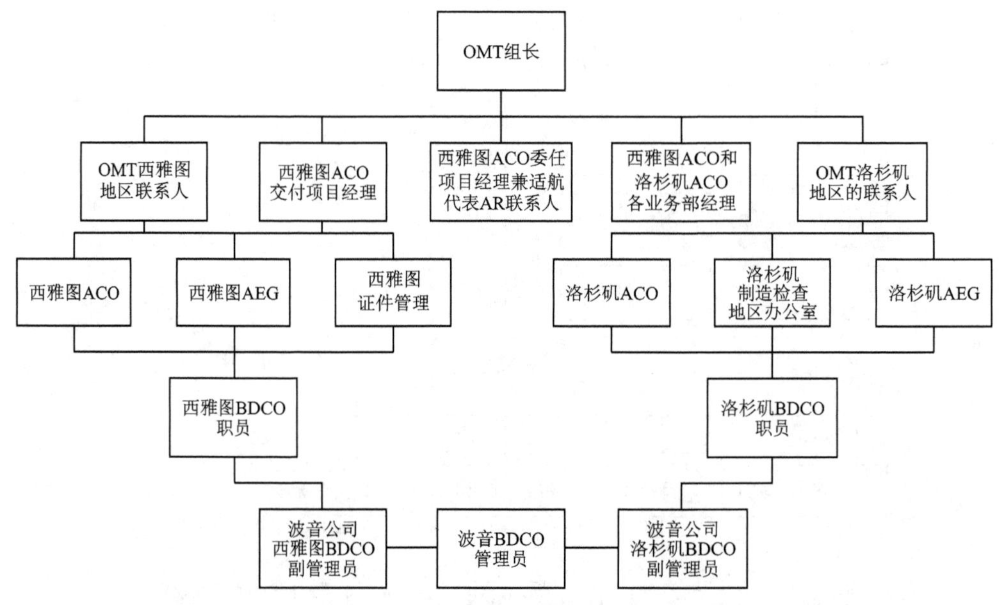

图 2.5　波音公司的 BDCO 与 FAA 的接口关系图

图 2.5 显示分为五层，前三层是 FAA 层面，后两层是波音公司层面。其中：

第一层：OMT Lead 为 FAA 对波音公司 BDCO 进行管理的机构管理组织（Organization Management Team，OMT）的组长。

第二层：OMT PS Site Focal 为 OMT 位于普吉特湾地区，即波音西雅图地区的联络人。SACO Delivery Program Managers 为西雅图 ACO 交付项目经理。SACO Delegation Program Manager/AR Focal 为西雅图 ACO 委任项目经理兼适航代表 AR 联络人。SACO and LAACO Branch managers 为西雅图 ACO 和洛杉矶 ACO 各个业务部门经理，例如试飞经理、结构经理、航电经理等。OMT LB Site Focal 为 OMT 位于长滩（Long Beach）地区，即波音（原麦道）洛杉矶地区的联络人。

第三层：西雅图 ACO、洛杉矶 ACO、西雅图证件管理办公室（CMO）、西雅图航空器评审组（Aircraft Evaluation Group，AEG）、长滩 AEG 和洛杉矶制造检查地区办公室（MIDO）的相关人员。

第四层：波音公司分别位于西雅图和洛杉矶的 BDCO 的工作人员。

第五层：波音公司西雅图 BDCO 副管理员、洛杉矶 BDCO 副管理员和总的 BDCO 的管理员。

2.3　欧洲适航组织体系

空客公司与波音公司、欧盟与美国在民用航空界的竞争需求成就了欧洲联合航空局(Joint Aviation Authorities,JAA)的诞生。伴随着欧洲一体化进程,欧洲航空安全局(EASA)取代了JAA履行航空管理职能。两者相比,JAA是欧洲各国适航当局的协会,而EASA是在欧盟框架下依据欧盟议会规章集中行使各成员国的部分民航管理主权的政府组织。欧洲航空制造业与美国航空制造业同样基础雄厚、技术先进,在一些领域颇具特色,涵盖类别齐全的航空产品。随着欧洲航空制造业的发展,EASA发展为世界上具有与FAA同等话语权的重要适航当局。

2.3.1　JAA与EASA

二战以后,世界航空工业发展迅速,尤其是美国,一度几乎垄断了社会主义阵营国家之外的全部大型商用客、货机市场。到了20世纪70年代初期,欧洲国家也不甘示弱,整合了欧洲的技术和资源,联合设计、制造大型商用飞机,同美国分享庞大的世界航空业市场。1971年西欧部分国家民航当局为了统一适航标准,促进航空产品的进出口贸易和合作研制,尤其是为满足几个国家间相互协作制造飞机的需要,组成欧洲联合适航局,联合编制了规章,但仅限于制定大飞机和发动机的审定规章。1987年后,该机构的工作扩展到运行、维修、颁发执照以及所有类别飞机的审定/设计标准。

1990年,JAA于塞布鲁斯会议正式成立,签署了《联合航空局协议》的国家成为JAA的成员。JAA的主要职责就是制定和完善联合航空规则(Joint Aviation Requirements,JAR)。JAR的内容涉及飞机设计与制造、飞机运营与维修、民用航空领域的人员执照等,并进行相关管理和技术程序的制定。JAA的成立,保证了成员国之间的合作,促使各成员国之间的航空安全水平达到一个较高的水准。同时JAA同世界上在民用航空领域有影响力的区域或国家航空当局进行交流与合作,并通过缔结国际协议,促使世界范围内的民用航空安全标准和要求达到JAA的安全水平。但是JAR的所有要求对其成员国都不具有法律效率,各国的航空当局还会根据自己国家的实际情况制定或高或低的航空法规。所以彼时欧洲各国间的航空规则标准不完全统一。这一状况不利于欧洲区域一体化的进一步发展,也不能满足欧洲航空领域未来的需要。因此,客观上就需要一个拥有更大权利的、对成员国具有约束力的组织来统一管理欧洲的航空领域,EASA便应运而生。

2002年欧盟委员会(EC)和欧洲议会通过了基本法规EC Regulation 1952/2002。根据该法规成立了EASA,并决定所有欧盟成员国的适航规章都要被欧盟的规章所取代,所有的审定工作都由成员国当局转移到EASA。以此为里程碑,欧洲开始建立一个在欧洲范围内统一的民航当局,并且该民航当局还得到授权制定欧洲范围内统一的、具有法律地位的、强制性的民航规章。EASA同时亦允许非欧盟的

JAA 成员及其他非欧盟国家加入。

EASA 成立后,审定和维修方面的工作由 JAA 转移到 EASA,JAA 继续担负运行、执照和外国飞机安全评估(SAFA)方面的工作。为了使 JAA 的工作平稳地转移到 EASA,EC 在 2005 年制定了关于 JAA 的未来报告,报告要求:自 2007 年起 EASA 负责 SAFA 工作并在 2008 年下半年接手运行和执照工作。自 2007 年起 JAA 关闭设在荷兰的总部并保留 JAA TO(培训办公室),并在 EASA 总部德国科隆设 JAA 转移部门 JAA—T 和联络办公室。联络办公室保持 EASA 和非 EASA 的 JAA 国家之间的联系,并继续 JAA 的一般管理直到 EASA 完全行使职能,技术工作由 EASA 根据 JAA 的指导来进行。JAA 的联络办公室于 2009 年 6 月关闭。

EASA 的总部设在布鲁塞尔,后发展到 32 个成员国,其中欧盟成员国都是 EASA 成员国,另外还有瑞士、挪威、冰岛、列支敦士登 4 个成员国。

EASA 的主要职能包括:

① 保障欧盟公民最高的安全保护级别;

② 保障水平最高的环保;

③ 保障成员国间单一监管和认证过程;

④ 促进国内航空单一市场与公平竞争环境;

⑤ 与其他国际航空组织和监管机构合作;

⑥ 起草与确保实施 EASA 各项法律与规章;

⑦ 为确保所有成员国的欧洲航空安全法规的一致执行进行检查、培训和规范化;

⑧ 负责航空器、发动机和零部件的型号审定;

⑨ 对涉及航空产品设计(DOA)、生产(POA)及维修的第三方国家机构进行认证;

⑩ 提供监督和支持成员国的航空发展;

⑪ 促进欧洲和世界航空标准交互发展;

⑫ 处理国际合作事项。

2.3.2 EASA 的组织机构

EASA 的适航审定部门的组织体系自从机构组建一直在不断完善中,目前的机构设置如图 2.6 所示。审定部门的机构设置如图 2.7 所示。

不同于 FAA,EASA 具体的适航审定工作仍由欧洲各国民航局的适航审定人员承担,因此适航标准和执行程序的标准化问题显得尤为重要。针对这一需求,EASA 的适航组织体系中特别设置了标准化部门,负责标准化和培训工作。另外,对欧洲航空产品的设计和生产机构,还单独颁发有别于适航证件的相关证件。因此,EASA 的适航组织体系中设置了机构评审的部门,负责设计机构、生产机构和持续适航机构的评审和批准。

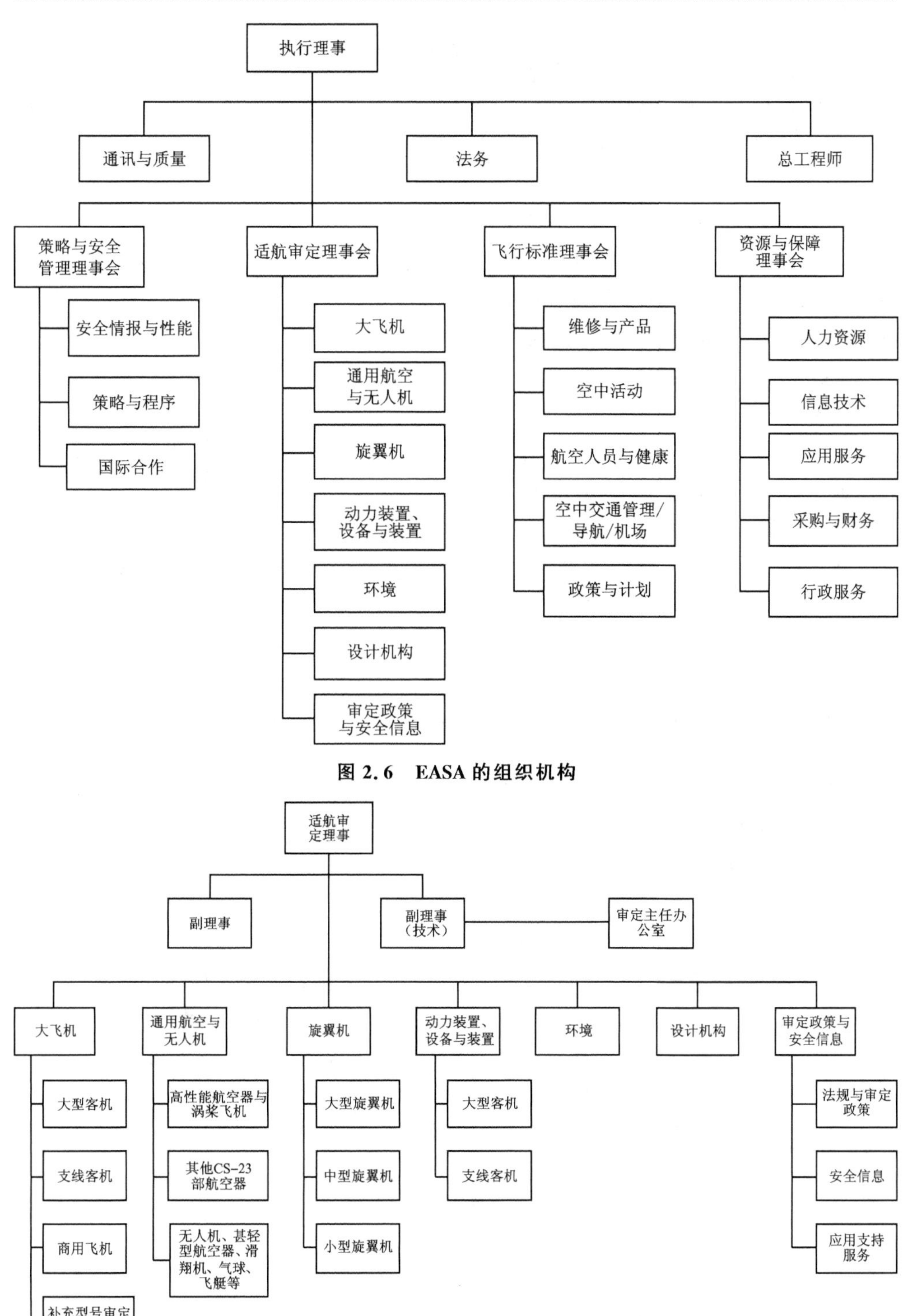

图 2.6　EASA 的组织机构

图 2.7　EASA 适航审定部门的组织结构

2.3.3 EASA 对航空制造企业适航责任的相关规定

EASA 21(部)规章颁布了与 FAR－21(部)一致的对航空制造企业所应承担的适航责任要求。不同的是,EASA 要求航空制造企业通过获得设计机构批准(Design Organization Approval,DOA)和生产机构批准(Production Organization Approval,POA)的方式来证明其设计能力和质量系统。

DOA 核心要求是申请人应具备成熟的设计保证系统(Design Assurance System,DAS),并通过编制和贯彻(Design Organization document,DOM)来实施 DAS 系统,以确保其能够承担相应的适航责任。

POA 核心要求是申请人应具备成熟的质量系统"并且"要通过编制和贯彻生产机构手册来确保其质量系统的有效性。

EASA 的适航管理工作中没有美国的委任制度。在 EASA 的适航规章要求中,航空制造企业在型号合格审定过程中同样必须承担通过提交型号设计、试验报告和各种计算责任,开展制造符合性检查和符合性验证工作,证明产品符合规章要求的适航责任,并且由规章明确申请人应当设置设计机构、获得 DOA 批准来承担上述的适航责任;在批准生产过程中应当设置生产机构、获得 POA 批准来实施其质量系统。

2.3.4 欧洲空中客车公司的适航组织体系

欧洲空中客车公司按照 EASA 的适航规章,建立了设计机构并且获得了 EASA 的设计机构批准(DOA)。欧洲空中客车公司设计方面的几个主管由公司的首席执行官任命,直接接受公司首席运营官的领导,下设五个主要部门,其机构图如图 2.8 所示。

空客公司的适航管理组织机构中,

- 设计办公室负责产品的研发设计,工作人员主要包括负责研发设计的设计工程师和在空客 DOA 内部负责符合性确认的符合性验证工程师。
- 适航办公室负责协调法国、德国、英国和西班牙空客公司的适航活动,负责飞机的项目管理,负责单机适航审定等持续适航工作。
- 设计保障系统监控办公室负责设计机构的设计机构手册编写、贯彻实施,执行内部监督和审计。

由此可见,空客公司的设计部门主要有三大职能:

- 设计职能;
- 适航职能;
- DOA 的独立监督职能。

设计机构三大职责如图 2.9 所示。

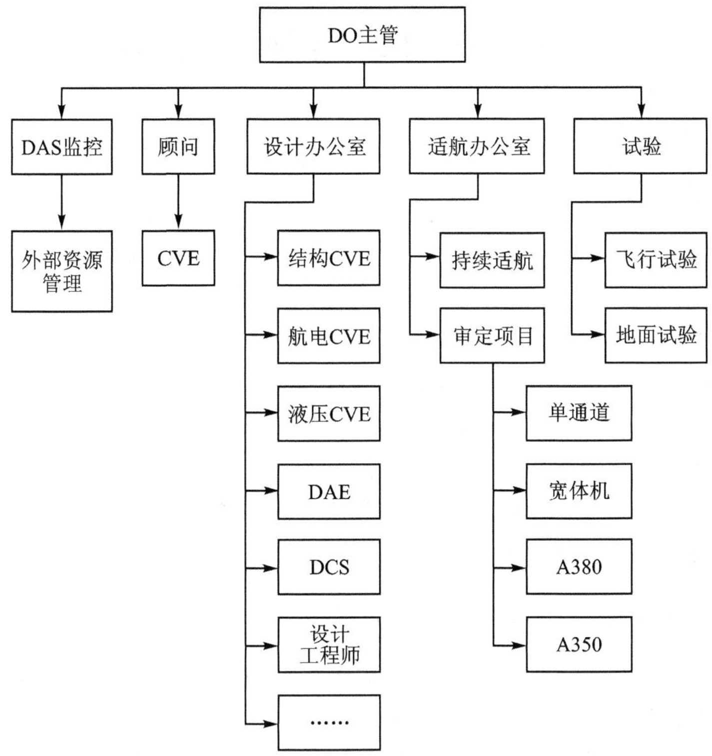

图 2.8　空客公司适航管理组织机构

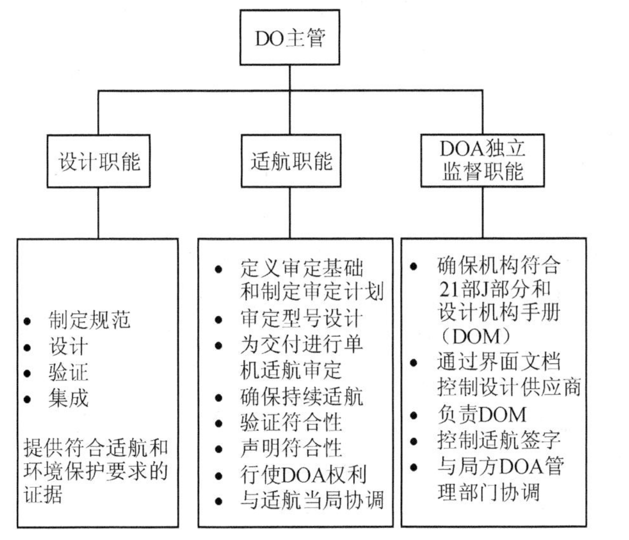

图 2.9　设计机构三大职责

2.4　中国适航组织体系

20 世纪 70 年代开始，中国就开始参照 FAA 的适航管理模式实施民用飞机适航管理。但是鉴于国情，中国的适航管理模式与中国航空制造业的产业特点并不完全匹配。原因有二：一方面，中国航空制造业长期以来一直以军机型号为主，没有形成完整的民机产业；另一方面，相比欧美适航当局，中国适航管理当局欠缺国内航空产品的审定实践。

改革开放后，繁荣的航空运输业保障了中国适航当局具有大量的持续适航管理经验，而国内民机产业的大力发展也促进了中国适航当局组织机构和审定能力的不断调整和完善。在小飞机审定和机械类机载设备的审定领域，中国适航当局基本具备了与欧美适航当局同等的审定体系和审定能力。在此基础上，以 ARJ21、C919 飞机型号发展为契机，中国适航当局的组织体系和审定能力正在不断加强，逐步成为国际上有影响力的重要适航当局。

2.4.1　中国民用航空局的组织体系

20 世纪 70 年代末期，中国民航局成立工程司，开始着手开展适航审定工作。早期的代表性工作如 1985 年与 FAA 合作对 MD82 飞机在中国转包生产的监督检查，以及 1985 年 FAA 给 Y12 Ⅱ 型飞机颁发 TC 证，进而扩展到涵盖 23 部飞机（正常类、实用类、特技类和通勤类飞机）、机械类机载设备的中美双边适航工作。中国民航适航审定系统逐步建立了与国际接轨的适航法规体系和组织机构。

鉴于历史上我国航空工业发展缓慢导致的适航管理滞后，中国的适航理念、适航标准和相关程序都在很大程度上借鉴了 FAA 的模式。例如中国民航同样建立了由中国民用航空规章和咨询通告、管理程序等构成的二级适航法规体系。但是，同样基于我国国情，中国适航当局的组织体系亦具有自身的特点。中国民航当局的二级政府管理体系包括了作为总部的中国民用航空局和作为地方派出机构的民航地区管理局；中国民用航空适航审定系统的二级管理体系包括了作为立法决策层的民航局航空器适航审定司和作为行政执法层的地区管理局适航审定处。参考 FAA 按航空产品类别设立审定中心的做法，中国民航局的二级管理体系还设置了多个专业审定中心：上海航空器适航审定中心、沈阳航空器适航审定中心、西安航空器适航审定中心、北京发动机适航审定中心和成都航油/航化适航审定中心。上海航空器适航审定中心主要负责运输类飞机的 TC 审定及相关研究、管理工作；沈阳航空器适航审定中心主要负责正常类、实用类、特技类和通勤类飞机与正常类、运输类旋翼航空器的 TC 审定及相关研究、管理工作；西安航空器适航审定中心主要承担运输类涡桨飞机适航审定的相关工作；北京发动机适航审定中心主要负责民航发动机、螺旋桨、辅助动力装置等型号的适航审定与管理；成都航油/航化审定中心主要负责航空油料和航空化学产品项目适航审查的相关工作以及相关适航证件的证后管理工作。中国民航局直属的航空科学技术研究院、中国民航大学和民航管理干部学院分别设置了适航机构，开展相关适航研究活动实现对民航局航空器适航审定司的技术支持。中国民用航空适航审定系统的组织机构以地区管理局适航审定处为基础，以各中心的专业化审定队伍为支撑，是全方位、立体交叉的矩阵式组织框架。其中，适航审定中心作为适航标准、管理政策的执行、监督、检查主体，发挥适航审定管理的主力军作用；适航验证中心作为适航标准、管理政策的立法研究主体，发挥决策支持和科技引领的支撑作用。

中国民用航空局适航审定部门的组织结构如图 2.10 所示。

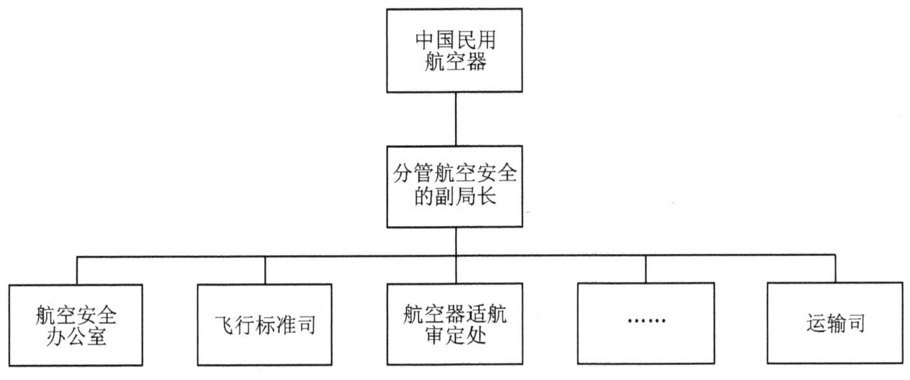

图 2.10　中国民用航空局适航审定部门的组织结构

2.4.1.1　航空器适航审定司的主要职责

① 起草民用航空器国籍登记和注册，民用航空产品（包括航空器、发动机、螺旋桨，下同）及其航空材料、零部件、机载设备，民用航空油料、化学产品适航审定管理，以及相应环境保护的相关法规、规章、政策、标准，并监督执行。

② 负责民用航空产品型号及补充型号的合格审定、认可审定，负责民用航空器飞行手册（AFM）的审查和批准。

③ 负责民用航空产品生产许可审定。根据中国民用航空局与外国适航当局的协议，负责国内制造厂生产外国民用航空产品的监管工作。

④ 负责航空材料、零部件、机载设备型号和生产的合格审定、适航审定。负责民用航空器加、改装审定及重大特修方案、超手册修理方案工程审定。

⑤ 负责民用航空器重复性、多发性故障的工程评估，颁发民用航空产品和零部件适航指令。

⑥ 负责民用航空器噪声、发动机排出物的合格审定。

⑦ 负责民用航空产品和零部件单机适航审定。

⑧ 负责适航审定委任代表和委任单位代表的审核和管理。

⑨ 负责民用航空油料及民用航空化学产品适航审定。

⑩ 负责民用航空器的国籍登记和注册。

⑪ 参与民用航空器的事故调查。

⑫ 负责民航标准化和计量工作。

⑬ 承办局领导交办的其他事项。

中国适航审定系统的组织机构如图 2.11 所示。

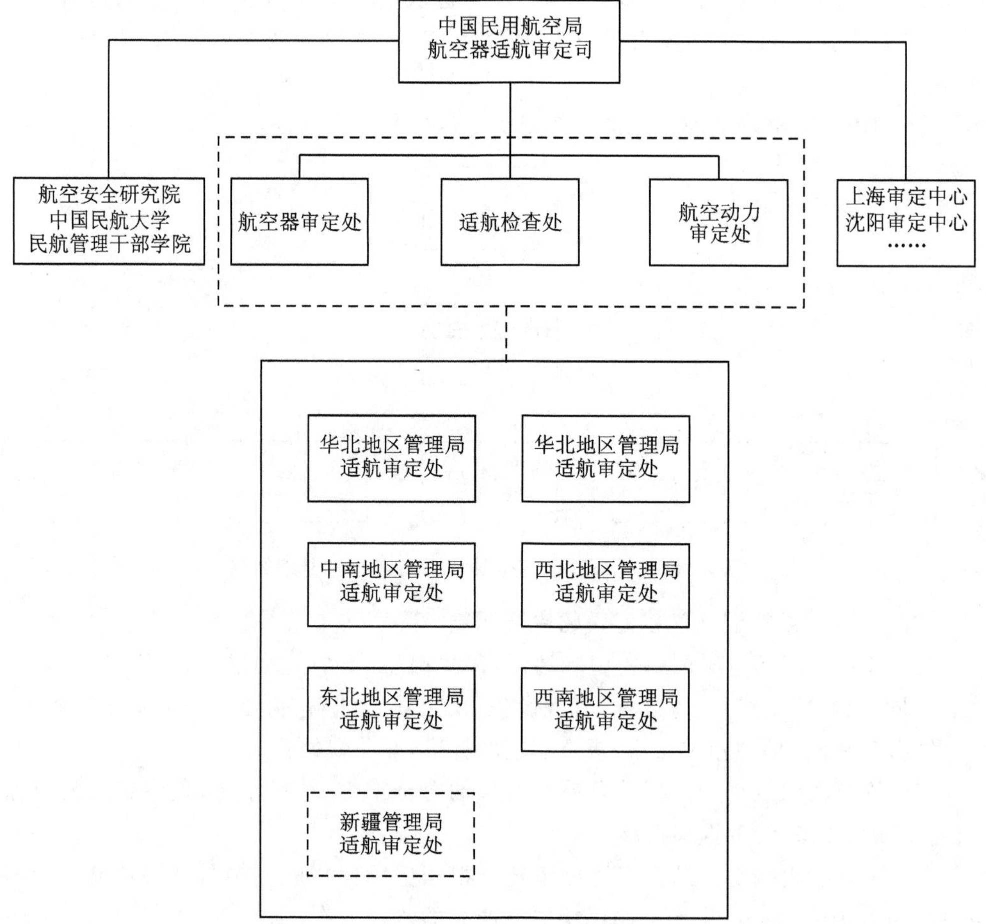

图 2.11　中国适航审定系统的组织机构

其中,航空器审定处负责航空产品适航审定业务,具体包括:

① 负责航空产品和零部件的设计批准、生产批准和适航检查,包括对 TC、TDA、VTC、STC、MDA、VSTC、CTSOA、VDA、PMA、PC、AC、出口适航证(EAC)、外国适航证认可声明(VAC)、特许飞行证(SFP)、零部件适航批准等行政许可事项的管理;

② 负责民用航空器的国籍登记和注册管理;

③ 负责以上事项委任代表和委任单位代表管理;

④ 负责航空产品重复性、多发性故障的工程评估和适航指令的管理；

⑤ 参与民用航空器的事故调查；

⑥ 负责适航审定系统承担的国家重大项目的管理；

适航检查处负责法规标准业务，具体包括：

① 负责适航审定管理及相应环境保护的法规、规章、政策、标准等的研究、起草、宣贯和监督执行，负责适航审定管理及相应环境保护的规范性文件的研究、起草、制定、宣贯和监督执行；

② 负责民航行业标准化工作，包括相关规章、制度、规划的研究、起草、制定、宣传贯彻和监督执行，以及民航行业标准、认证认可工作的综合管理；

③ 负责适航司审定业务工作手册的研究、起草、制定和修订；

④ 负责适航审定系统标准化检查工作的计划、组织实施和总结；

⑤ 负责适航审定系统的国际和地区合作，负责双边适航协议的起草、谈判、签署准备、宣贯和修订。

航空动力审定处负责综合业务，具体包括：

① 负责适航审定系统中长期规划的研究、制定和修订，同时负责对规划的实施情况进行监督检查；

② 负责适航司年度工作计划的制定和监督检查；

③ 负责组织开展适航审定系统信息化建设工作；

④ 负责适航审定系统人员培训管理工作；

⑤ 负责适航审定系统承担的民航局安全资金项目的管理，包括指南编写、立项审批、项目考核、成果应用等；

⑥ 负责司内各项综合行政业务工作；

⑦ 负责无人驾驶航空器登记及管理；

⑧ 负责民用航空油料和化学产品审定以及航空产品设计批准过程的航油航化批准。

民航地区管理局适航审定处具体负责：

① 按授权对航空器及其零部件、机载设备、材料等进行型号合格审定和生产许可审定；

② 颁发民用航空产品的适航指令；

③ 办理颁发民用航空器初始标准适航证的有关事宜；

④ 负责有关民用航空器的加改装方案、特修方案和超手册修理方案的工程审批工作；

⑤ 按授权负责航空油料及民航化学产品的适航审定；

⑥ 对有关委任代表进行资格管理，负责辖区内民航标准计量工作。

2.4.1.2　飞行标准司的主要职责

① 起草民航飞行运行、航空器维修，以及航空卫生的相关法规、规章、政策、标

准、程序和技术规范，并监督执行；

② 组织实施民航运营人运行合格审定和持续监督检查工作，负责民航运营人运行合格证和运行规范的颁发、修改和吊销等管理工作；

③ 负责民用航空器的持续适航性管理；

④ 负责民用航空器飞行性能的相关管理工作，负责组织制定航行新技术的运行标准及其推广应用；

⑤ 负责航空卫生保障、航空人员体检鉴定、机场应急医疗救护和航空卫生防疫工作的监督管理，指导民航医学研究工作；

⑥ 组织实施民用航空器维修单位合格审定和持续监督检查，负责维修单位许可证的颁发、修改和吊销工作；

⑦ 负责民航飞行人员、乘务员、飞行签派员、维修人员训练机构合格证的颁发、修改和吊销工作，组织、指导飞行人员训练设备的鉴定工作；

⑧ 负责民航飞行人员、飞行签派员、维修人员资格管理，承担有关人员执照的考核、颁发和吊销工作；

⑨ 负责飞行标准委任单位代表、委任代表、飞行标准监察员、局方委任代表的相关管理工作，组织其业务培训和考试，监督检查其工作；

⑩ 负责航空人员体检合格证管理；

⑪ 负责机场飞行程序和运行最低标准的审批；

⑫ 负责民用航空器型号合格审定中的运行评审工作；

⑬ 参与民用航空器的事故调查；

⑭ 承办局领导交办的其他事项。

2.4.2 中国适航规章对航空制造企业适航责任的相关规定

中国的适航管理体系是参照 FAA 的适航管理体系建立的，因此，CCAR－21 中同样有要求航空制造企业在型号合格审定过程中承担提交型号设计、试验报告和各种计算，开展制造符合性检查和符合性验证工作，证明产品符合规章要求的适航责任内容。CCAR－183 中有局方通过委任个人的方式来要求申请人承担其适航责任的内容。中国民用航空局也参照美国的 ODA 模式，在 CCAR－183 中增加了机构委任的要求，通过对申请人机构委任的方式来要求其承担适航责任。

虽然中国的适航管理体系中没有类似欧洲 DOA 的批准形式，但是 CCAR－21 中借鉴了欧洲适航规章要求申请人具备设计保证能力的要求，要求具备民用航空产品设计能力的申请人才能申请 TC 审定，即要求航空制造企业通过制定和实施设计保证手册来确认其研制和设计保证能力。

2.4.3 中国航空制造企业适航体系发展方向和能力建设的探讨

在民机制造业的发展中，管理当局和业界发现，为满足中国适航标准的要求，适应中国适航当局组织体系,在借鉴欧美具有代表性的航空制造企业适航部门组织体系的基础上,中国的航空制造企业在建设适航体系时应具备如下五个核心能力:

① 理解适航标准的能力;

② 按照适航标准进行研制的能力;

③ 保证研制符合适航标准的能力;

④ 向公众表明研制符合适航标准的能力;

⑤ 通过实施持续适航管理确保飞机持续适航和运行安全的能力。

局方对于委任管理形式,充分考虑了 FAA 从个人委任向机构委任的发展趋势,并在实际运行中借鉴吸收了 EASA 机构批准的相关要求和程序。

中国航空制造企业对于适航标准的理解和吸收,逐步实现从"知道是什么""知道如何表明符合性"到"知道为什么这样规定"的进步。

① 知道是什么,即适航标准的规定和程序要求。

② 知道如何表明符合性,即适航标准要求的安全实质,掌握表明对适航标准符合性的验证方法,具备验证手段。

③ 知道为什么这样规定,即适航条款的要求背后的原因。企业能够结合自身产品型号设计对适航条款进行等效变通和增加专用技术条件,最终获得适航标准制定的主动权。

2.5 国际适航合作协议

一个国家的航空产品要进入另一个国家的市场,需要得到该国的认可,取得该国的适航证件。为了保证进出口航空产品的安全性并简化工作,国际适航合作是必不可少的一环。

国际适航合作可分为双边适航合作与多边适航合作。"双边适航"是指两个国家一对一在适航审定领域确定的合作关系,主要是界定相互接受对方民用航空产品的范围和方式。"多边适航"是参加同一组织或某个活动的多个国家之间的关系。EASA 为典型的多边适航合作模式。

国际双边适航合作的原则和宗旨是为了解决本国航空产品的出口问题及进口航空产品的安全问题,在客观上解决适航主管部门自身的资源不足问题,为各国适航主管部门之间简化进口航空产品审查手续打下基础。

国际双边适航合作的模式主要有以下两种:

① 双边适航协议(Bilateral Airworthiness Agreement,BAA)。1995 年以前,中国民航签署的均为双边适航协议,主要是同美国之间签署的,内容仅限于航空产品的进出口问题,包含实施程序细则。

② 双边航空安全协议(Bilateral Aviation Safety Agreement,BASA)。1995 年以后,中国民航签署的都是双边航空安全协议,内容涵盖有关航空安全的 17 个方面,

包含《适航实施程序》等。

至2017年中国已与121个国家与地区建立了双边适航合作协议。

2.5.1 CAAC与FAA之间的双边适航合作

现行有效的CAAC与FAA之间签署的双边适航合作文件如下：

①《中华人民共和国政府与美利坚合众国政府促进航空安全协定》。

②《适航实施程序》。

CAAC与FAA《适航实施程序》是根据《中华人民共和国政府与美利坚合众国政府促进航空安全协定》制定的双边适航协定实施细则，分别在2017年9月28日和2017年10月17日签署，文件于2017年10月17日正式生效。原《中华人民共和国与美利坚合众国签署的适航双边协议》及《实施程序细则》随之失效。

该协议实现了中美两国民用航空产品的全面对等互认，内容涵盖了设计批准、生产监督、出口适航批准、设计批准证后管理及技术支持等方面的适航审定合作。该协议的签署为两国民航当局更深入和广泛的合作奠定了基础，也为两国民用航空产品的交流和工业部门的合作创造了良好的双边环境。

该协议与旧版相比有以下不同。

(1) 双边互认范围

中华人民共和国与美利坚合众国签署的旧版的适航双边协议实施细则并不是一份全面对等互认的双边协议。FAA对于中国国内航空产品的认可主要局限于23部飞机及部分TSO产品。新版《适航实施程序》的第二章规定了新的适航认证适用范围，如表2.1和表2.2所列。

表2.1 符合CAAC批准条件的美国设计的航空产品、零部件及其相关FAA批准

产　品	FAA型号合格证及其修订	FAA补充型号合格证	FAA技术标准规定项目批准书	零部件制造人批准书
以下类别飞机				
正常	√	√	不适用	不适用
实用	√	√	不适用	不适用
特技	√	√	不适用	不适用
通勤	√	√	不适用	不适用
运输	√	√	不适用	不适用
以下类别旋翼航空器				
正常	√	√	不适用	不适用
运输	√	√	不适用	不适用
载人自由气球	√	√	不适用	不适用
航空发动机	√	√	不适用	不适用

续表 2.1

产 品	FAA 型号合格证及其修订	FAA 补充型号合格证	FAA 技术标准规定项目批准书	零部件制造人批准书
螺旋桨	√	√	不适用	不适用
特殊类别航空器				
飞艇	√	√	不适用	不适用
甚轻型	√	√	不适用	不适用
滑翔机	√	√	不适用	不适用
动力提升	√	√	不适用	不适用
限用类	(注)	(注)	不适用	不适用
TSO 件	不适用	不适用	√	不适用
零件:				
以上飞机、旋翼航空器、气球、航空发动机、螺旋桨、特殊类别航空器和零部件的替换件或改装件	√	√	√	√

注:适用于农用、森林和野生动植物保护的限用类航空器。航空测量、巡逻、天气控制、空中广告、液体空中分配和其他特殊用途的限用类航空器按当局要求逐一批准。

表 2.2 符合 FAA 批准条件的中国设计的航空产品、零部件及其相关 CAAC 批准

产 品	CAAC 型号合格证及其修订	CAAC 补充型号合格证	CAAC 技术标准规定项目批准书	零部件制造人批准书
以下类别飞机				
正常	√	√	不适用	不适用
实用	√	√	不适用	不适用
特技	√	√	不适用	不适用
通勤	√	√	不适用	不适用
运输	√	√	不适用	不适用
以下类别旋翼航空器				
正常	√	√	不适用	不适用
运输	√	√	不适用	不适用
载人自由气球	√	√	不适用	不适用
航空发动机	√	√	不适用	不适用
螺旋桨	√	√	不适用	不适用
特殊类别航空器				
飞艇	√	√	不适用	不适用

续表 2.2

产　品	CAAC型号合格证及其修订	CAAC补充型号合格证	CAAC技术标准规定项目批准书	零部件制造人批准书
甚轻型	√	√	不适用	不适用
滑翔机	√	√	不适用	不适用
动力提升	√	√	不适用	不适用
限用类	（注1）	（注1）	不适用	不适用
TSO件	不适用	不适用	√	不适用
零件				
以上飞机、旋翼航空器、气球、航空发动机、螺旋桨、特殊类别航空器和零部件的替换件或改装件	√	√	√	（注2）

注1：适用于农用、森林和野生动植物保护的限用类航空器。航空测量、巡逻、天气控制、空中广告、液体空中分配和其他特殊用途的限用类航空器按当局要求逐一批准。

注2：PMA认证适用于经认证的产品进行安装的修改和/或更换部件：①PMA件为安装在出口国且为设计国的航空产品上的部件。②当设计批准的基础为STC或许可协议时，PMA件为安装在出口国但非设计国的航空产品上的部件（如果PMA件为STC的一部分，那么STC必须已得到批准）。③如果设计批准是基于测试和计算的下列情况下：a)满足FAA AC：AC 23.1309-1E，AC 25.1309-1A，AC 27-1B，AC 29-2C定义的"没有安全的影响"或"较小安全影响"的定义和CAAC MD AA2007007定义的非关键零件定义；或b)安装于发动机或APU，试验或计算出的CAAM失效等级小于3（见FAA AC 39-8附录2或CAAC等效条款）时，PMA件为安装在出口国但非设计国的航空产品上的部件。

从以上表格内容可以看出，新版《适航实施程序》中美两国的认可范围已经一致，且基本涵盖了主要的航空产品类别，基本实现了中美两国航空产品的全面对等互认。

(2) 认可方式

以型号设计批准为例，《适航实施程序》3.1.8节中定义了三种认可的方式：

1) 接受(Acceptance)　中美双方对对方航空产品无需审查批准可直接认可，无需颁证、无需申请人申请。

2) 简化认可(SV)　中美双方对对方航空产品进行认可审查，但无需开展技术评审，需颁发认可文件；简化认可适用于不影响《适航实施程序》中3.5.3节安全要素定义的设计更改。

3) 技术认可(Technical Validation)　对于不适用于接受和简化认可的航空产品，需开展技术认可审查，并获颁认可文件。内容包括：

a) 全面技术认可(FTV)。由认可国局方(VA)开展的认可工作，对航空产品的适用标准符合性进行评估，明确需要完善的技术内容。

b) 有限技术认可(LTV)。由认可国局方(VA)对航空产品基于安全要素进行认可审查。

除此以外，《适航实施程序》还规定了生产监督、出口适航批准、设计批准证后管理及技术支持等方面的合作。基于《适航实施程序》，中国国内主要的航空产品均具备了进入美国市场的适航认可渠道条件，尤其是部分 TSO、23 部飞机以外的中国航空产品将得到进入美国市场的基本的前提条件。全面对等互认必然将引起国外航空产品对国内产品的冲击，短期内会在一定程度上对国内航空工业造成影响。但是从长远来看，中国航空产品进入美国市场是技术水平提升的必要途径。

2.5.2　CAAC 与 EASA 之间的双边适航合作

1997 年 6 月中国民用航空局(CAAC)与联合航空当局签署《中国民用航空总局和联合航空当局民用航空安全技术合作谅解备忘录》。到目前为止，还没有正式签订适航双边协议，但双方一直为此努力。欧洲航空安全局(EASA)正式成立之后，CAAC 与 EASA 之间签署了若干双边协议，譬如：

① 中国民用航空局和欧洲航空安全局关于认可 STC 10056336 及其后续版次的工作安排(2016 年)；

② 中国民用航空局和欧洲航空安全局关于认可 STC 10029626 及其后续版次的工作安排(2014 年)；

③ 中国民用航空局和欧洲航空安全局关于 STC 10017259、STC 10017156 及其后续版次的工作安排(2014 年)；

④ 中国民用航空局和欧洲航空安全局关于中国空中客车(天津)A320 系列飞机总装线交付中心的工作安排(2009 年)；

⑤ 中国民用航空局和欧洲航空安全局关于中国民用航空局认可经欧洲航空安全局批准 Rolls - Royce 发动机的工作安排(2007 年)；

⑥ 中国民用航空局和欧洲航空安全局关于钻石飞机工业公司产品审定的技术安排(2004 年)；

⑦ 中国民用航空局和联合航空当局关于民用航空安全技术合作谅解备忘录与欧洲航空安全局关于认可 STC 10029629 及其后续版次的工作安排(2014 年)；

⑧ 中国民用航空局和欧洲航空安全局关于认可 STC 10029211，Rev6 及其后续版次的工作安排(2014 年)；

⑨ 中国民用航空局和欧洲航空安全局关于认可 STC 10014281，Rev1 及其后续版次的工作安排(2014 年)；

⑩ 中国民用航空局和欧洲航空安全局关于认可 STC No. 180 - SF - 0213 及其后续版次的工作安排(2014 年)；

⑪ 中国民用航空局与欧洲航空安全局关于中国民用航空局认可经欧洲航空安全局批准空客 A300 飞机补充型号合格证的工作安排(2007 年)；

⑫ 中国民用航空总局和欧洲航空安全局关于欧洲直升机产品审定技术协议(2005 年)；

⑬ 中国民用航空总局和欧洲航空安全局关于空客产品审定技术协议(2006

年)；

⑭ 中国民用航空总局和欧洲航空安全局关于达索产品审定技术协议(2005年)；

⑮ 中国民用航空局和欧洲航空安全局关于空客 A320 系列飞机中国总装线和交付中心谅解备忘录(2006 年)。

2.5.3 FAA 与 EASA 之间的双边适航合作

从 1992 年开始,JAA 与 FAA 每年举行一次双边会议,在下列方面尽最大限度地进行了规章和相关材料的协调,并达成协议:

① 民用飞机和相关产品及零件的设计和制造；

② 运行和维修；

③ 飞机和发动机的噪声和排出物；

④ 飞行机组人员执照等。

其中,小飞机(JAR/FAR-23)、小旋翼机(JAR/FAR-27)和大旋翼机(JAR/FAR-29)的适航要求几乎完全一样。

欧洲航空安全局(EASA)正式成立之后,在 2003 年 9 月 30 日,FAA 与 EASA 在适航审定和持续适航方面签订了工作程序,从 2004 年起,双方每年举行一次美国/欧洲国际航空安全会议,介绍 FAA 和 EASA 的最新动态并讨论当前与民用航空安全有关的议题。

第三章　适航法规文件与工业标准组织

3.1　ICAO 文件

《国际民用航空公约》确认了国家的领空主权原则，规定了成员国的权利和义务。ICAO 以《国际民用航空公约》附件的形式制定了各种国际标准和建议措施，其中的标准是 ICAO 成员国同意遵循的指令。如果成员国有与 ICAO 不同的标准，那么该成员国必须告知 ICAO 其中的差别，建议措施为非强制方法。随着国际民用航空的发展，ICAO 一直在不断修订《国际民用航空公约》的附件内容。目前，《国际民用航空公约》共有 19 个技术附件：

① 附件 1　人员执照的颁发；

② 附件 2　空中规则；

③ 附件 3　国际航空气象服务；

④ 附件 4　航图；

⑤ 附件 5　空中和地面运行中所使用的计量单位；

⑥ 附件 6　航空器的运行；

⑦ 附件 7　航空器的国籍与登记标志；

⑧ 附件 8　航空器的适航性；

⑨ 附件 9　简化手续；

⑩ 附件 10　航空电信；

⑪ 附件 11　空中交通服务；

⑫ 附件 12　搜寻与救援；

⑬ 附件 13　航空器事故和事故征候调查；

⑭ 附件 14　机场；

⑮ 附件 15　航行情报信息服务；

⑯ 附件 16　环境保护；

⑰ 附件 17　防止对国际民用航空进行非法干扰行为的安全保卫；

⑱ 附件 18　危险品的安全运输；

⑲ 附件 19　安全管理。

其中，与适航条例相关的附件包括：

附件 6　航空器的运行。该附件涵盖国际商业航空运输用航空器的运行相关的标准和建议，包括承运人审定规章及国际通用航空活动相关的技术与运行规章（含维修）。

附件 8　航空器的适航性。该附件涵盖定义制订型号合格审定要求的最低适航水平的标准，是航空器适航证国际认可的基础，用于航空器进入缔约国及着陆。该附件还包含关于民用航空器管理当局组织和职能的有关规定。

附件 16　环境保护。该附件涵盖不同航空器种类（螺旋桨驱动、喷气驱动和直升机）的相关航空器噪声审定标准，包括准确的测试过程、明确的度量要求。该附件也包含有关航空器发动机排放中化学成分毒性的审定标准。

3.2　适航规章的一般要求

无论是 FAA，还是 JAA、EASA 和 CAAC 等，在编制适航规章时，都有一个规章编制的基础，即适航规章的一般性要求，譬如：

1. 出版要求

适航标准由专门负责标准编译和修正的工作组进行制定。出版前，相关适航当局需将这些标准提交至公众进行评价，允许感兴趣的人和组织提出对于标准的意见和建议。

2. 专用条件要求

适航标准在编制时不会考虑航空器将来可能出现的技术进步，因此，当审定的对象是一个“非传统的飞机”，或者是一个拥有某些独特性的飞机时，对于这种独特性，现有的适航规章中会缺乏相关的适航要求和安全标准。

3. 适航标准的严格性要求

“安全等级”的概念是标准编制时需要重点关注的问题。当局可能为了安全起见，发布非常严格的标准，带来的直接后果将会是：因为技术或仅仅经济原因，使得飞机不可能通过审定。因此，在适航标准范围内，要平衡可接受性（从安全角度出发）的准则与该准则的可行性，因为适航标准不仅仅需要考虑安全性问题，同时也要考虑经济性问题。即使不考虑经济性问题，安全性的提升也不总是与规章的严格性成比例关系。譬如：安全性要求在某个点或者超过某个点时，即使再多的费用支出也很难提升安全性，这个点对于规章来说就是“不可行”的，如图 3.1 所示。

因此，作为适航规章制定的黄金法则，应遵循以下三个原则：

① 经济合理；

② 技术可行；

③ 适合于特定类型的飞机。

针对不同类型的飞机（固定翼飞机、旋翼飞机等）以及相同类型飞机的不同类别（质量、乘客人数等），已经产生了各种不同的适航标准，以尝试将“同性质的”飞机进行统一管理，尽量与其他性质的飞机区分开来。譬如，在 CCAR/FAR－23（部）中类别名为正常类、通用类、特技类和通勤类的飞机，这与 CCAR/FAR－25（部）中的大型飞机/运输类飞机作了区分。

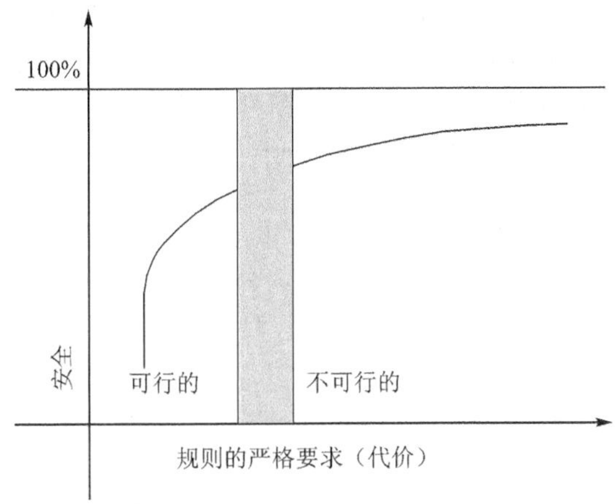

图 3.1　适航严格性与安全性的关系

4. 单发飞机的失速速度要求

一架单发飞机，在发动机故障的情况下，只能进行滑翔。如果在安全方面这个情况是不可控的，它就应该“完全不会”发生。实际上，尽管在工程技术上已取得巨大进展，发动机“完全不会”故障的情况也不存在。一架单发飞机的滑翔和降落着陆主要受进场速度影响，而最低滑翔进场速度是停车失速速度的函数，因此，需要对这个速度进行限制。对于一个发动机不工作就无法满足一定的最低爬升率的双发飞机，存在同样的速度限制。对于所有其他的双发飞机（即使有一个发动机的故障概率是单发飞机的两倍），同一次飞行中双发故障的概率被认为是接近于“完全不会”，因此是可接受的，所以没有规定失速速度限制。

5. 耐撞性要求

失速速度要求不一定能够确保所有的飞机安全着陆，尤其在地面不平坦的情况下，因此需要考虑飞机的耐撞性，即无论是什么原因，并且不仅仅针对单发飞机，必须考虑碰撞的可能性。从这个角度出发，适航标准已经越来越严格。

6. 火灾防护要求

飞机上包含了发动机、电气装置和其他部件，使其存在火灾隐患。为此，首先必须识别飞机的“防火区”，即火灾可能发生的区域。主要有三种方法保护乘员免遭火灾：放弃飞机；被动防护以控制火势，为着陆争取必要的时间；通过灭火器进行主动保护。当然，最后两种方法可以结合使用。

7. 安全评估要求

随着科学技术的进步，飞机的复杂性日益增加，要保证飞机整个运行寿命期中的安全性是非常困难的。如果要问一名乘客，一个关键的飞机系统应该有怎样的可靠性，答案肯定是“100%”。不过已被证明，这样的可靠性是不可能的。例如，设置 n 个设备（冗余）并联，只有当 n 趋向于无穷大时才可以获得 100%的可靠性。一个拥有高度冗余的系统不仅笨重、昂贵并且很复杂，因为这些缺点，高度冗余的方案是不现实的。因此,设计拥有最小冗余度的系统更可行,系统的可靠性即使不到100%,也可以确保达到一个可接受的安全水平。

根据历史数据统计发现,飞机灾难性事故的概率略低于1×10^{-6},其中大约10%的灾难性事故可能是由系统故障导致的。因此,由系统导致的灾难性事故的概率大约是1×10^{-7}(每飞行小时)。一架商用大型飞机会出现大约100种导致灾难性影响的危害(潜在的故障条件),那么,对于每个系统,发生一次灾难性故障的可接受的概率小于1×10^{-9}(每飞行小时)。这就是一架运输类飞机"单个系统发生一次灾难性事故最大概率"的基本概念。飞机上的一些系统不是持续运行的,只在某一飞行阶段运行,如起落架系统仅在飞机起降过程中工作。因此,该类型系统的每飞行小时故障概率可以算为将概率除以特定类型飞机的估计平均飞行时间。

考虑相关的不利的运行因素或环境条件,故障状态被定义为由一个或多个故障导致或促成的、对飞机及其乘员造成的直接和间接影响。故障状态根据其严重程度可以分为以下4类:

(1) 轻微的

故障状态不会显著降低飞机的安全性,并且涉及机组操作的部分都在机组能力范围之内。

(2) 严重的

故障状态在一定程度上将降低飞机性能或降低机组人员处理不利运行条件的能力。例如,安全裕度或功能性能显著降低,机组人员工作负荷显著增加或影响机组工作效率、给乘客带来不适(严重的包括受伤)的情况。

(3) 危险的

故障状态在一定程度上将降低飞机性能或机组人员处理不利运行条件的能力:

① 安全裕度或功能性能的大幅降低;

② 身体不适或者更高的工作负荷,导致不能依靠机组人员准确地或完整地执行其任务;

③ 对于相对较少的乘员造成严重的或致命的伤害。

(4) 灾难性的

故障状态妨碍持续的安全飞行和着陆。

故障状态的严重程度和可接受的发生概率之间的关系见表3.1,故障状态分类如图3.2所示。

表3.1 严重程度和可接受的发生概率之间的关系

序 号	严重程度	可接受的发生概率
1	轻微的故障	可能的
2	严重的故障	不太可能的
3	危险的故障	非常不可能的
4	灾难性的故障	极不可能的

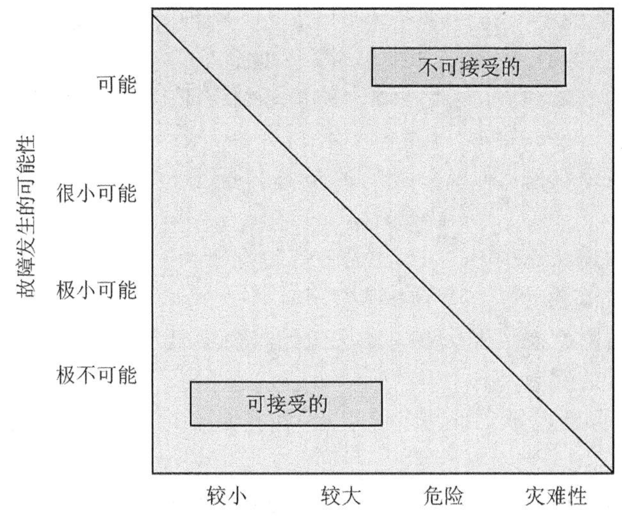

图 3.2　故障状态分类

上述的每种可能性都有一个分配的最大值，这个值是基于所考虑的飞机类型而制定的。例如，对于大型飞机，极不可能的概率是 1×10^{-9}，非常不可能的概率是 1×10^{-7}，不太可能的概率是 1×10^{-5}，以此类推，如表 3.2 所列。

表 3.2　故障发生概率和故障状态严重程度的关系

对飞机的影响	对运行能力或安全性无影响	稍微降低操纵性能或安全裕度	严重降低操纵性能或安全裕度	大幅降低操纵性能或安全裕度	通常是飞机全毁
对乘员的影响(除机组人员外)	不方便	身体不适	身体不适，可能包括受伤	对少数乘客或客舱机组人员造成严重的或致命的伤害	许多人员死亡
对机组人员的影响	对机组人员无影响	工作负载稍微增加	身体不适或工作负载严重增加	身体很不适或工作量过大，降低执行任务的能力	人员死亡或无能为力
容许定性概率	无概率要求	可能的	不太可能的	非常不可能的	极不可能的
容许定量概率：近似每飞行小时平均概率	无概率要求	$<1\times10^{-3}$ (注)	$<1\times10^{-5}$	$<1\times10^{-7}$	$<1\times10^{-9}$
故障状态分类	无安全影响	轻微的	严重的	危险的	灾难性的

注：此处提供的数值概率范围仅供参考。不要求申请人进行定量分析，或者通过这样的分析证实数值概率范围。轻微的故障状态被认为已经达到这个数值标准。现有的运输类飞机产品，仅凭现有公众可接受的工业实践被认为已达到这个标准。

一架飞机可能总共飞行 5×10^4 小时，那么一个拥有 200 架飞机(相同类型)的大型机队就可能总共累计飞行 1×10^7 小时。因此：

① 灾难性的故障状态(在 1×10^{-9} 的最坏情况下)将不大可能出现在整个机队的寿命中；

② 危险的故障状态(在 1×10^{-7} 的最坏情况下)可能在整个机队寿命中出现一次；

③ 严重的故障状态(在 1×10^{-5} 的最坏情况下)可能在一架飞机的寿命中出现一次，并且将可能在整个机队寿命中发生几次；

④ 轻微的故障状态可能会在一架飞机的寿命中出现几次。

8. 疲劳强度的要求

飞机结构疲劳已经导致了许多起空难，尤其是在过去。适航标准主要考虑两种类型的结构：

① 单一载荷路径结构，外加负载最终通过单一构件分散。该单一构件的故障将导致结构丧失承受外加负载的能力；

② 多重负载路径结构，相当于拥有冗余结构。这些结构(其中有一个单独的构件发生故障)，外加负载将会被安全地分配至其他承载构件。

在第一种情况中，结构必须保持安全寿命，也就是能够支撑一定数量的事件，在这期间，强度由于疲劳裂纹而降至低于其设计极限值的概率很低。在第二种情况中，结构必须有损伤容限设计，也就是当一个主要结构单元由于疲劳、腐蚀、意外损伤和鸟击而发生故障或局部故障后，在一段未修理的使用时间内，能够保持其所需的剩余强度。

对于大型固定翼飞机和大型旋翼飞机，相关的适航标准要求尽量采用损伤容限结构，除非因为几何限制、检查限制等导致无法达到一个有效的损伤容限结构。结构可能不利于损伤容限设计的一个典型例子，就是起落架及其附件。2002 年底，美国国家运输安全委员会(National Transportation Safety Board, NTSB)说明了对于损伤容限和安全寿命之间选择的重要性。这个问题就是一个具备高可靠性的部件是否还需要进行损伤容限设计。

大型固定翼飞机的疲劳测试程序可能持续若干年，因此，一般不可能在飞机的型号认证之前完成。因此，当型号合格证颁发时，要求证明至少有一年的安全运行。随后，为了保持型号合格证的有效性，疲劳寿命证明必须一直超过“最旧的”飞机(领头飞机)所达到的飞行循环数/飞行小时数。

3.3 美国联邦航空局适航文件体系

3.3.1 概　述

如图 3.3 所示，Order 8110.4C 给出了 FAA 航空器适航规章演化的综合进程图。

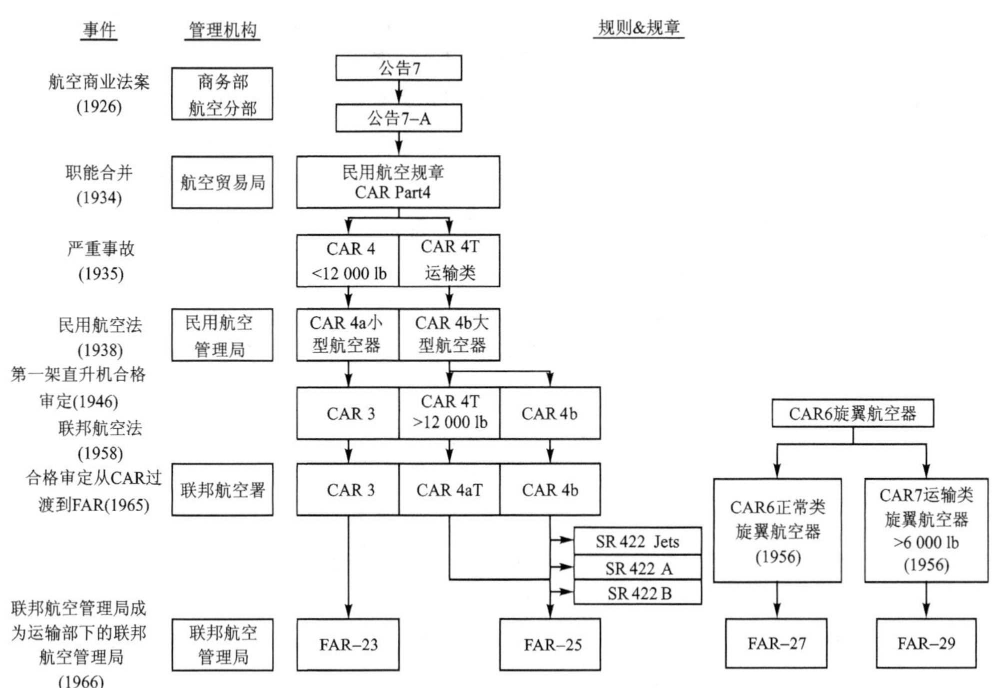

图 3.3 FAA 航空器适航规章演化进程图

3.3.2 法规性文件

1. 联邦航空条例(FAR)

FAA 为保证民用航空安全制定了 FAR。FAR 是 FAA 的主要法规,是必须遵守的法令。联邦航空条例属联邦条例汇编(Code of Federal Regulations,CFR)的第14卷(航空航天卷)中第一卷为主要的 FAR,该卷共有 78 部联邦航空条例(截至2017 年 8 月)。

(1) FAR-21 产品和零部件合格审定程序

该部规章规定了以下证件及批准的颁发和更改的程序要求、管理以下证件的申请人和持有人的法规以及有关零部件批准的程序要求。

a) 设计批准:TC 证(包括改装和补充型号合格证)或 PMA(零部件制造人批准书)、TSO(技术标准规定)认可的设计批准,TSO 设计批准证书或其他批准的设计。

b) 生产批准:FAA 颁布给准许根据其批准的设计和批准的质量系统来进行产品或零部件生产的申请人,可以采取 PC 证、PMA 或 TSO 认证的形式。

c) 适航证:分标准适航证与特殊适航证两种。标准适航证适用于普通、实用、特技、通勤或运输类飞机型号,以及载人气球和 FAA 指定的特殊飞机的适航证。特殊适航证为初级、限制、轻型体育和临时适航证,特别飞行许可证及试验适航证。

d）适航批准：FAA 颁发给航空器、航空发动机、螺旋桨或零部件，以证明其符合批准的设计并且处于安全运行的状态，除非另有说明。

（2）FAR－23 适航标准：正常类、通用类、特技类和通勤类飞机

该部规章规定了正常类、通用类、特技类和通勤类飞机 TC 证颁布及更改的适航标准。按照 FAR－21 的规定申请正常类、通用类、特技类和通勤类飞机型号合格证或申请对该合格证进行更改的申请人，必须证明符合本部中适用的要求。

（3）FAR－25 适航标准：运输类飞机

该部规章规定了颁发和更改运输类飞机型号合格证的适航标准。按照 FAR－21 的规定申请或更改运输类飞机型号合格证的申请人，必须表明符合该规章中适用的要求。

（4）FAR－26 运输类飞机的持续适航和安全改进

该部规章为支持运输类飞机的持续适航和安全改进确立了要求，包括执行评估、制定设计更改、进行持续适航指令的修订以及为相关人员编制可用的文档。该部的要求为设计更改和持续适航指令的修订建立标准，故被认为是适航要求。

（5）FAR－27 适航标准：正常类旋翼航空器

a）该部规章为颁发和更改最大质量等于或小于 7 000 磅（3 180 公斤）且其乘客座位数不大于 9 座的正常类旋翼航空器型号合格证使用的适航标准。

b）按照 FAR－21 的规定申请正常类旋翼航空器型号合格证或申请对该合格证进行更改的申请人，必须表明符合该规章中适用的要求。

c）多发旋翼航空器可按 A 类进行型号合格审定，但必须符合该规章中附件 C 的要求。

（6）FAR－29 适航标准：运输类旋翼航空器

a）为颁发和更改运输类旋翼航空器型号合格证的适航标准。

b）运输类旋翼航空器必须按照该规章 A 类或 B 类的要求进行合格审定。多发旋翼航空器可以同时按 A 类和 B 类进行型号合格审定，但必须针对每一类规定相应的和不同的使用限制。

c）最大质量大于 20 000 磅（9 080 公斤）和客座量等于或大于 10 座的旋翼航空器，必须按照 A 类旋翼航空器进行型号合格审定。

d）最大质量大于 20 000 磅（9 080 公斤）和客座量等于或小于 9 座的旋翼航空器，可按 B 类旋翼航空器进行型号合格审定。但必须符合该规章中 C、D、E 和 F 章的 A 类要求。

e）最大质量等于或小于 20 000 磅（9 080 公斤），但客座量等于或大于 10 座的旋翼航空器，可按 B 类旋翼航空器进行型号合格审定。但必须符合该规章中 29.67(a)(2)、29.87、29.1517 和 C、D、E 和 F 章的 A 类要求。

f）最大质量等于或小于 20 000 磅（9 080 公斤）和客座量等于或小于 9 座的旋翼航空器，可按 B 类旋翼航空器进行型号合格审定。

g) 按照 FAR－21 的规定申请本条(a)～(f)所述合格证或申请对该合格证进行更改的申请人,必须表明符合该规章中适用的要求。

(7) FAR－31 适航标准:载人自由气球

a) 为颁发和更改载人自由气球型号合格证的适航标准。

b) 按照 FAR－21 规定申请或更改该型号合格证的申请人,必须表明符合本部中适用的要求。

(8) FAR－33 适航标准:航空发动机

该部规章为颁发和更改航空发动机型号合格证的适航标准。按照 FAR－21 的规定申请航空发动机型号合格证或申请对该合格证进行更改的申请人,必须表明符合本规定中适用的要求,并且必须表明符合 FAR－34 的适用要求。

(9) FAR－34 涡轮发动机飞机的燃油排泄和排污要求

该部规章的条款适用于在美国内所有使用中的指定且被认证级别的航空燃气涡轮发动机。至于外国的飞机,FAR－34 仅适用于需要在美国注册,满足适用的 FAR 条款要求,拥有美国标准适航合格证以实施飞机预期的运行。

(10) FAR－35 适航标准:螺旋桨

该部规章为颁发和更改螺旋桨型号合格证适用的适航标准。按照 FAR－21 的规定申请或更改型号合格证的申请人,必须表明符合该规章中适用的要求。

(11) FAR－36 噪声标准:适航器型号合格审定和适航审定

该部规章为以下证书的颁发设定了噪声标准:

a) 亚声速运输类大型飞机和亚声速喷气式飞机的 TC 证、TC 证的更改以及标准 AC 证。

b) 螺旋桨小飞机及螺旋桨通勤类飞机的 TC 证、TC 证的更改,标准 AC 证以及限用类 AC 证,除专门用于农业飞机运行或为喷撒灭火材料的飞机外。

c) 直升机的 TC 证、TC 证的更改,除专门用于农业飞机运行、喷撒灭火材料或携带外挂载重的直升机以外。

(12) FAR－39 适航指令

该部规章为 FAA 的适航指令系统提供了法律框架。当某一民用航空产品存在不安全的状态,并且这种状态很可能存在于或发生于同型号设计的其他民用航空产品之中时,FAA 会颁发适航指令。FAA 的适航指令是指适用于航空器、航空发动机、螺旋桨和电气设备的法律要求强制执行的规定。

(13) FAR－43 维修、预防性维修、翻修和改装

规定了适用于以下对象的维修、预防性维修、翻修和改装:

a) 持有美国适航证的航空器;

b) 按照 FAR－121 或 FAR－135 中的条款、用于公共运输或邮件运输的外国注册航空器;

c) 航空器的机身、航空发动机、螺旋桨、电气设备和零部件。

但该部规章不适用于：

a) FAA已颁发实验证书的航空器，除非FAA已经预先为该航空器颁发了一种不同类型的适航证书；

b) FAA已按照§21.191(i)(3)的条款颁发实验证书的航空器，并且根据§21.190中的条款，该航空器已被预先颁发了轻型运动类特殊适航证。

(14) FAR-45 鉴定和注册标识

规章规定了：

a) 根据某型号或生产合格证进行制造的航空器、航空发动机和螺旋桨的鉴定要求。

b) 安装在有型号合格认证的产品上的某一更换和改装的零部件的鉴定要求。

(15) FAR-91 一般运行和飞行规则

规章规定了除指明的情况外，美国和美国海岸3海里内的水域，航空器(除了系留气球、风筝、无人火箭和无人自由气球，以及根据FAR-103运行的超轻型飞机)的运行规则。

(16) FAR-101 系留气球、风筝、无人火箭和自由气球

该部规章规定了在美国内的系留气球、风筝、无人火箭和自由气球的运行规则，定义了其特性和限制(适用的质量、气体容量、推进剂的数量和质量等)。

(17) FAR-103 超轻型飞机

规章规定了在美国内的超轻型飞机的运行规则。超轻型飞机根据最大质量(有动力装置的和无动力装置的)、最大速度(有动力装置的)和最大失速速度来定义超轻型飞机；仅限单个乘员运行，且仅限娱乐和运动目的使用。

(18) FAR-119 认证：航空公司和商业运营商

规章适用于在航空商业中或者当公共航空运输不涉及美国注册的20座及以上或最大有效载荷量达6 000磅(2 722公斤)或以上的民用航空器的运行时，每一个作为航空公司或(和)商业运营商、运行或想要运行民用航空器的承运人。该部规章特别规定了运营商必须满足的认证要求，以获得和持有根据FAR-121、FAR-125或FAR-135授权运行的合格证。

(19) FAR-121 运行要求：国内、国际和补充运行

规章规定了针对以下对象的法规：

a) 每个承运人的国内、国际和补充运行，这些承运人需持有根据FAR-119颁发的航空运营人合格证或运行合格证。

b) 根据本部实施运行的合格证持有人所雇用的每个人。

(20) FAR-125 认证和运行：座位容量20座及以上或最大有效载荷量达6 000磅(2 722公斤)或以上的飞机；并且管理在这些飞机上的人员。

该部规定了当不涉及公共航空运输时，上述在美国注册的民用飞机的运行法规，除非要求这些飞机按照FAR-121、FAR-129、FAR-135或FAR-137运行，并且

除本部描述的其他情况是适用的以外。

(21) FAR-129 运行:外国公共航空运输承运人

规章规定了美国国内每个外国航空运输承运人的运行法规,这些外国承运人需持有美国交通部民用航空委员会颁发的许可证。

(22) FAR-133 旋翼机外部负载运行

规章规定了在美国旋翼机的适航和运行认证法规。

(23) FAR-135 运行要求:通勤和按需运行以及管理在这些飞机上人员的法规

规章规定了承运人的通勤或按需运行,这些承运人根据 FAR—119 和相关文件、持有或要求持有航空承运人合格证或运行合格证。

(24) FAR-136 商业航空旅游和国家公园空中旅游管理

规章适用于运行或通过固定翼飞机或直升机运行商业航空旅游的承运人,如果适用的话,还适用于从事于商业航空旅游的固定翼飞机或直升机的所有乘员。对于商业航空旅游运行要飞过的国家公园系统中的每个公园,该子部分还阐明了发展航空旅游管理计划的要求。

(25) FAR-137 农用飞机运行

规章规定了在美国国内农用飞机运行的管理法规,以及商业和私人农用飞机承运人合格证的颁发法规。

(26) FAR-145 维修单位

规章规定了申请和认证合格的维修单位必须遵循的法规,法规与其维修性能、预防性维修,或对于 FAR-43 所适用的航空器、机身、航空器发动机、螺旋桨、电气设备或零部件的改装有关。该部规章也适用于任何持有或要求持有根据该部所颁发的维修单位合格证的申请人。

(27) FAR-147 航空维修技术人员学校

规章规定了颁发航空维修技术人员学校合格证和相关等级的要求,包括针对合格证和等级持有人的一般运行规则。

(28) FAR-183 局方代表

规章为颁发飞行员、运行和航空器合格证而进行检验、检查和测试人员及飞机的过程中、指定个人作为局方代表的要求。此外,该部规章声明了这些代表的特权并规定了行使这些特权的法规。

2. 特殊联邦航空条例(SFAR)

特殊联邦航空条例是一种临时性的法规,用它在产生新的法规要求以前提出"试探性的"要求来验证新法规要求的可行性。例如,早期的 FAR-23 并不包括通勤类飞机标准,但对于稍大于 9 个客座数的飞机的申请人难以按 FAR-25 进行审定。为此,FAA 颁布了 SFAR-41(适航标准:活塞式和涡桨式多发小飞机)用于这类飞机的审定。经过一段成功的实践后,FAA 修订了 FAR-23,增加了通勤类飞机的审定标准。

SFAR 还用于快速提出与安全有关的要求。例如,在 FAR 修订以前,先用

SFAR 发布了关于驾驶舱门和燃油箱阻燃性的要求，以使有更多的时间来考虑正式规章的制定。

SFAR 和 FAR 具有相同的法律效力。由于它有时间和适用范围的限制，它的制定过程要比 FAR 简化很多。

3. 专用条件（Special Condition）

专用条件通常是民航适航当局对民用航空产品进行型号合格审定时，有关的适航规章没有包括适当或足够的安全要求时制定并颁发的适用的适航要求。专用条件具有与不适用的适航规章等效的安全水平。制定颁布专用条件的前提为：

① 民用航空产品具有新颖或独特的设计特点；

② 产品的预期用途是非常规的；

③ 从使用中的类似民用航空产品或具有类似设计特点的民用航空产品得到的经验表明，可能产生不安全状态。

专用条件适航标准具有等效的安全水平和同等的法律效力。例如波音公司在申请 B777 的型号审定时，要求同时获得 180 分钟的双发延程的设计批准。当时的规章要求应首先进行型号合格审定，然后在非双发延程的运行中积累一段运行经验以后再批准双发延程。为此 FAA 制定了专用条件，提出了双发延程的设计评估、飞机和发动机组合的性能和失效分析，包括 180 分钟备降飞行的可靠性分析以及附加的双发延程试验要求，包括 1 000 次模拟运行的要求，以证明双发延程设计的有效性，并代替在运行中积累一段运行经验以后再批准双发延程的要求。

4. 联邦航空条例修正案（Amendment）

联邦航空条例修正案是对联邦航空条例中的具体条款的适时补充和修正，以不断完善联邦航空条例。修正案根据需要和可能按照规定的程序不定时地发布。在每个条款后面都会注明对该条款进行过修订的所有修正案的编号和修订时间。

5. 适航指令（AD）

经 FAA 合格审定的航空产品，如果在使用中发生了危及飞行安全的问题，FAA 将以颁发适航指令的方式加以处理。不执行适航指令的航空器将视为不适航，不得继续运行。

6. 技术标准规定（TSO）

TSO 是安装在民用航空器上的机载设备规定的最低性能标准，包括仪表、通讯导航设备、机械部件等。FAA 至今已颁布了约 320 余项 TSO。获得 FAA 的某项 TSO 的批准书，表明允许按该标准设计和制造零部件。若要把该零部件安装到飞机上，还须申请安装批准。

3.3.3 非法规性文件

（1）咨询通告（AC）

咨询通告是 FAA 向公众推荐的 FAA 可接受的对 FAR 的条款进行符合性验证

的方法。这种方法不是强制性的，也不是唯一的，但具有权威性。

(2) 指令(Order)

指令是 FAA 对其雇员进行内部指导的文件，以便雇员能很好地履行本职工作，并在掌握条例上保持一致性。指令虽不是法规文件，但却是 FAA 雇员必须执行的指令性文件。

(3) 规章制定建议通知(NPRM)

根据 FAA 关于制定规章的程序，联邦航空条例的制定或修订，首先要把规章制定建议通知公布于联邦注册报上，征求公众意见。

(4) 审定过程改进(CPI)指导文件

CPI 是用于指导如何改进审定过程的文件，它介绍了如何计划、管理和编制一个有效的产品审定程序以及如何建立 FAA 和申请人之间的的良好关系。这是 FAA 雇员和工业界的合格证申请人双方都应遵循的指导文件。它既适用于型号设计批准，也适用于生产批准。

(5) 政策备忘录(Policy Memorandum)

政策备忘录是 FAA 内部管理层发给下属部门的文件，用以对联邦航空条例作具体解释和政策性指导。

(6) 通知(Notices)

通知是 FAA 内部针对具体问题的临时性指导文件，有效期一般不超过 12 个月，过期自动失效。如果要使它长期有效，就要把它改为 FAA 指令。

3.4　欧洲航空安全局适航文件体系

3.4.1　概　述

与美国航空制造业的产业结构相似，欧洲航空制造业的产业结构也具有金字塔结构的特点。金字塔塔尖是以空客公司为代表的、在欧洲跨国合作、拥有雄厚技术实力和巨大市场份额的航空制造业巨擘，金字塔基座为数量众多、充满活力、各具技术特点、产品和服务多样化、经济总量巨大的小型航空制造企业群。与美国略有不同的是，欧洲航空制造业金字塔中的小型航空制造企业往往是大的航空制造企业的供应商，提供各种机载设备、零部件和飞机加改装方案。这些小企业在各自的领域具有独到的技术优势，专业化程度高。

EASA 为适应欧洲航空制造业的产业特点建立了涵盖飞机、旋翼机、航空发动机、螺旋桨、机载设备多方面的审定规范(Certification Specification，CS)和管理类的 21 部。与美国 FAA 独立颁布的咨询通告不同，欧洲将类似咨询通告的法律文件作为规章的一部分列在规章中，定义为可接受的符合性方法(Acceptable Means of Compliance，AMC)和指导材料(Guidance Material，GM)。EASA 大量引用可接受的工业界的各种标准作为对规章的解释，同样在作为国家法律的适航标准和作为航空工程技术成果的工业标准规范之间起到衔接作用。欧洲的适航法规体系如图 3.4 所示。

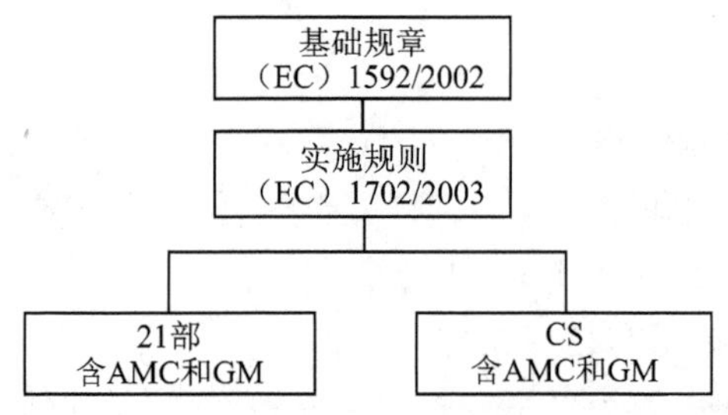

图 3.4 欧洲的适航法规体系

与 FAA 类似，EASA 颁发欧洲技术标准规定(European Technical Standard Order，ETSO)作为机载设备的适航标准。ETSO 大量引用 EASA 采纳的工业协会规范，同样起到了将工业协会规范纳入适航法规体系的作用。

欧洲的适航法规体系除了上述的技术覆盖全面的特点外，在管理思路上也充分体现了欧洲航空制造业的特点。由于欧洲的众多航空制造企业作为主要航空制造业的供应商提供产品和技术，EASA 的适航管理特别关注企业的能力，并且制定了颇具特色的 DOA 的适航管理方式，通过机构评审和批准的方式确认企业的能力。

EASA 的适航审定部门的组织体系设置也与欧洲这种航空制造业的产业特点相适应。一方面按航空产品类别设立审定部门；另一方面为了有效、一致地对跨国合作的大型航空制造企业与分散在欧洲各个成员国的众多小型航空制造企业进行适航管理，EASA 内部与审定部门平行地设置了专门负责标准化、培训和机构批准的管理部门。

3.4.2 EASA 的航空规章体系

EASA 的航空规章体系如图 3.5 所示。EASA 的顶层规章是欧盟委员会基本规章(Basic Regulation(EC) No. 216/2008)，相当于航空法。该规章对原规章作了修订，把 EASA 的职能从适航审定和持续适航管理扩展到运行，飞行员执照和外国飞机的管理。进一步还将扩展到机场，空中交通和导航管理。

在基本规章之下订立实施条例(Implementing Rules，IR)，分为适航审定、持续适航、运行、执照等条例。到 2008 年 12 月底，EASA 的规章体系只有适航审定实施条例和持续适航实施条例这两部分。

适航审定规章包括第 21 部(Part 21)和审定规定两部分。目前有效的审定规定有：

① CS——定义和缩写；

② CS - 22——滑翔机和动力滑翔机；

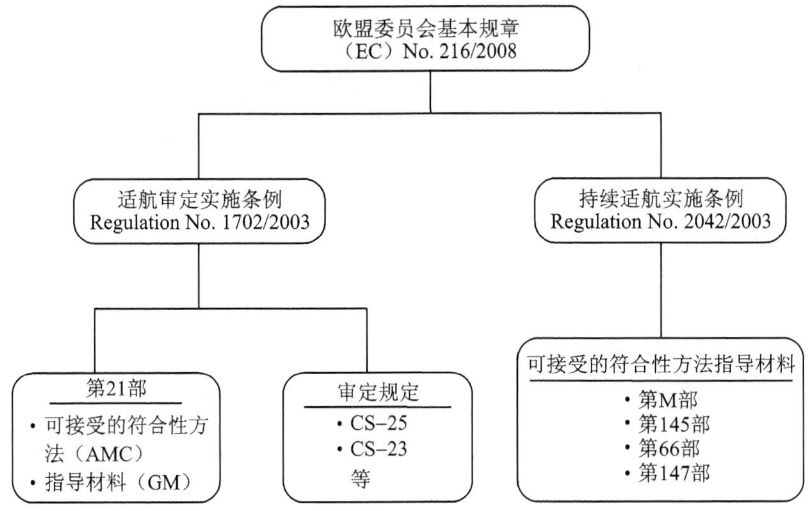

图 3.5　EASA 的航空规章体系

③ CS-23——正常类、实用类、特技类和通勤类飞机；

④ CS-25——大飞机；

⑤ CS-27——小旋翼机；

⑥ CS-29——大旋翼机；

⑦ CS-VLR——甚轻型旋翼机；

⑧ CS-VLA——甚轻型飞机；

⑨ CS-E——发动机；

⑩ CS-P——螺旋桨；

⑪ CS-34——航空器发动机排出物和燃机排除；

⑫ CS-36——航空器噪声；

⑬ CS-APU——辅助动力装置；

⑭ CS-ETSO——欧洲技术标准规定；

⑮ CS-AWO——全天候运行；

⑯ AMC-20——针对产品、零部件和电气设备适航的一般 AMC；

⑰ CS-31 HB——热气球(2009 年 2 月 27 日颁发)。

对于航空器零部件的认证，参考如下：

① 欧洲技术标准规定(ETSO)授权(第 21 部 O 部分)；

② 航空器认证过程中书写的性能规范；

③ 与正式公认标准一致的标准件。

持续适航规章包括下列各部：

第 M 部(Part-M)——持续适航(Continuing Airworthiness)。第 M 部制定了确保维持适航所要采取的措施，包括维修。它还详细说明了在这样的持续适航管理中所涉及的个人和机构需要满足的条件。

第 66 部(Part - 66)——人员审定(Certifying Staff)。第 66 部针对固定翼飞机和直升机制定了航空器维修许可证颁发和其有效性与使用的条件要求。

第 145 部(Part - 145)——维修机构批准(Maintenance Organization Approvals)。第 145 部针对具有资格颁发或延续航空器和部件维修批准的机构制定了其需要满足的要求。

第 147 部(Part - 147)——培训机构要求(Training Organization Requirements)。第 147 部制定了为按照第 66 部实施培训和考试而征求批准的机构所需满足的要求。

每部规章和审定条例都包含两部分指导材料:可接受的符合性方法(Acceptable Means of Compliance,AMC)和指导材料(Guidance Material,GM)。AMC 叙述的是一种如何获得审定规定或规章要求的方法,它不是唯一的,也不是强制性的。GM 是对审定规定或规章要求的说明。

每部规章和审定规定的制定都要按照规定的程序进行。规章草案需征求公众意见。公布的规章草案称为建议修正案通知(NPA)。

CS - 25 中提出了 5 种局方可接受的符合性方法,见表 3.3。

表 3.3　CS - 25 中提出的 5 种局方可接受的符合性方法

编　号	符合性方法	说　明
1	相似性声明	和已批准的系统进行对比,用在物理、逻辑和使用说明方面的相似性说明来表明对章程条款的符合性
2	设计说明	包括图纸、结构说明和设计原理等符合性方法
	图纸	可用于简单的审定项目,进行物理或几何方面的表述。图纸还可用于对复杂系统的符合性裁决的支持
	构型说明	是对审定项目的总体布局、运动方向等的说明。它一般不如工程图纸正规,有时用来说明设计特征以支持某个符合性裁决。此外,它还可为验证或试验提供重要的背景说明,以明显降低它们的复杂性和风险
	设计原理	用以表明产品或系统总体上以安全为中心的设计原理。通常仅用设计原理作为符合性的唯一方法是不充分的
3	计算/分析	申请人应验证所使用的计算方法或数据资料的正确性
4	评估	申请人可以用模型、试验台、模拟机或飞机进行评估。通常评估有两个特点: ① 评估用模型只要求几何尺寸符合图纸,不包括工程模拟; ② 局方一般不参加评估。 申请人对设计进行评估,然后把评估报告提交局方。通常将评估作为设计过程的一部分,以保证设计能符合章程的要求

续表 3.3

编 号	符合性方法	说 明
5	试验	试验不同于评估。试验件应完全符合图纸;一般局方要参加试验。 试验可在试验台、试验室、模拟机或飞机上进行。飞机试验包括地面试验和飞行试验

3.5 中国民用航空适航文件体系

3.5.1 概 述

在历史的实践中,中国民用航空局已经建立了一套完整的中国民用航空法律体系。中国民用航空法律体系可分为"三个层次":第一层次为全国人民代表大会常务委员会通过、由国家主席签署、主席令发布的法律(如《中华人民共和国民用航空法》);第二层次为国务院常务会议通过、由国家总理以国务院令发布或授权民航局发布的关于民用航空的行政法规(如《中华人民共和国民用航空器适航管理条例》);第三层次为民航局局长以民航局令发布的各类民用航空规章。民用航空规章在整个民航法律体系中是内容最广、数量最多的,涉及民航生产经营的各个方面,也是民航局进行行业管理的重要依据。

从法律地位来说,法律是最高层次,其次是行政法规,规章是最低层次(见图 3.6)。按照层次高低分为上位法和下位法。下位法不能和上位法相抵触,否则下

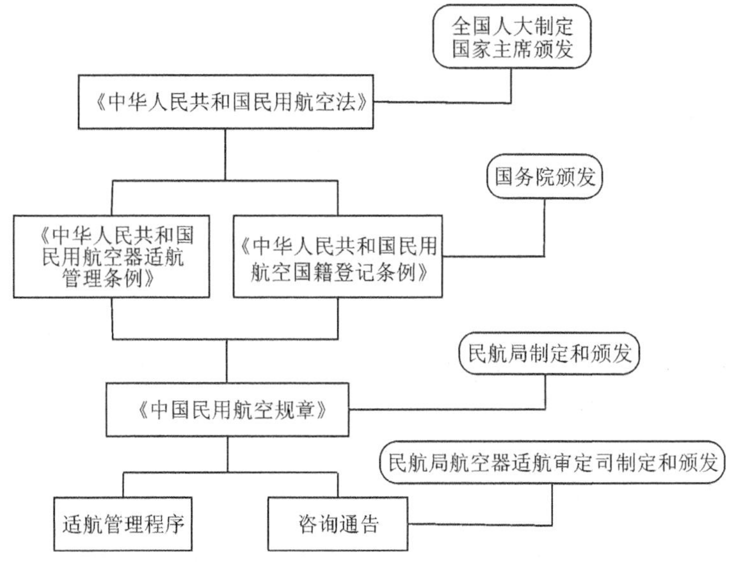

图 3.6 中国民用航空适航文件体系

位法无效;上位法是制定下位法的依据;如果上位法修改,一般情况下与之相关联的下位法也需要修改,以保持和上位法的一致,如《中华人民共和国行政许可法》出台后,民用航空规章设计行政许可的规章进行了全面的修改。

中国民航现行有效的规章中,有 80 多部规章涉及航空安全,基本符合 ICAO 的标准和建议措施,为适航管理、飞行标准管理、机场安全管理、空中交通管理、空防安全、事故调查的法律依据。中国民用航空规章按照部别分类标示为"中国民用航空规章第 X 部",英文代码为"CCAR - X"。

3.5.2 《中华人民共和国民用航空法》

《中华人民共和国民用航空法》是为了维护国家的领空主权和民用航空权利,保障民用航空活动安全和有秩序地进行,保护民用航空活动当事人各方的合法权益,促进民用航空事业的发展而制定的法律。

《中华人民共和国民用航空法》属于国家法律,是民用航空法律体系的龙头,是制定民航法规、规章的依据。《中华人民共和国民用航空法》涉及适航管理的内容主要有:

第三十四条:设计民用航空器及其发动机、螺旋桨和民用航空器上的设备,应当向国务院民用航空主管部门申请领取型号合格证书。经审查合格的,发给型号合格证书。

第三十五条:生产、维修民用航空器及其发动机、螺旋桨和民用航空器上设备,应当向国务院民用航空主管部门申请领取生产许可证书、维修许可证书。经审查合格的,发给相应的证书。

第三十六条:外国制造人生产的任何型号的民用航空器及其发动机、螺旋桨和民用航空器上设备,首次进口中国的,该外国制造人应当向国务院民用航空主管部门申请领取型号认可证书。经审查合格的,发给型号认可证书。已取得外国颁发的型号合格证书的民用航空器及其发动机、螺旋桨和民用航空器上的设备,首次在中国境内生产的,该型号合格证书的持有人应当向国务院民用航空主管部门申请领取型号认可证书。经审查合格的,发给型号认可证书。

第三十七条:具有中华人民共和国国籍的民用航空器,应当持有国务院民用航空主管部门颁发的适航证书,方可飞行。出口民用航空器及其发动机、螺旋桨和民用航空器上设备,制造人应当向国务院民用航空主管部门申请领取出口适航证书。经审查合格的,发给出口适航证书。租用的外国民用航空器,应当经国务院民用航空主管部门对其原国籍登记国发给的适航证书审查认可或者另发适航证书,方可飞行。民用航空器适航管理规定,由国务院制定。

第三十八条:民用航空器的所有人或者承租人应当按照适航证书规定的使用范围使用民用航空器,做好民用航空器的维修保养工作,保证民用航空器处于适航状态。

《中华人民共和国民用航空法》于1995年10月30日第八届全国人民代表大会常务委员会第十六次会议通过，1995年10月30日中华人民共和国主席令第五十六号公布，自1996年3月1日起施行。2009年8月27日第十一届全国人民代表大会常务委员会第十次会议通过《全国人民代表大会常务委员会关于修改部分法律的决定》。2015年4月24日第十二届全国人民代表大会常务委员会第十四次会议第二次修正。

3.5.3 《中华人民共和国民用航空器适航管理条例》

为保障民用航空安全，维护公众利益，促进民用航空事业的发展，制定了《中华人民共和国民用航空器适航管理条例》，该条例于1987年5月4日颁布，1987年6月1日实施。

《中华人民共和国民用航空器适航管理条例》适用于在中华人民共和国境内从事民用航空器（含航空发动机和螺旋桨）的设计、生产、使用和维修的单位或者个人，向中华人民共和国出口民用航空器的单位或个人，以及在中华人民共和国境外维修在中华人民共和国注册登记的民用航空器的单位或者个人。

《中华人民共和国民用航空器适航管理条例》全文共29条，对民用航空器适航管理的宗旨、性质、范围、权限、方法和处罚等作了明确规定。

任何单位或者个人设计民用航空器，都应当持航空工业部对该设计项目的审核批准文件，向民航局申请型号合格证。民航局接受型号合格证申请后，应当按照规定进行型号合格审定；审定合格的，颁发型号合格证。

任何单位或个人生产民用航空器，都应当具有必要的生产能力，并应当持有规定的型号合格证，向民航局申请生产许可证。民航局接受生产许可证申请后，应当按照规定进行生产许可审定，审定合格的，颁发生产许可证，并按照规定颁发适航证。任何单位或个人未取得生产许可证，但因特殊需要，申请生产民用航空器的，须经民航局批准，但是在整个生产民用航空器的过程中，须经民航局逐一审查合格后，颁发适航证。民用航空器必须具有民航局颁发的适航证，方可飞行。民航局颁发的适航证应当规定该民用航空器所适用的活动类别、证书的有效期限及安全所需的其他条件和限制。持有民用航空器生产许可证的单位生产的民用航空器，经国务院有关主管部门批准需要出口时，由民航局签发出口适航证。民航局有权对生产、使用、维修民用航空器的单位或者个人以及取得适航证得民用航空器进行定期检查或者抽查；经检查与抽查不合格的，民航局除按照《中华人民共和国民用航空器适航管理条例》的有关规定对其处罚外，还可吊销其有关证件。

3.5.4 《中国民用航空规章》

3.5.4.1 标准类规章

标准类规章是一类特殊的技术标准，是民用航空产品和零部件的最低安全标准。

航空器型号审定依据的标准类规章有 CCAR－23、CCAR－25、CCAR－27、CCAR－29和 CCAR－31；发动机型号审定依据的标准类规章主要是 CCAR－33；螺旋桨型号审定依据的标准类规章主要是 CCAR－35，与环境保护有关的标准类规章，包括CCAR－34、CCAR－36；民用航空材料、零件和机载设备设计批准依据的标准类规章是 CCAR－37；审定航空用化学产品以及航空油料的适航管理规定是 CCAR－53、CCAR－55。下面仅对上述规章进行简单介绍。

(1)《正常类、实用类、特技类和通勤类飞机适航规定》(CCAR－23)

CCAR－23 现行有效的版本是 2004 年 10 月 12 日发布的。CCAR－23 是颁发和更改正常类、实用类、特技类和通勤类飞机型号合格证的适航标准。正常类、实用类、特技类和通勤类飞机型号合格证的申请人，或对正常类、实用类、特技类和通勤类飞机型号合格证进行更改的申请人，必须表明符合 CCAR－23 中适用的要求。

CCAR－23 中涉及了四类飞机：

1) 正常类飞机：是指座位设置(不包括驾驶员)为 9 座或以下，最大审定起飞质量为 5 700 公斤(12 500 磅)或以下，用于非特技飞行的飞机。这里的非特技飞行是指：①正常飞行中遇到的任何机动；②失速(不包括尾冲失速)；③坡度不大于 60°的缓 8 字飞行、急上升转弯和急转弯。

2) 实用类飞机：是指座位设置(不包括驾驶员)为 9 座或以下，最大审定起飞质量为 5 700 公斤(12 500 磅)或以下，用于有限特技飞行的飞机。按实用类审定合格的飞机，可做正常类飞机的任何飞行动作和有限特技飞行动作。有限特技飞行是指：①尾旋(如果对特定型号的飞机已批准作尾旋)；②坡度大于 60°但不大于 90°的缓 8 字飞行、急上升转弯和急转弯。

3) 特技类飞机：是指座位设置(不包括驾驶员)为 9 座或以下，最大审定起飞质量为 5 700 公斤(12 500 磅)或以下，除了由于所需要的飞行试验结果表明是必要的限制以外，在使用中不加限制的飞机。

4) 通勤类飞机：是指座位设置(不包括驾驶员)为 19 座或以下，最大审定起飞质量为 8 618 公斤(19 000 磅)或以下，用于正常类飞机定义中所述非特技飞行的螺旋桨驱动的多发动机飞机。通勤类飞机的运行，是指正常飞行所能遇到的任何机动、失速(不包括尾冲失速)和坡度不大于 60°的急转弯。

(2)《运输类飞机适航规定》(CCAR－25)

CCAR－25 于 1985 年 12 月 31 日发布，是中国民用航空局发布的第一部适航管理规章，分别于 1990 年 7 月 18 日、1995 年 12 月 18 日、2001 年 5 月 14 日进行了三次修订。CCAR－25 是运输类飞机适航标准，适用于颁发和更改运输类飞机的型号合格证书。运输类飞机型号合格证申请人，或对运输类飞机型号合格证进行更改的申请人，必须表明符合 CCAR－25 中适用的要求。

(3)《正常类旋翼航空器适航规定》(CCAR－27)

CCAR－27 现行有效的版本是 2002 年 7 月 2 日发布的。CCAR－27 适用于颁发和更改最大质量等于或小于 3 180 公斤(7 000 磅),乘客座位数不大于 9 座的单发或多发正常类旋翼航空器型号合格证。正常类旋翼航空器型号合格证的申请人,或对正常类旋翼航空器型号合格证进行更改的申请人,必须表明符合 CCAR - 27 中适用的要求。

(4)《运输类旋翼航空器适航规定》(CCAR - 29)

CCAR - 29 现行有效的版本是 2002 年 7 月 2 日发布的。CCAR - 29 适用于颁发和更改运输类旋翼航空器型号合格证。CCAR - 29 是相对较大型旋翼机的适航标准。申请运输类旋翼航空器型号合格证,或申请对运输类旋翼航空器型号合格证进行更改的法人,必须表明符合 CCAR - 29 适用的要求。

运输类旋翼航空器必须按照该规章 A 类或 B 类进行型号合格审定。多发旋翼航空器可以同时按 A 类和 B 类进行型号合格审定,单发旋翼航空器只能按 B 类进行型号合格审定,但必须对每一类规定相应的和不同的使用限制:

① 最大质量大于 9 080 公斤(20 000 磅)且客座量等于或大于 10 座的旋翼航空器必须按照 A 类旋翼航空器进行合格审定。

② 最大质量大于 9 080 公斤(20 000 磅)且客座量等于或小于 9 座的旋翼航空器,以及最大质量等于或小于 9 080 公斤(20 000 磅),但客座量等于或大于 10 座的旋翼航空器,可按 B 类旋翼航空器进行型号合格审定。但必须符合该规章中分章节和条款的 A 类要求。

③ 最大质量等于或小于 9 080 公斤(20 000 磅)且客座量等于或小于 9 座的旋翼航空器,可按 B 类旋翼航空器进行型号合格审定。

(5)《载人自由气球适航规定》(CCAR - 31)

CCAR - 31 现行有效的版本是 2007 年 3 月 15 日发布。CCAR - 31 规定适用于颁发和更改载人自由气球型号合格证。载人自由气球型号合格证的申请人或对载人自由气球型号合格证进行更改的申请人,必须表明符合 CCAR - 31 中适用的要求。

(6)《航空发动机适航规定》(CCAR - 33)

CCAR - 33 现行有效的版本是 2002 年 4 月 19 日发布的。CCAR - 33 适用于颁发和更改航空发动机型号合格证。航空发动机型号合格证的申请人或申请对航空发动机型号合格证进行更改的申请人,必须表明符合 CCAR - 33 适用的要求,同时还必须表明符合中国民用航空规章《涡轮发动机飞机燃油排泄和排气排出物规定》(CCAR - 34)的有关规定。

(7)《涡轮发动机飞机燃油排泄和排气排出物规定》(CCAR - 34)

CCAR - 34 现行有效的版本是 2002 年 3 月 20 日发布的,适用于控制航空发动机排放。按照 CCAR - 21 规定,申请航空燃气涡轮发动机型号合格证、补充型号合格证、型号认可证,或申请对该合格证进行更改的法人,必须表明符合 CCAR - 34 中适用的要求。对于在用的航空燃气涡轮发动机,也要符合 CCAR - 34 的适用要求。

(8)《螺旋桨适航规定》(CCAR-35)

CCAR-35 现行有效的版本是 1987 年 12 月 17 日发布的,适用于颁发和更改螺旋桨型号合格证。螺旋桨型号合格证申请人或更改螺旋桨型号合格证的申请人,必须表明符合 CCAR-35 中的适用要求。

(9)《航空器型号和适航合格审定噪声规定》(CCAR-36)

CCAR-36 现行有效的版本是 2002 年 3 月 20 日发布的,2007 年 4 月 15 日进行了第一次修订,实施的目的是为了减少民用航空活动所产生的各类噪声对周边环境的影响,并规范航空器噪声的划分标准。

(10)《民用航空材料、零部件和机载设备技术标准规定》(CCAR-37)

CCAR-37 现行有效的版本是 1991 年 4 月 1 日发布的。实施目的是为了使用于民用航空器上指定的航空材料、零部件和机载设备符合适航要求,在规定的条件下满足工作的需要并完成预定的目的。CCAR-37 制定的每份技术标准规定,是在指定"项目"接受适航审查时必须遵守的准则。这里的技术标准规定是对指定"项目"最低性能标准定的规定。使用中,每一份技术标准规定均统一编号,并成为 CCAR-37 的一部分。

(11)《民用航空用化学产品适航管理规定》(CCAR-53)

CCAR-53 现行有效的版本是 2004 年 10 月 12 日发布的,适用于民用航空用化学产品的适航管理。

在中华人民共和国境内从事民用航空用化学产品设计、生产等活动和从事对列入原民用航空产品制造人维护手册、材料清单及服务通告等文件中的民用航空用化学产品进行生产、分装、配置、加工等活动的法人,应当按照 CCAR-53 的要求取得民用航空用化学产品设计/生产批准函。凡在中华人民共和国境内注册的民用航空器,包括安装在该航空器上的发动机、螺旋桨、机载设备、零部件及航空材料,在其使用、维护、维修过程中,必须按规定使用下述产品:取得批准函的民用航空用化学产品;列入原民用航空产品制造人维护手册、材料清单及服务通告等文件中的,且未经分装、配制、加工的民用航空用化学产品。

(12)《民用航空油料适航管理规定》(CCAR-55)

CCAR-55 现行有效的版本是 2005 年 10 月 1 日发布的,适用于民用航空油料及其供应企业、民用航空油料检测单位和民用航空油料试验委任单位代表的适航审定和管理。

3.5.4.2 管理类规章

适航管理类规章分为两大类:初始适航管理类规章和持续适航管理类规章。

1. 初始适航管理类规章

CCAR 中主要的初始适航管理类规章如表 3.4 所列。

表 3.4　CCAR 中主要的初始适航管理类规章

序　号	编　号	名　称
1	CCAR-21	《民用航空产品和零件合格审定规定》
2	CCAR-23	《正常类、实用类、特技类和通勤类飞机适航规定》
3	CCAR-25	《运输类飞机适航规定》
4	CCAR-27	《正常类旋翼航空器适航规定》
5	CCAR-29	《运输类旋翼航空器适航规定》
6	CCAR-31	《载人自由气球适航规定》
7	CCAR-33	《航空发动机适航规定》
8	CCAR-34	《涡轮发动机飞机燃油排泄和排气排出物规定》
9	CCAR-35	《螺旋桨适航规定》
10	CCAR-36	《航空器型号和适航合格审定噪声规定》
11	CCAR-37	《民用航空材料、零部件和机载设备技术标准规定》
12	CCAR-39	《民用航空器适航指令规定》
13	CCAR-43	《维修和改装一般规则》
14	CCAR-45	《民用航空器国籍登记规定》
15	CCAR-53	《民用航空用化学产品适航管理规定》
16	CCAR-55	《民用航空油料适航管理规定》
17	CCAR-66	《民用航空器维修人员执照管理规则》
18	CCAR—121	《大型飞机公共航空运输承运人运行合格审定规则》
19	CCAR-129	《外国公共航空运输承运人运行合格审定规则》
20	CCAR-135	《小型航空器商业运输运营人运行合格审定规则》
21	CCAR-145	《维修单位合格审定的要求》
22	CCAR-147	《维修培训机构的要求、证件或证书》
23	CCAR-165	《民航专业工程质量监督管理规定》
24	CCAR-183	《民用航空器适航委任代表和委任单位代表的规定》

(1)《民用航空产品和零部件合格审定规定》(CCAR-21)

CCAR-21 是适航审定部门工作主要依据的一部规章。CCAR-21 涉及民用航空产品和零部件的合格审定及相应的管理工作中多个证件的颁发和管理程序。CCAR-21 是 1990 年 8 月 8 日发布的，先后经历 3 次修订。目前，有效的版本是 2007 年 3 月 13 日中国民用航空总局局务会议通过，2007 年 4 月 15 日施行的 CCAR-21 第 3 次修订版，2012 年开始第 4 次修订。

(2)《民用航空器适航指令规定》(CCAR-39)

CCAR-39 是 1990 年 6 月 13 日中国民用航空总局令第 8 号公布的。CCAR-39 适用于民用航空器、航空发动机、螺旋桨及机载设备(以下简称民用航空产品)。当中国民用航空局发现民用航空产品存在下述情况时，将颁发适航指令，并且在适航指令中规定强制性的检查要求、改正措施或使用限制：

① 某一民用航空产品存在不安全的状态，并且这种状态很可能存在于或发生于同型号设计的其他民用航空产品之中；

② 当发现民用航空产品没有按照该产品型号合格证批准的设计标准生产时；

③ 外国适航当局颁发的适航指令涉及在中国登记注册的民用航空产品。

每一份适航指令均有统一的编号，而且都是 CCAR－39 规章的一部分。因此没有遵守适航指令，就是违反民用航空规章 CCAR－39。并且明确要求民用航空产品在为满足所有有关适航指令的要求之前，任何人不得使用。因此：在中华人民共和国登记注册的民用航空器的所有人和使用人，必须保证其使用的民用航空器符合本规定的有关要求；中华人民共和国民用航空器产品的设计、制造单位和个人，必须保证其设计、制造的民用航空产品符合现行的中国民用航空适航标准和本规定的有关要求；因执行按本规定颁发的适航指令所造成的经济影响，中国民航用空局不承担责任。

(3)《民用航空器适航委任代表和委任单位代表的规定》(CCAR－183)

CCAR－183 是 1992 年 12 月 11 日中国民用航空局令第 28 号公布的，自 1993 年 1 月 1 日起施行。为及时有效地对民用航空器进行适航管理而委任适航部门以外的人员和单位作为中国民用航空局(以下简称民航局)的代表从事有关适航工作，特制定本规定。该规章规定了各类委任代表的委任程序、授予的权限和管理规则以及颁发委任单位代表证书的批准程序和对该证书持有人的管理规则。

民航局根据工作性质将委任代表分为下列各类：

① 工程委任代表；

② 生产检验委任代表；

③ 维修监督委任代表；

④ 维修人员执照主考委任代表；

⑤ 其他代表。

委任单位代表是指由民航局委任适航部门以外的、在授权范围内代表民航局从事有关适航工作的某些单位或机构。委任单位代表的专业范围包括：

① 航空器或其零部件的气动与强度试验；

② 航空材料及工艺方法的试验和鉴定；

③ 维修人员执照培训、考试；

④ 适航检查；

⑤ 航空器适航司可认为必要的其他专业范围。

任何与上面所列专业范围有关的单位均可向民航局申请委任单位代表，也可只对某一民用航空专用测试设备申请委任单位代表。

委任单位代表证书的持有人必须承担的责任：

① 保持其质量保证系统的有效性，现场实施应与民航局批准的质量保证手册或工作手册上的程序要求一致；

② 接受适航司的检查监督，当发现缺陷或失效时应采取措施限期纠正；

③ 应定期或在必要时，向适航司提交履行其职责情况的报告；

④ 除非有可指派的人员参加，否则委任代表证书的持有人不得对本单位产品自行进行试验、检验、鉴定，以保证公正性；

⑤ 对所签署的各种报告的正确性、考试成绩和各种检查结果的真实性负责。

委任单位代表证书的持证人权利是在许可项目单的范围内从事下列有关工作：

① 签发民航局认可的各种试验、检测或鉴定报告；

② 签发民航局认可的维修人员考试成绩单；

③ 代表民航就审查和检查某些民用航空器的使用维护。

2. 持续适航管理类规章

持续适航文件(Instructions for Continued Airworthiness，ICA)指的是对整架飞机在规定的全寿命期内随时保持适航所必不可少的资料，即所编制的提供操作、维修、修理说明和要求等内容的文件，这些内容对于飞机、发动机、机载设备的持续适航是必需的。

ICA 的主要内容如表 3.5 所列。

表 3.5　持续适航文件主要内容

序　号	名　称
1	主最低设备清单(Master Minimum Equipment List，MMEL)
2	飞行机组操作手册(Flight Crew Operating Manual，FCOM)
3	质量平衡手册(Weight and Balance Manual，WBM)
4	快速检查单(Quick Reference Handbook，QRH)
5	客舱机组操作手册(Cabin Crew Operation Manual，CCOM)
6	维修大纲(Maintenance Review Board Report，MRBR)
7	适航限制部分(Airworthiness Limitation Section，ALS)
8	结构修理手册(Structural Repair Manual，SRM)
9	维修计划文件(Maintenance Planning Document，MPD)
10	飞机维修手册(Aircraft Maintenance Manual，AMM)
11	飞机线路手册(Aircraft Wiring Manual，AWM)
12	飞机图解零件目录(Aircraft Illustrated Parts Catalog，AIPC)
13	动力装置总成手册(Power Plant Buildup Manual，PPBM)
14	故障隔离手册(Fault Isolation Manual，FIM)
15	无损检测手册(Non-Destructive Testing Manual，NDTM)
16	发动机手册(Engine Manual，EM)

续表 3.5

序　号	名　称
17	机载设备维修手册(Component Maintenance Manual,CMM)
18	图解工具和设备手册(Illustrated Tool and Equipment Manual,ITEM)
19	机组训练手册(Flight Crew Training Manual,FCTM)

(1) 主最低设备清单(Master Minimum Equipment List,MMEL)

由中国民用航空总局确定的在特定运行条件下可以不工作,但仍能保持可接受的安全水平的设备清单,包含这些设备不工作时航空器运行的条件、限制和程序;旨在确保安全的前提下,改进航空器的日利用率,为公众提供更为方便和经济的航空运输。

(2) 飞行机组操作手册(Flight Crew Operating Manual,FCOM)

飞行机组操作手册为飞行机组提供了在所有预计航线飞行过程中安全有效地操纵飞机所必需的操作限制、操作程序、性能和系统说明。

(3) 质量平衡手册(Weight and Balance Manual,WBM)

质量平衡手册是飞机制造商向用户传递飞机质量和平衡数据的手段,用以给其质量工程师或其他有关人员提供分析和确定飞机使用的质量和平衡的数据。

(4) 快速检查单(Quick Reference Handbook,QRH)

快速检查单为飞行机组提供在正常情况下驾驶飞机和处理非正常情况时所需快速参考的资料,飞机制造厂商可根据飞机飞行手册(Aircraft Flight Manual,AFM)编制快速检查单,以简缩的形式建立安全有效操纵飞机的最低程序和动作。

(5) 客舱机组操作手册(Cabin Crew Operation Manual,CCOM)

客舱机组操作手册是供客舱机组使用的技术出版物,为客舱机组所使用的设备提供了说明和操作程序以及正常和非正常情况下的处置程序。

(6) 维修大纲(Maintenance Review Board Report,MRBR)

维修大纲是保持飞机持续适航和为航空运营人使用飞机准备的基本文件,它作为飞机维修工作的纲领性文件,是制订其他维修文件和持续适航管理的依据。目的旨在保持航空产品的固有安全性、可靠性;在产品的技术状态(性能)恶化时,将其安全性、可靠性恢复到固有的水平;在完成所规定的维修工作时,所用的费用最少、最经济。

(7) 适航限制部分(Airworthiness Limitation Section,ALS)

对于一架飞机,其ICA中必须有一个单独并可区分的部分,包括:

- 为型号合格审定经批准的强制性更换次数;
- 为型号合格审定经批准的强制性检查次数;
- 同那些经批准的强制性次数相关的检查规程。

如果一架飞机没有遵循这些条款所要求的检查和更换次数及规程,那将危及到产品的适航性。审定维修要求(Certification Maintenance Requirement,CMR)是指所需的检查或维修任务,适用于设备、系统及动力装置的安装。它等同于一种限制,也被要求作为ICA的组成部分。

(8) 结构修理手册(Structural Repair Manual,SRM)

结构修理手册为用户提供飞机主要和次要结构的识别、有关允许损伤和修理的说明性资料。对结构强度和寿命有重要影响的严重损伤,SRM提供将其结构恢复到满足设计功能要求的状态进行修理工作所需要的资料。其目的旨在帮助飞机用户以最少的成本、最佳的修理实施办法获得和保持飞机的最高利用率。

(9) 维修计划文件(Maintenance Planning Document,MPD)

维修计划文件是MRBR的主要支持文件,将维修大纲中规定的维修项目、安装位置、件号和维修时间间隔等内容进一步细化。旨在为飞机实施维修和维修管理提供指南,为航空公司制订符合其维修实际状况的维修方案和配备维修资源提供依据。

(10) 飞机维修手册(Aircraft Maintenance Manual,AMM)

飞机维修手册是使不熟悉飞机的维修技术人员参照手册内容在航线或机库内对飞机进行维护和修理,以确保飞机的持续适航和人员的安全。该手册主要包括飞机各系统的结构、系统说明、保养、安装、拆卸、调整、试验、检验、检查、清理等内容,适用于在机场或机库内当发动机和机载设备装于飞机上时,指导地面维修人员对机体、发动机和机载设备各部分进行正常营运时的维修工作。

(11) 飞机线路手册(Aircraft Wiring Manual,AWM)

飞机线路手册含有对飞机电路的图解和充分的说明。AWM可供航空公司维修技术人员了解电气和电子系统的工作原理,在飞机维护过程中对其进行故障分析、维护、修理及保养。

(12) 飞机图解零件目录(Aircraft Illustrated Parts Catalog,AIPC)

飞机图解零件目录作为飞机维修手册的伴用文件,含有识别飞机上所有可更换的零(组、部)件、机载设备的有关信息,为航空公司订购飞机备件(零件、组件、部件及标准件等)提供重要依据。

(13) 动力装置总成手册(Power Plant Buildup Manual,PPBM)

该手册将提供发动机完成装配所需的全部数据资料。其内容包括将发动机安装到飞机上的方法,相关结构的最大允许载荷以及发动机与其附件、管件、导线、电缆、钢索、导管和整流罩连接的位置和说明。本手册适用于快速更换发动机单元体的装配工作。

(14) 故障隔离手册(Fault Isolation Manual,FIM)

为故障报告手册(Fault Report Manual,FRM)列出的所有故障和机载维修系统显示的所有维修信息提供故障隔离和纠正措施。为维修人员迅速、准确地处理故障提供充分的依据,可避免或减少航班的延误,提高飞机遣派的可靠性,降低排故成本,并通过总结故障分析的资料,使得故障诊断程序更加符合实际需要。

(15) 无损检测手册(Non-Destructive Testing Manual,NDTM)

无损检测手册使用户对维修大纲和维修计划文件中规定的飞机主要结构、次要结构、发动机和设备等能进行有效的无损检测和试验,含有对飞机主要结构、次要结构和/或承力件(包括发动机和部分机载设备)进行无损检测的要求,包括进行无损检测工作所使用的设备、材料、操作程序、注意事项等。所提供的无损检测程序能用于早期诊断结构的损伤和缺陷,以便及早采取措施,防止损伤扩展到临界危险状态,确保飞机结构的完整性。

(16) 发动机手册(Engine Manual,EM)

发动机手册包括功能工作说明、故障分析、专用程序、拆卸、安装、分解、清洗、检验、检查、修理、装配、保养、储存、试验和根据服务通报进行的返修工作等内容,适用于发动机从飞机拆下后进行的离位翻修。

(17) 机载设备维修手册(Component Maintenance Manual,CMM)

机载设备维修手册包括各设备或组件的说明、使用、试验和故障分析程序,拆卸、清洗、检查、修理和装配方法,专用工夹具以及按装配前后顺序排列的图解零件目录等内容,适用于各设备或组件自机体上拆卸后在修理厂进行的离位修理工作。

(18) 图解工具和设备手册(Illustrated Tool and Equipment Manual,ITEM)

图解工具和设备手册含有对飞机机体、发动机和零组件进行故障检测和分析、地勤保养和修理时所需要的所有专用工具和设备的有关资料,并提供对飞机、发动机和设备进行故障检查、维修和翻修时所用专用工具和设备的说明。

(19) 机组训练手册(Flight Crew Training Manual,FCTM)

机组训练手册供用户培训空勤人员使用,使培训人员不仅能了解和熟悉飞机,更能正确使用和维修飞机。

3.5.5 规范性文件

(1) 适航管理程序(Aviation Procedure,AP)

适航管理程序是各职能部门下发的有关民用航空规章的实施办法或具体管理程序,是各职能部门工作人员从事管理工作和法人、其他经济组织或个人从事民用航空活动应当遵守的行为规则。

(2) 适航咨询通告(Advisory Circular,AC)

适航咨询通告是各职能部门下发的有关管理民用航空工作的政策说明或对民用航空规章条文所作的解释。

(3) 管理文件(Management Document,MD)

管理文件是各职能部门下发的暂行规定或者就民用航空管理工作的重要事项作出的通知或决定,也就是各职能部门就某一具体技术问题或工作与航空营运人、航空产品设计、制造人及有关部门进行工作联系时所使用的形式。

(4) 工作手册(Working Manual,WM)

工作手册是各职能部门下发的规范从事民用航空管理工作人员具体行动的文件,例如《持续适航监察员手册》。

(5) 信息通告(Information Bulletin,IB)

信息通告是各职能部门下发的反映民用航空活动中出现的新情况以及有关民用航空的法律、行政法规、规章的制定和执行情况或者对民用航空管理工作中存在的问题以及国内外有关民航技术上存在的问题进行通报的文件制定和执行情况或者对民用航空管理工作中存在的问题以及国内外有关民航技术上存在的问题进行通报的文件。

3.6 适航工业标准相关的代表性行业组织

运输类飞机及其发动机的相关适航文件和管理中引用了很多行业协会的大量工业标准,这些相关工业标准对各适航当局的适航规章及其修正案、咨询通告、政策声明等相关文件构成了支撑,如FAA、EASA与各类标准化协会/组织建立了良好的沟通和互动机制,在其适航规章体系文件中直接引用其认可的相关工业标准,从而构建完整的适航技术体系,进而便于开展适航审查和符合性验证工作。与适航工业标准相关的代表性行业协会包括:国际标准化组织(ISO)、美国机动车工程师协会(SAE)、美国航空无线电技术委员会(RTCA)、美国实验和材料协会(ASTM)、欧洲民用航空设备组织(EUROCAE)、中国航空工业行业标准等。

3.6.1 国际行业协会

3.6.1.1 国际标准化组织(ISO)

国际标准化组织(International Organization for Standardization,ISO),总部设于瑞士日内瓦,是一个全球性的非政府组织,ISO国际标准组织成立于1946年,中国是ISO的正式成员,代表中国参加ISO的国家机构是中国国家技术监督局。

ISO负责目前绝大部分领域的标准化活动。ISO的宗旨是"在世界上促进标准化及其相关活动的发展,以便于商品和服务的国际交换,在智力、科学、技术和经济领域开展合作"。中国于1978年加入ISO,在2008年10月的第31届国际化标准组织大会上,中国正式成为ISO的常任理事国。

ISO标准的内容涉及广泛,从基础的紧固件、轴承各种原材料到半成品和成品,其技术领域涉及信息技术、交通运输、农业、保健和环境等。譬如,与航空相关的标准——航空业质量管理体系AS9000,是1997年国际航天产业与组织共同努力的一项重要成果,是由国际标准组织航空技术委员会(ISO TC20)与美国的AAQG、欧洲的European Association of Aerospace Industries(AECMA)及日本的Society of Japanese Aerospace Companies (SJAC)等单位合作发展的国际质量体系,并获得

International Aerospace Quality Group (IAQG)的认可，于 1999 年正式公布，2001 年修改为 SAE AS9100:2000 版标准。

3.6.1.2 国际航空运输协会(IATA)

国际航空运输协会(International Air Transport Association，IATA)是一个由世界各国航空公司组成的大型国际组织，总部设在加拿大的蒙特利尔，执行机构设在瑞士的日内瓦。和国际民航组织相比，它像是一个由承运人组成的国际协调组织，管理在民航运输中出现的各种问题，譬如票价、危险品运输等，主要作用是通过航空运输企业来协调和沟通政府间的政策，并解决实际运作中的问题。

IATA 从组织形式上是一个航空企业的行业联盟，属于非官方性质组织。但是，由于世界上的大多数国家的航空公司是国家所有，即使非国有的航空公司也受到所属国政府的强力参预或控制，因此航协实际上是一个半官方组织。它制定运价的活动，也必须在各国政府授权下进行。

3.6.1.3 国际电工委员会(IEC)

国际电工委员会(International Electrotechnical Commission，IEC)是世界上成立最早的非政府性国际电工标准化机构，是联合国经社理事会的甲级咨询组织。IEC 是目前在电子、电机相关领域之国际标准发展，居领导地位的国际性标准发展组织，其领域范围包含电子工程、电磁、电声、多媒体、电讯、能源制造与传送，及相关的一般性原则。

IEC 和 ISO 有许多共同之处。首先，它们都是制定国家标准的机构，使用共同的技术工作导则，遵循共同工作程序。在信息技术方面，ISO 与 IEC 成立了联合技术委员会，负责制定信息技术领域中的国际标准。该联合技术委员会是 ISO、IEC 中最大的技术委员会，其工作量几乎是 ISO、IEC 的三分之一，所发布的国际标准也占三分之一。IEC 与 ISO 最大区别是运作模式不同:ISO 的工作模式是分散型的，技术工作要由各承担的技术委员会秘书处管理。标准制定计划确定后，由 ISO 中央秘书委员会负责协调，只有到了国际标准草案阶段 ISO 才予以介入。随着电子技术的应用，ISO 进行了机构改革，从标准制定一开始，中央秘书处就以电子形式跟踪制定的全过程，以便缩短标准制定的周期。而 IEC 采取的集中管理模式，即所有文件从一开始就由 IEC 中央办公室负责管理。

IEC 标准的权威性是世界公认的。IEC 每年要在世界各地召开一百多次国际标准会议，世界各国的近 10 万名专家在参与 IEC 的标准制订、修订工作。根据 IEC 的章程，IEC 的任务覆盖了包括电子、电工、电气、电信、能源生产和分配等所有电工技术的标准化。此外，在上述领域中的一些通用基础工作方面，如术语和图形符号、测量和性能、可靠性、设计开发、安全和环境等，IEC 也制定了相应的国际标准。

截至 2016 年，IEC 共有 10 000 多个标准、规范和技术报告等。这些标准按专业可分为以下八类：

第一类(基础标准)：名词术语；量值单位及其字母符号、图形符号、线端标记；标准电压；电流额定值和频率；绝缘配合；绝缘结构；环境试验；环境条件的分类；可靠性和维修性。

第二类(原材料标准)：电工仪器工作液；绝缘材料；金属材料电气特性的测量方法；磁合金和磁钢；裸铝导体。

第三类(一般安全、安装和操作标准)：建筑物、船上的户外严酷条件下的电气装置；爆炸性气体中的电路；工业机械中的电气设备；外壳的保护；带电作业工具；照明保护装置；激光设备。

第四类(测量、控制和一般测试标准)：电能测量和负载控制设备；电子技术和基本电量的测量设备；工业过程测量和控制；核仪表；仪表用互感器；高压试验装置和技术。

第五类(电力的产生和利用标准)：旋转电机；水轮机；汽轮机；电力变压器；电力电子学；电力电容器；原电池和电池组；电力继电器；短路电流；太阳光伏系统；电力牵引设备；电焊；电热设备；电汽车和卡车。

第六类(电力的传输和分配标准)：开关设备和控制设备；电缆；低压熔断器和高压熔断器；电涌放电器；电力系统的遥控、遥远保护及通信设备；架空线。

第七类(电信和电子原件及组件标准)：半导体器件和集成电路；印刷电路；电容器和电阻器；微型熔断器；电子管、继电器；纤维光学；电缆、电线和波导；机电元件；压电元件；磁性元件和铁氧体材料。

第八类(电信、电子系统和设备及信息技术标准)：无线电台通信；信息技术设备；数据处理设备和办工机械的安全；音频视频系统的设备；医用电气设备；测量和控制系统用数字数据通信；遥控和遥护；电磁兼容性；无线电干扰的测量、限制和抑制；报警系统；导航仪表。

3.6.2 美国行业协会

3.6.2.1 美国国防部(DOD)

美国通过立法有计划、有组织地开展军用标准化工作已经走过半个世纪的历程，伴随着美国综合国力的不断壮大，美国军用标准亦发展成为当今世界技术最先进、体系最完备的军用标准。其数量庞大，技术内容丰富，专业面宽，不仅有军用的，还包括大量民用标准。因此被西方工业发达国家广泛采用，在世界范围内具有广泛的影响，是世界上权威的技术标准。

美国政府实行采办制，美国国防部是美国政府实行采办制的典型代表。所谓采办，按照美国《联邦采办条例》的定义，是指“利用联邦政府拨出的专款，以签订合同的方式为联邦政府购买或租赁所需的产品或服务项目。而这些产品和服务项目有的是现成的，有的则需经过研究、试制、试验和鉴定。部局级的采办，其主要工作是从确定所需的项目开始，规定满足部局级所需项目的要求，征求与物色厂商，签订合同，支付合同费用，执行合同，管理合同，以及开展与采购所需产品直接有关的各项技术与管理工作。”其中购买现成产品，又称之为“采购”，所以“采购”只是采办的一种情况或一部分工作。

美国国防部标准化文件除常规武器、核武器、火力控制装置、弹药和炸药导弹、飞机、航天器、舰船等军用装备标准外，还有大量的金属加工机械、地面车辆、铁路设备、发动机、建筑材料、通信和探测、电子电气元器件、光纤材料、照明设备及用具、制冷和空调设备、消防设备、救生安全设备、泵和压缩机、净水和污水处理设备、警报和信号系统等。

现在美国国防部标准化文件包含：

- 军用详细规范(MIL - * - * ,MIL - DTL)；
- 军用性能规范(MIL - PRF)；
- 军用规范(MIL - SPEC)；
- 军用标准(MIL - STD)；
- 军用手册(MIL - HDBK)；
- 军用图纸(MS)；
- 空、海军航空文件(AN)；
- 空、海军航空设计文件(AND)；
- 合格产品目录(QPL)；
- 制造商合格目录(QML)；
- 联邦规范(FS)；
- 联邦标准(FED - STD)；
- 联邦信息处理标准(FIPS)；
- 军用通报(MIL - BULL)；
- 资料项目说明(DID,UDID)；
- 国防部标准化指令性文件(SD,TD)。

3.6.2.2 美国航空运输协会(ATA)

美国航空运输协会(Air Transport Association of America,ATA)是从事研究美国国内航线营运中各种问题的团体，是美国民用航空公司间的协商机构，与国际航空运输协会(IATA)一起活动，对世界航空事业的发展起了很大的作用。该协会成员包括美国航空公司、达美航空公司、美国联合航空公司、美国西南航空公司和美国合众国航空公司等。ATA 包含的标准很多，譬如：

① ATA 通用支援数据字典(CSDD)：是一个包含所有数据单元、术语、标签等的目录册，在 ATA 规范中被普遍使用。

② ATA 数据模型(Data Model)：是一种表示商业进程和支援信息体系的结构图，这个模型在理解中央商业进程和信息体系结构方面是非常有帮助的。

③ ATA 100 规范：制造商技术数据的规范，这个规范包含航空制造商和供应商编写技术手册的格式和内容，为做相关产品维修的航空公司和其他工业部门使用。

④ ATA 101 规范：地面设备技术数据的规范，这个规范规定了地面设备的说明和相关技术数据，包括了地面设备的备件属性、维修设备、服务设备以及附属系统的情况。

⑤ ATA 300 规范：航空运输包装的规范，是制造商和供应商运输备件的大纲，有指导其对周转件、消耗件和其他组件的包装和货运包装的方法。

⑥ ATA 2100 规范：飞机支援数字化数据标准，这个规范表述这些技术信息作为数据媒体，由航空制造商制造，供航空公司和维修相关产品的其他用户使用。

⑦ ATA 2200 规范：航空维修的信息标准，ATA 技术信息和通信委员会对 ATA 100 规范和 ATA 2100 规范进行了综合，修订出新的统一的规范。这个规范可以指导支持飞机维修的技术文献准备方面的工作。

⑧ ATA 2000 规范：材料管理的电子商务规范，这个规范描述了航空工业电子交换信息的普通数据格式，应用于物资供应、采购、订单管理、货品计价、维修管理、数据交换等方面。

3.6.2.3　美国机动车工程师协会(SAE)

美国机动车工程师协会(Society of Automotive Engineers，SAE)于 1905 年在美国成立，是世界上最大的汽车学术组织。它的研究对象是轿车、载重车及工程车、飞机、发动机、材料及制造等。1916 年，美国航空国家顾问委员会、美国标准局及海军顾问局工业筹备委员会一致认为有必要组建专门的机构处理航空问题。经三方同意，将航空航天技术相关业务纳入 SAE 业务范畴，不再组建新的机构。1916 年 9 月，SAE 修订了其章程，将业务范围扩展至航空航天领域，并将美国航空工程协会合并为 SAE 的一部分。

SAE 致力于制定全球协调一致的标准和规范，与国际标准制定组织紧密合作，推进航空航天系统和零部件的互操作性和使用效率；与航空航天器制造商、系统供应商、监管当局、国防机构以及其他政府机构共同保持航空航天系统的安全性、可靠性，并降低成本。在 SAE 的技术标准局中设有航空航天理事会，负责制定航空航天类标准，其下设 8 个专业及其相应技术委员会，详见图 3.7。航空航天理事会主席由美国国防部标准化办公室主任担任，其成员包括：美国国防部、美国联邦航空局、欧洲航空安全局、波音、空客、庞巴迪、安博威、通用、洛克希德马丁、普惠、罗罗以及中国航空综合技术研究所等。

SAE 的航空航天理事会下设 150 个技术委员会、分技术委员会和工作组。全球有 7 000 多位专家参与 SAE 航空航天标准制定工作，而 SAE 航空航天理事会主要行驶监督职责。目前，已经制定了 6 600 多份航空航天标准，其中包括下面四类标准：

① AS 航空航天标准；

② AMS 航空航天材料规范；

③ ARP 航空航天推荐惯例；

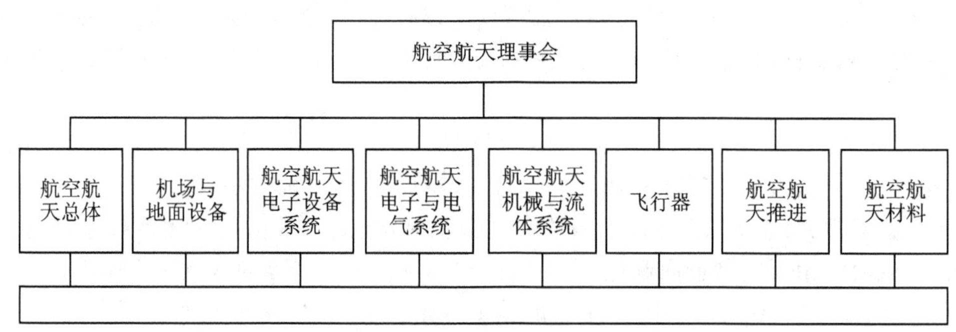

图 3.7 SAE 的航空航天理事会组织机构

④ AIR 航空航天信息报告。

其中，在适航管理中经常涉及的主要标准有 SAE ARP 4754(关于高集成度或复杂飞机系统的适航合格审定考虑)、SAE ARP 4761(民用机载系统和设备安全性评估过程的指南和方法)、SAE AIR 5871(燃气涡轮发动机预测)等。

3.6.2.4 美国航空无线电技术委员会(RTCA)

航空无线电技术委员会(Radio Technical Commission for Aeronautics，RTCA)是由美国民间非营利性股份公司运作的国际著名组织，主要针对航空领域内的通信导航监视和空中交通管理系统问题，提出一致性的建议。RTCA 主要履行联邦咨询委员会的职责，由 RTCA 提出的建议被美国联邦航空局(FAA)用作制定政策、项目和管理决定的依据，也被一些私人公司用作制定发展、投资和其他商业决定的依据。FAA 与 RTCA 的合作不仅令 RTCA 部分标准成为了民用航空领域系统和设备规范的基础性指导文件，也使得 FAA 能够随着时代的发展和技术的进步及时颁布新的标准和规范。

RTCA 的会员几乎涵盖了整个航空领域，RTCA 针对航空用户的实际需求，对航空系统和技术的运行使用提出指导。实际上，所有 RTCA 的成果都是由相应专业志愿人员组成的特别委员会研究出来的。RTCA 以特别委员会会议的方式，向公众发布将要研究的问题，同时接受任何有兴趣的专业志愿人员与该问题的特别委员会的具体工作。

从 1935 年至今，RTCA 已成功地制定了许多高品质标准，包括：机载系统和设备审定中的软件考虑(DO－178)、机载电子硬件的设计保证指南(DO－254)、机载设备的环境条件和测试程序(DO－160)、运营服务和环境定义(OSED)、操作/安全和性能要求(SPR)、互操作性要求(IRR)、最低航空系统性能标准(MASPS)、最小运行性能标准(MOPS)。其中，DO－178、DO－254 和 DO－160 三个机载电子相关标准被广泛应用于航空、电子以及软件方面，具有较大的影响力。

在民用航空发动机适航领域，RTCA 标准虽然在被采用数量上远不及 SAE、ASTM 等标准，但在机载电子、系统控制领域具有举足轻重的地位，成为世界范围内公认的标准。例如，由于 FAR－33.28 条款对发动机控制系统有严格的要求，因此 DO－178、DO－254 和 DO－160 三个标准也常常成为适航审定过程中的重要参考依据。

3.6.2.5　美国试验与材料协会（ASTM）

美国试验与材料协会标准（American Society for Testing Materials，ASTM）成立于 1898 年，是美国历史最长、规模最大的非营利性的标准学术团体之一。ASTM 的主要任务是制定材料、产品、系统和服务等领域的特性和性能标准，试验方法和程序标准，促进有关知识的发展和推广。

ASTM 的标准制定一直采用自愿达成一致意见的制度。标准制度由技术委员会负责，由标准工作组起草。经过技术分委员会和技术委员会投票表决，在采纳大多数会员意见后，并由大多数会员投票赞成，标准才获批准，作为正式标准出版。虽然 ASTM 标准是非官方学术团体制定的标准，但由于其质量高、适应性好，从而赢得了美国工业界的官方信赖，不仅被美国各工业界纷纷采用，而且被美国国防部和联邦政府各部门机构采用。至今已有 2 800 项左右的美国军用标准被 ASTM 标准所替代。随着美国国防部采办制度改革的进展，美国军方无疑将会更多地采用 ASTM 标准。除美国国防部以外，其他一些联邦政府机构也都使用许多 ASTM 标准，并与该协会建立了广泛、密切的联系和合作关系。

ASTM 还经常组织学术讨论会，举办实验室专题活动，召开标准编制会议等。ASTM 以其丰富多彩的活动吸引着该组织的会员们，各工业界、科技领域的专家和学者，企业经营的管理者，各种标准的使用者。ASTM 标准数量庞大，主要提供材料、产品、系统和服务等领域的特性和性能标准，试验方法和程序标准。

ASTM 标准分为 15 类，各类所包含的卷数不同，标准分卷出版：

第 1 类　钢铁产品

第 2 类　有色金属

第 3 类　金属材料试验方法及分析程序

第 4 类　建设材料

第 5 类　石油产品、润滑剂及矿物燃料

第 6 类　油漆、相关涂料和芳香族化合物

第 7 类　纺织品及材料

第 8 类　塑料

第 9 类　橡胶

第 10 类　电气绝缘体和电子产品

第 11 类　水和环境技术

第 12 类　核能，太阳能

第 13 类　医疗设备和服务

第 14 类　仪器仪表及一般试验方法

第 15 类　通用工业化产品、特殊化学制品和消耗材料

3.6.2.6　美国航空无线电股份有限公司(ARINC)

ARINC 为美国航空无线电设备公司，由于在航空无线电设备领域发展较早，并且技术领先，其制定的标准也得到世界航空领域的广泛认可。美国航空电子技术委员会(AEEC)是一个国际性标准化组织，主要致力于为飞机驾驶人员以及空间研究者提供相关标准，AEEC 的成员与相关工业领域人员密切合作，其中包括飞机制造商，航空电子设备供应商，航空电子设备元件供应商。这使得 ARINC 标准成为在工业内获得广泛承认的标准。

ARINC(美国爱瑞克)公司，成立于 1929 年 12 月 2 日，由当时的四家航空公司共同投资组建，被当时的联邦无线电管理委员会授权负责“独立于政府之外唯一协调管理和认证航空公司的无线电通信工作”。公司初期的主要工作是按照 FRC 的规定建设和运行地基的航空话音通信设施和网络，并为民航和军航提供 HF 话音通信服务。

20 世纪 60 年代末，由于民航飞行量的快速增加，航空公司对自身运行的效率又提出了新的要求。为此，ARINC 公司提出了以字符传输为特点的专用电报通信方式，使航空公司的旅客及运行管理水平有了很大提高。在此基础上，ARINC 公司将该技术应用到了机场、通报、安全、配餐、货运等各个民航领域，形成了民航数据通信网络的雏形，并进入了机场应用系统的开发集成领域。随后，计算机技术的发展和数字通信技术的出现使 ARINC 公司的通信网络也发生了快速的变化，在传统的语音通信的网络基础上，ARINC 公司利用自身的技术标准和在机载设备领域的优势，在世界上率先开始提供数据链通信服务。

AEEC(航空电子技术委员会)、AMC(航空维修委员会)、FSEMC(飞行模拟工程和维修委员会)是 ARINC(Aeronautics Radio Inc.)组织的航空行业活动机构。其中 AEEC 制定机载电子工程和技术标准；AMC 制定维修相关技术标准；FSEMC 制定模拟和训练的相关技术标准。委员会成员的航空公司与飞机制造商、航空电子供应商和元件供应商保持密切的工作联系，以使航空电子系统和设备标准化。ARINC 标准不仅促进了航空电子供应商的竞争，还使航空公司和其他用户通过航空电子结构、尺寸、功能和接口的标准化，达到航空电子较高的费效比。ARINC 标准在民用飞机航空电子领域占有非常重要的地位，其标准分为以下三个类型：

① ARINC 性能规范：用于定义航空电子系统、座舱系统和飞机网络的型式、安装、功能和接口。AEEC 制订了 ARINC－700 系列和 ARINC－500 系列两个系列的性能规范。

② ARINC 标准规范：用于定义航空电子系统和座舱设备的物理封装和安装、通信、网络和数据安全标准、高级计算机语言。

③ ARINC 报告：用于提供航空行业首选的指南和通用信息。经常与航空电子设备维修和飞行模拟器工程和维修相关。

ARINC 的标准可以分为：

① ARINC－800 系列规范和报告，定义了支持网络化飞机环境的支持技术。在这些主题中覆盖了高速数据总线中所使用的光线系列标准。

② ARINC－700 系列性能规范，定义了现役飞机上安装的数字式航空电子系统和设备；内容包括结构、尺寸、功能和接口等的详细定义。

③ ARINC－600 系列规范和报告，定义了提供实现 ARINC－700 系列规范规定数字式航空电子系统的设计基础的技术。其范围是数据链协议、数据传输协议及安装要求等，并且提供了包括测试和维修在内的一系列指南。

④ ARINC－500 系列性能规范，用于定义老式模拟航空电子设备以及 1960 年以前生产的喷气式飞机。

⑤ ARINC－400 系列规范和报告，提供了 ARINC－700 和 ARINC－500 系列规定的设备的设计基础；包括安装、布线、数据总线、数据库和通用指南。

3.6.3 欧洲行业协会

3.6.3.1 欧洲标准委员会(CEN)

CEN 以西欧国家为主体、由国家标准化机构组成的非营利性国际标准化科学技术机构。作为欧洲三大标准化机构之一，其宗旨是促进成员国之间的标准化协作，制定本地区需要的欧洲标准和协调文件。CEN 与欧洲电工标准化委员会、欧洲电信标准学会一起组成信息技术指导委员会，在信息领域的互连开放系统，制定功能标准。CEN 标准的类型有欧洲标准(EN)、技术规范(TS)、技术报告(TR)和 CEN 研讨会协议(CWA)。CEN 的标准类型与 ISO 的标准类型大致对应，如：EN 对应 ISO，CEN/TS 对应 ISO/ TS，CEN/TR 对应 ISO/TR，CWA 对应 IWA(国际研讨会议)。

CEN 由全体大会、管理委员会、技术管理局、行业技术管理局、规划委员会、认证中心、技术委员会和认证委员会组成。技术管理局下设建筑与土木工程，机械制造，保健，工作现场卫生安全，供热、制冷与通风，运输与包装，信息技术 7 个行业技术局以及煤气、食品、水循环、铁路 4 个规划委员会。其任务是负责相关技术委员会之间的工作协调，以及同协作机构的联系工作。CEN 已经出版了几千份文件，包括 EN 标准(ENs)、EN 预标准(ENVs)、技术规格(TSs)、技术报告(TRs)、CEN 报告(CRs)、CEN 手册(CGs)、CEN 工作组协议(CWAs)。

3.6.3.2 欧洲民用航空设备组织(EUROCAE)

欧洲用航空设备组织(EUROCAE)是专门制定民用航空电子设备技术规范的国际组织，隶属于欧洲航空安全组织，是由欧洲及其他地区的航空利益相关方组成的非营利性组织，包括制造商、服务供应商、国家和国际航空当局和用户。EUROCAE 已经发布了许多针对航空界的性能指标和文件以及一套标准(ED 标准)，大量作为欧洲技术标准说明(TSO)和其他规章文件的符合性方法。ED 系列标准与美国 RTCA－DO 系列相互一致，标准中的内容与部分 RTCA 内容一致。

EUROCAE 为欧洲航空管理当局开发标准。2006 年 4 月，EUROCAE 设立了 WG－73 工作组来评估现有的无人机系统适航规章和标准，主要在无人机的适航性、维修、运行以及空中交通管理方面制定必需的规章和技术标准，确保民用无人机系统在欧洲空域安全运行。该工作组的重点是关注无人机系统的适航性、维修、运行（包括感知和规避）以及空中交通管理。该组织已经针对无人机系统颁布了大量的适航性合格审定、维修要求和在非限制空域运行相关的文件。目前，WG－73 已经针对质量小于 150 公斤的无人机出版了大量的适航性合格审定、维修要求和在非限制空域运行方面相关的文件。

3.6.3.3 英国国防部（MOD）

2003 年英国国防部颁布了《军用适航性条例》，其中明确了军用飞机适航性唯一的责任主体为军方。英国国防部“联合适航性委员会”是其军用飞机适航性最高级别的管理机构，主要由采办机构、国防部、使用部门和英国航空企业等各方代表组成。英国军用飞机设计与适航性要求标准规范经历了两个重大阶段的变迁：1924—1928 年，AVP 970（强度计算手册）和 1959—1983 年的 DEF STAN 00－970（军用飞机设计要求）仅关心军用飞机性能方面的要求，而 1990—2007 年更新的系列规范 DEF STAN 00－970（军用飞机设计与适航性要求），则同时关注了军用飞机性能与适航性两方面的要求。

英国国防部 2006 年、2007 年陆续颁布了更新的 DEF STAN 00－970（军用飞机设计与适航性要求）系列标准规范，其内容涵盖了固定翼/旋翼航空器、有人驾驶/无人驾驶各类航空器，共分为总则指南、格斗类飞机、小型飞机、大型飞机、旋翼类航空器、无人机、发动机、军用机载通用设备和民用机载通用设备 9 个分部，其内容为设计与适航性要求以及应用指南（见图 3.8）。可在此系列标准规范的基础上，综合考虑英国国防部采办策略以及型号研制总体技术方案，通过剪裁确定适用的具体型号

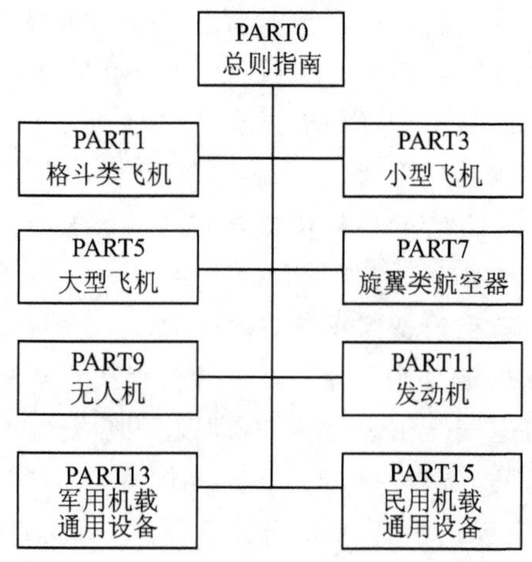

图 3.8 英国国防部军用飞机设计与适航性要求规范文件体系

适航性审查准则要求。

上述适航文件体系主要内容包括系统工程、结构、飞行技术、推进系统和推进系统安装、航空器子系统、机组人员系统、诊断系统、航空电子、电气系统、电磁环境效应、系统安全性、计算机资源、维修、武器/外挂综合、乘客安全性以及材料等适航性审查条款。适航性审查条款的内容除含有条款要求外,还提供了执行条款的指导性文件。这些条款的指导性文件是以英国军用标准规范的技术要求为基础,适度参考了英国民用航空条例的条款要求。

3.6.4 我国行业协会

3.6.4.1 国家军用标准(GJB)

国家军用标准是指对国防科学技术和军事技术装备发展有重大意义而必须在国舫科研、生产、使用范围内统一的标准,代号为 GJB,归口单位是中航工业中国航空综合技术研究所。国家军用标准主要包括武器技术装备标准、后勤技术装备标准及其以下各层次的配套产品,包括分系统、设备,也包括组成产品并体现军用特殊要求的元器件、原材料、零部件以及与此相关的过程和服务。

军用标准化相关法规中规定,军用标准制定的范围为对军事装备及其配套产品的预先研究、论证、研制、试验、定型、生产、使用、维修、退役和报废过程中需要统一的技术及技术管理要求。《中华人民共和国标准化法实施条例》第四十一条规定:“军用标准化管理条例由国务院、中央军委另行制定。”军用标准是从标准化对象的使用需求和研制生产条件的实际出发由法规或标准的使用者规定其实施和执行的具体要求。军内外对军用标准的属性达成了以下共识:

① 军用标准从实施出发,不脱离特定装备型号或过程、服务的具体要求和实施条件去绝对地划分为强制性或推荐性。

② 法律、法规及指令性文件规定时,合同规定时,型号图样、规范及其他涉及辅助文件规定时,军用标准必须贯彻实施。

国家军用标准的定义是指满足军事技术和技术管理中的概念、准则、方法、过程和程序等内容规定统一要求的一类标准,可以分为军用标准(狭义)、军用规范和指导性技术文件三大类。截至 2016 年底,我国国家军用标准共有 1.3 万余条。它是我国军工产业的基石,也是目前军民融合发展的有力保障。

① 军用标准:为满足军事需求,对军事技术和技术管理中的概念、准则、方法、过程和程序等内容规定统一要求的一类标准。

② 军用规范:为支持装备订购,规定订购对象应符合的要求及其符合性判据等内容的一类标准。

③ 指导性技术文件:为军事技术和技术管理活动提供有关资料和指南的一类标准。

3.6.4.2 航空工业行业标准(HB)

中国航空工业的标准化工作始于1957年。航空标准化机构根据航空产品的特殊要求按规定程序编制和审定的指令性(指导性)技术文件。航空标准涉及航空产品的设计、试制、试验、生产、使用和贸易活动,并有专业标识和编号。中国的航空标准是航空工业行业的专业标准,其代号为HB。

实施航空标准有利于保证和提高产品质量,缩短新产品的试制和生产准备周期,降低成本,合理利用资源,节约原材料;有利于开发新品种,推广新技术,保证产品的互换性,便于维修协作;有利于国际合作和对外贸易;有利于战时动员和装备部队。中国航空技术标准体系包括通用基础标准、零部件元器件标准、产品标准、质量管理与可靠性标准、工艺标准、材料标准、工艺装备标准、测试标准八大类。根据国防科技工业标准体系表的划分,有关航空方面的标准体系共分17大类,详见图3.9。

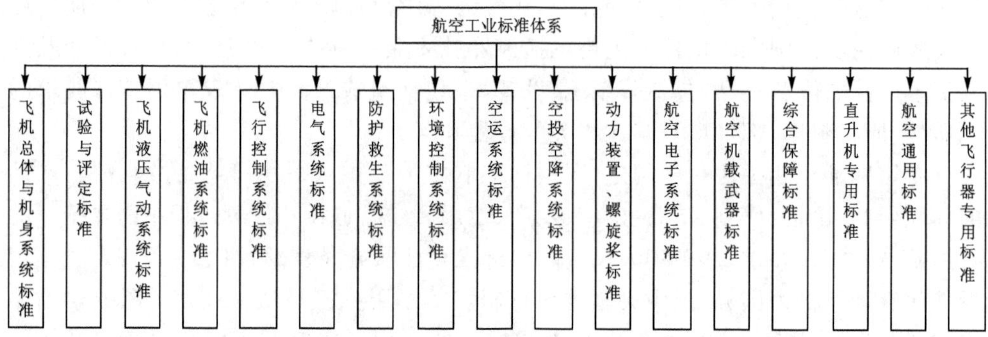

图3.9 航空工业标准体系框图

第四章　设计批准管理

4.1　型号合格审定

产品的固有安全性在产品设计阶段就已确定，所以首先要对产品设计进行符合性审查，检查其对适航标准、规章和要求的符合性。型号合格审定是确保航空器适航性的首要环节。

民航法规要求，民用飞机的研制必须通过型号合格审定，取得适航当局颁发的型号合格证。因此在早期设计阶段必须考虑适用的适航要求和审定程序，在设计符合性演示程序结束后将颁发型号合格证，以后任何个别更改将被批准并纳入批准的型号设计中。从适航角度，型号设计包括下列内容：

① 定义民用航空产品构型和设计特征符合有关适航规章和环境保护要求所需要的图纸、技术规范及其清单；

② 确定民用航空产品结构强度所需要的尺寸、材料和工艺资料；

③ CCAR-23、CCAR-25、CCAR-27、CCAR-29、CCAR-31、CCAR-33、CCAR-35 要求的和特殊类别航空器适航准则中规定的持续适航文件中的适航性限制部分；

④ 通过对比法来确定同一型号后续民用航空产品的适航性和适用的环境保护要求所必需的其他资料。

型号设计冻结了产品的构型，也冻结了产品的制造方法，可以保证系列产品飞行安全水平不低于型号设计所识别的原型机。

4.1.1　型号合格证(TC)

型号合格证(Type Certificate，TC)是中国民用航空局根据中国民用航空规章 CCAR-21 颁发的、用以证明民用航空产品符合相应适航规章和环境保护要求的证件。型号合格证是民航当局对民用航空器、航空发动机、螺旋桨设计批准的合格凭证。航空器产品取得了型号合格证，就意味着其设计符合适航标准。

型号合格证的颁发条件：

① 申请人申请并表明申请型号合格审定的民用航空产品符合适航规章和环境保护要求，以及民航局适航部门规定的专用条件；

② 局方在完成所有试验和检查等审定工作后，认为其型号设计和民用航空产品符合适航规章和专用条件及环境保护的要求，或任何未符合这些要求的部分具有局

方认可的等效安全水平。

型号合格证的内容包括型号设计、使用限制、数据单、局方审查确认已符合的有关适航要求和环保要求，以及对民用航空器产品规定的其他条件或限制。型号合格证数据单是型号合格证的一部分，用以描述适航标准规定的限制范围及型号合格审定所要求的任何其他限制和资料及审定中记录的主要性能数据。航空器、发动机和螺旋桨的合格证数据单的主要内容则有所不同：

① 航空器型号合格证数据单的主要内容：数据单编号；TC 持证人名称；批准人及日期；所装发动机、螺旋桨 TC 编号及基本数据；燃油牌号等级；空速限制；重心范围；空重重心范围、基准；平均气动力弦、水平措施；最大质量（滑行、起飞、着陆、零燃油等）；最小机组成员、座位数目；最大行李质量；燃油容量；滑油容量；最大使用高度（当使用时）；操纵面运动范围；制造厂给定的航空器序号；型号合格审定基础；生产依据、设备说明以及必要的注释。

② 发动机型号合格证数据单的主要内容：数据单编号（与 TC 编号同）；序言；TC 持证人名称；批准人及日期；发动机型别、形式、额定值、燃油、滑油、冷却剂、点火系统；压气机、主要尺寸、质量、重心；螺旋桨轴或功率轴类型和尺寸；曲轰减震器；注释表；符号表；型号合格证审定基础；生产依据。

③ 螺旋桨型号合格证数据单的主要内容：数据单编号（与 TC 编号同）；序言；TC 持证人名称；批准人及日期；螺旋桨型号，发动机型号，桨毂材料，桨叶材料，适用桨毂，适用桨叶；型号合格证审定基础；生产依据；注释。

型号合格证的颁发对象包括四类：

(1) 正常类、实用类、特技类、通勤类和运输类航空器，载人自由气球，特殊类别航空器，航空发动机，螺旋桨

已经建立符合 CCAR－21 第十四章要求的设计保证系统并且具备下列条件之一的申请人可以取得航空器（正常类、实用类、特技类、通勤类、运输类、载人自由气球或者特殊类别航空器）、航空发动机或者螺旋桨的型号合格证：

① 申请人提交的型号设计、试验报告和各种计算证明申请型号合格审定的民用航空产品符合适航规章和环境保护要求，以及民航局规定的专用条件。局方确认符合以下条件：

a) 局方在完成所有试验和检查等审定工作后，确认其型号设计和民用航空产品符合适航规章和专用条件及环境保护的要求，或任何未符合这些要求的部分具有局方认可的等效安全水平；

b) 对于航空器，相对其申请的型号合格审定类别没有不安全特征或特性。

② 军用航空产品的型号合格证申请人已经提供鉴定验收资料和实际使用记录，证实该产品实质上具有与适航规章要求相同的适航性水平。对于利用军方使用经验证明具有等效安全水平或者规定相应的使用限制保证飞行安全的，局方可以同意该产品不必符合会使申请人负担过重的某些适用条款。

（2）初级类航空器

已经建立符合 CCAR－21 第十四章要求的设计保证系统并且具备下列条件的申请人可以取得初级类航空器的型号合格证。

1）该航空器同时符合下列条件：

① 无动力驱动的航空器；或者由一台自然吸气式发动机驱动、按第 23.49 条定义的 VS0 失速速度不大于 113 公里/时（61 节）的飞机；或者在海平面标准大气条件下主旋翼桨盘载荷限制值为 29.3 公斤/米^2（6 磅/英尺^2）的旋翼航空器。

② 最大质量不大于 1 225 公斤（2 700 磅）；或者对于水上飞机，不大于 1 530.9 公斤（3 375 磅）。

③ 包括驾驶员在内，最大座位数不超过 4 人。

④ 客舱不增压。

2）申请人提交的型号设计、试验报告和各种计算，可表明申请型号合格审定的民用航空产品符合适用的适航规章、环境保护要求和民航局制定的专用条件。局方确认符合以下条件：

① 局方在完成所有试验和检查等审定工作后，确认其型号设计和民用航空产品符合适用的适航规章和专用条件及环境保护的要求，或任何未符合这些要求的部分具有局方认可的等效安全水平；

② 没有不安全的特征或特性。

（3）限用类航空器

1）已经建立符合 CCAR－21 第十四章要求的设计保证系统并且具备下列条件的申请人可以取得限用类航空器的型号合格证：

① 申请人表明该航空器满足某个航空器类别的适航要求和环境保护要求，局方确定对该航空器将被用于的专门作业不适用的那些要求除外；

② 局方在完成所有试验和检查等审定工作后，确认其型号设计和民用航空产品符合适用的适航规章和专用条件及环境保护的要求，或任何未符合这些要求的部分具有局方认可的等效安全水平；

③ 申请人表明该航空器在为其预期使用规定的限制条件下运行时没有不安全的特征和特性。

2）“专门作业”是指：

① 农业（喷洒药剂和播种等）；

② 森林和野生动植物保护；

③ 航测（摄影、测绘、石油及矿藏勘探等）；

④ 巡查（管道、电力线和水渠的巡查等）；

⑤ 天气控制（人工降雨等）；

⑥ 空中广告；

⑦ 局方规定的任何其他用途。

(4) 轻型运动类航空器

已经建立符合 CCAR－21 第十四章要求的设计保证系统并且具备下列条件的申请人可以取得轻型运动类航空器的型号合格证：

1) 该航空器是符合下述轻型运动航空器定义的轻型运动飞机(固定翼)、滑翔机、自转旋翼机或者轻于空气的航空器。

① 最大起飞质量不超过下列条件之一：

- 600 公斤(1 320 磅)的轻于空气的航空器；
- 600 公斤(1 320 磅)的不用于水上运行的航空器；
- 650 公斤(1 430 磅)的用于水上运行的航空器。

② 在海平面标准大气压条件下,最大连续功率状态下最大平飞空速(VH)不超过 120 节校正空速。

③ 对于滑翔机,最大不可超越速度(VNE)不超过 120 节校正空速。

④ 在最大审定起飞质量和最临界的重心位置,并且不使用增升装置的条件下,航空器最大失速速度或者最小定常飞行速度(VS1)不超过 45 节校正空速。

⑤ 包括飞行员的最大座位数不超过 2 座。

⑥ 如果是动力航空器,则为单台活塞式发动机。

⑦ 如果是除动力滑翔机外的动力航空器,则为定距或者桨距可地面调节的螺旋桨。

⑧ 如果是动力滑翔机,则为定距或者顺桨螺旋桨。

⑨ 如果是旋翼机,则为定距、半铰接、跷跷板式、两片桨叶旋翼系统。

⑩ 如果具有座舱,则为非增压座舱。

⑪ 除了用于水上运行的航空器或者滑翔机外,为固定起落架。

⑫ 对于用于水上运行的航空器,为固定或者可收放起落架或者浮筒。

⑬ 对于滑翔机,为固定或者可收放起落架。

2) 申请人提交的型号设计、试验报告和各种计算,可表明申请型号合格审定的民用航空产品符合局方接受的标准。

3) 局方在完成所有试验和检查等审定工作后,确认其型号设计和民用航空产品符合局方接受的标准,或任何未符合局方接受的标准的部分具有局方认可的等效安全水平。

4) 没有不安全的特征或特性。

4.1.2 型号合格审定体系

航空器型号合格审定体系是 CAAC 针对航空器的型号合格审定而建立的工作体系。该体系包括授权的责任审定单位、责任审查部门、型号合格审定委员会(TCB)、型号合格审定审查组、审查代表、项目工程师(PE)、委任代表。

(1) 责任审定单位

责任审定单位是指负责具体型号合格审定项目证件申请受理、颁发和管理的单位。根据 CAAC 制定的《民航局、地区管理局及其安全监督管理局行业管理职责分工表》，适航司为正常类、实用类、特技类、通勤类、运输类民用航空器型号合格审定项目的责任审定单位，民航各地区管理局为本地区载人自由气球、特殊、初级和限用类民用航空器型号合格审定项目的责任审定单位。责任审定单位对相应的型号审查活动进行指导和监控。

(2) 责任审查部门

责任审查部门指责任审定单位指定的负责完成型号合格审定项目具体审查任务的机构。针对特定的型号合格审定项目，责任审查部门一般为上海航空器适航审定中心、沈阳航空器适航审定中心等和各地区管理局适航审定处(含新疆地区管理局适航处)。

(3) 型号合格审定委员会(TCB)

TCB 是型号合格审定项目的管理团队，负责监控型号合格审定项目的审查工作，解决审查中出现的重大问题。

TCB 成员包括：

① 责任审定单位的代表(按需)，该代表作为“政策协调员”，代表责任审定单位协调有关政策管理事宜；

② 责任审查部门的代表；

③ 型号合格审定审查组组长；

④ AEG 代表；

⑤ 其他成员，包括各工程专业和制造符合性检查专业的审定技术专家、责任审定单位或责任审查部门认为必要的其他人员等。

(4) 型号合格审定审查组

型号合格审定审查组是 TCB 下设的审查团队，根据需要，审查组可分为若干个专业审查小组或专题审查小组。

审查组在 TCB 的领导下，就具体项目的型号合格审定工作与申请人沟通、联络和协调，审查申请人的审定计划(Certification Plan，CP)，制定审定项目计划(Certification Project Plan，CPP)，在责任审查部门与申请人同意按专项合格审定计划(Project Specific Certification Plan，PSCP)进行项目管理的情况下，与申请人一起完成 PSCP，并按计划实施专业或专题审查。

CP 是申请人制定的关于采用何种符合性验证方法来表明产品符合审定基础的计划。CPP 是型号合格审查方内部的项目计划，用于协调型号合格审查方内部的人力资源、人员责任和进度。PSCP 是将 CP 信息和责任审查部门的 CPP 信息结合在一起并考虑了具体审查项目特有信息的计划。

型号合格审定审查组主要包括如下工作内容：

① 审查批准型号资料(包括工艺规范或说明书)；

② 开展制造符合性检查；

③ 审查批准验证试验大纲（包括试验室试验、地面试验和飞行试验），现场目击重要验证试验；

④ 签发型号检查核准书（Type Inspection Authorization，TIA）；

⑤ 审查《航空器飞行手册》；

⑥ 编写问题纪要；

⑦ 编写型号合格证数据单（草案）；

⑧ 审查设计保证手册和设计保证系统；

⑨ 编写型号检查报告（Type Inspection Reporter，TIR）；

⑩ 编写型号审查报告和型号合格审定总结报告。

（5）审查代表

审查代表负责按照审查组（或专业/专题组）的分工履行自己的职责，审查代表有：

① 结构强度专业审查代表；

② 动力装置专业审查代表；

③ 机械系统专业审查代表；

④ 电子电气专业审查代表；

⑤ 性能和飞行试验专业审查代表；

⑥ 声学专业审查代表；

⑦ 人为因素审查代表；

⑧ 客舱安全审查代表；

⑨ 制造符合性检查代表；

⑩ 设计保证系统审查代表。

审查代表负责开展具体审查工作，进行符合性确认。工程审查代表确定制造符合性检查项目，签发制造符合性检查请求单，处理制造偏离和判定制造符合性检查结果对符合性验证工作的影响。

（6）项目工程师（PE）

PE是由责任审查部门指定的，对获得型号合格证后的航空器设计状态变更和制造过程中出现的设计构型偏离进行日常管理和监控，并对设计保证系统进行日常监察的人员。其主要职责有：

① 是持证人与责任审查部门之间有关产品工程事宜的联系人；

② 负责组织制造、使用过程中产品出现的工程问题处理，参加使用困难的调查和处理；

③ 负责产品设计更改的日常控制与管理；

④ 负责设计保证系统和手册及其更改的日常监督、检查和控制；

⑤ 对委任工程代表提供政策指导、帮助及其考核；

⑥ 就产品的工程事宜保持与主管检查员的技术联系。

(7) 委任代表

委任代表是指中国民用航空局委任适航部门以外的、在授权范围内代表中国民用航空局从事有关适航工作的专业技术人员。委任代表分为委任工程代表和委任生产检验代表两类。委任工程代表可以按照结构强度、动力装置、机械系统、电子电气、性能和飞行试验、声学、人为因素、客舱安全等专业进行分类。委任工程代表根据授权审查型号资料、批准型号资料或向审查代表提出批准建议等。

4.1.3 型号合格审定过程

航空器的生命周期根据审定过程可以划分为概念设计、要求确定、符合性计划制定、计划实施和证后 5 个阶段。

4.1.3.1 概念设计阶段

概念设计阶段是指 TC 意向申请人对潜在的审定项目尚未向 CAAC 的责任审定单位提出型号合格证申请的阶段。CAAC 鼓励意向申请人在航空器型号项目尚处于概念设计时就与责任审查部门建立书面联系,责任审查部门收到联系函后即启动相关程序。

概念设计阶段中责任审查部门尽早介入潜在的审定项目,对某些重要领域和规章相关要求符合性的问题与意向申请人达成共识,可为顺利开展后续的审查活动奠定基础。对于简单的型号合格审定项目或有取证经验的申请人,责任审查部门可根据实际情况将概念设计阶段的任务进行适当删减。

概念设计阶段的主要工作内容包括以下六个方面:

(1) 型号合格审定过程的宣贯

责任审查部门在收到意向申请人的正式函件后,应指派项目负责人与意向申请人联络,讨论拟申请的证件类型,评估意向申请人对航空器型号合格审定程序的掌握程度,并按需对意向申请人进行必要内容(如开展型号合格审定的必要性、航空器型号合格审定程序、局方的角色、申请人应承担的责任和义务等)的宣贯。

(2) 安全保障合作计划的签署或修订(按需)

责任审查部门与 TC 意向申请人就潜在审定项目的实施召集相关会议,按照安全保障合作计划(Partner for Safety Plan,PSP)的编制要求,准备 PSP 草案。PSP 是为了在型号合格审定过程中达到相互合作和工作高效、确保航空器安全性的目的,由 CAAC 或责任审定单位与型号合格证申请人共同签订的一份合作协议。通过实施 PSP,责任审定单位、责任审查部门和型号合格证申请人将通过关注涉及民用航空器安全的重要问题,既好又快地完成型号合格审定进程。通过实施 PSP 中的各项规定,局方和申请人以及他们的工作人员将重点关注涉及民用飞机安全的重大问题,加快对申请人申请的项目的合格审定进程,以达到以下预期目标或更高的目标:

① 按时、高效地完成对申请人航空器项目的型号设计批准;

② 明确定义并被充分理解与航空器型号合格审定项目相关的各方在项目各阶段的任务、职责以及工作标准、进度和责任人；

③ 及时确定型号合格审定基础和符合性验证计划，有效解决潜在的安全性问题；

④ 建立委任代表体系，在有效的监督和控制下，最大限度地使用委任代表。

(3) 审定适用规章的指导

针对意向申请人提出的有关审定适用规章方面的问题，责任审查部门应指出意向申请人应研究的相关规章和指导材料；按需派人对规章和指导材料进行解析；若涉及新颖独特的设计，则研究现行规章的适用性并告知意向申请人；告知意向申请人应在型号方案设计中考虑审定适用规章的要求。

(4) 潜在审定项目的熟悉

局方鼓励意向申请人在申请前向责任审查部门进行项目熟悉性介绍，使责任审查部门能够及时了解型号设计的现状和复杂程度，尽早考虑所需的审查人力资源和CPP。局方需要熟悉的主要内容包括以下方面：

① 预期的运营类型；

② 设计保证系统；

③ 供应商的选择和控制；

④ 新颖、独特的设计特征；

⑤ 预期的进度计划；

⑥ 委任代表资源。

(5) 审定计划的讨论

根据 CCAR-21 的规定，型号合格证申请人在提交申请书时，应附相应的 CP。意向申请人提交的 CP 根据拟申请项目的复杂程度和需要，可拆分为项目级、系统级或专业/专题级。意向申请人可就 CP 的编制规划与责任审查部门进行讨论，并编制出 CP 草案。

(6)设计保证系统的初步评估

CCAR-21 规定："具有民用航空产品设计能力的人具备申请型号合格证的资格。"设计保证系统是体现设计能力的重要方面，因此，为了保证责任审定单位能够顺利受理申请，责任审查部门应对意向申请人的设计保证系统进行初步评估，指导申请人建立或完善设计保证系统。

完成设计保证系统初步评估主要工作内容所必需的信息或资料包括但不限于：

① 新设计、新技术、新材料、新工艺等有关说明或报告；

② 建议的审定基础和符合性方法；

③ 设计保证系统有关信息和设计保证手册初稿；

④ 供应商的有关信息；

⑤ 初步安全性评估报告。

4.1.3.2　要求确定阶段

要求确定阶段是指 TC 意向申请人向责任审定单位提出了型号合格证的申请，责任审定单位对申请进行受理并确定适用审定基础的阶段。要求确定阶段的工作旨在明确产品定义和有关的风险，确定需要满足的具体规章要求和符合性方法，识别重大问题，对于审查方和申请人均同意按 PSCP 进行管理的型号合格审定项目，双方编制初步的 PSCP。

要求确定阶段的主要工作内容包括以下八个方面：

（1）型号合格证的申请

型号合格证申请人应按规定的格式向责任审定单位提交申请书，并提交航空器型号的设计特征、三面图和基本数据，以及相应的 CP。CP 一般包含的信息有：系统描述、构型控制、供应商评审、审定基础、符合性方法、试验件和试验设备清单、试验项目清单和符合性检查单等。其中审定基础、符合性方法和符合性检查单是组织审定业务的主线，这三者也存在一定的内在联系：一项审定基础条款可能对应一项或多项符合性方法信息，而一项符合性方法信息中可定义 MOC0～MOC9 这 10 种验证方法，一项符合性方法信息可对应 1～10 项符合性检查单信息。

（2）受理申请

首先开展预评审，申请人除提交申请书时提供的资料外，还应向责任审查部门提交下述资料：

① 建议的审定基础和符合性方法，包括建议的专用条件。

② 设计保证手册。预评审的评审内容如下：

- 申请人的研制和设计保证能力；
- 申请产品的设计情况；
- 申请人提交的 CP 信息是否足够，以及申请项目的进度计划的可行性。

最后，责任审定单位根据预评审报告作出是否受理的决定。

（3）首次 TCB 会议前的准备

首次 TCB 会议前的准备工作包括：

① 组建 TCB；

② 组建审查组；

③ 拟定型号合格审定基础草案；

④ 评审申请人 CP 草案；

⑤ 拟定 CPP 草案以及设计保证系统的审查计划草案；

⑥ 拟定当时情况下可能存在的问题纪要。

（4）召开首次 TCB 会议

首次 TCB 会议的目的是考虑工程设计、飞行试验、制造、维修和运行各方面的要求，对型号的合格审定进行综合规划。会议的主要议题包括：

① 申请人代表向 TCB 介绍航空器型号设计或设计更改的特征；

② 确定型号合格审定基础；

③ 讨论设计细节和可能存在问题的领域；

④ 判定新颖的或独特的设计特征、新材料或新工艺；

⑤ 审议申请人的 CP 等；

⑥ 审议审查组成员的资格与专业等。

(5) 编制合格审定项目计划

审查组组长根据首次 TCB 会议的结果编制合格 CPP。该计划反映了审定活动里程碑的时间节点、审查组内部的责任分工等情况。如果审查组确认申请人已与审查组协调,并在 CP 中已经包含了审查组 CPP 所需的信息,则审查组可以不必单独编制 CPP。

(6) 按需编制专项合格审定计划草案

对于申请人和责任审查部门均同意采用 PSCP 方式进行管理的项目,PSCP 是一份动态文件,将随着项目的进展而细化完善。

(7) 专用条件、等效安全和豁免的审批

对于可能提出的专用条件,须附上下列必需的说明：

① 新颖或独特的设计特征,应表明除非采用建议的专用条件,否则设计特征会导致不安全状态；

② 现行适航规章不适用于该设计特征或对该设计特征是不足够的理由；

③ 说明建议的专用条件与现行适航规章的安全水平等效。

对于等效安全,为了证明等效安全,申请人提交的资料应至少包括下列内容：

① 列出相应的条款；

② 说明能达到等效安全水平的设计特征；

③ 陈述等效安全所带来的任何设计更改、限制或设备；

④ 说明如何采取措施达到条款要求的等效安全水平。

对于豁免条款,在型号合格审定中,申请人可以因技术原因向适航司申请暂时或永久豁免适航规章和环境保护要求中的某些条款。

(8) 召开中间 TCB 会议确定审定基础

根据审查项目的复杂程度,可视情召开中间 TCB 会议,讨论有关适用规章、问题纪要、专用条件等未解决的问题,最终确定审定基础。

完成本阶段主要工作内容所必需的信息或资料包括但不限于：

① 申请人有关研制情况的说明；

② 重要问题说明；

③ 细化的安全性评估；

④ 建议的进度计划。

4.1.3.3　符合性计划制定阶段

符合性计划制定阶段的目的是完成 CP 和 CPP 或 PSCP。对于申请人和责任审查部门均同意采用 PSCP 方式进行管理的项目，PSCP 作为审查组和申请人双方使用的一个工具，管理合格审定项目。关于设计保证系统的审查计划，审查组与申请人也应在符合性计划制定阶段完成。

符合性计划制定阶段的主要工作内容包括以下五个方面：

(1) 确定审查组直接介入的范围

为了确保将重点放在对产品的安全性或符合性确认等至关重要的方面，根据以下原则确定需审查代表直接介入审查的范围和程度：

① 至少应直接介入的关键问题有：规章制定（如专用条件的制定），等效安全水平的确定，编写问题纪要，以及那些特殊的或通常留待审查代表处理的符合性确认等；

② 根据对安全性的影响程度、适航要求的复杂程度或符合性方法的复杂性，确定重点关注项目；

③ 考虑审查组对申请人的信任度、申请人的经验，以及对委任代表的信任度等因素；

④ 考虑申请人设计保证系统及其内部程序的完善程度。

(2) 确定授权与监督范围

在确定了审查代表直接介入审查的范围后，其余的审查工作应授权给委任代表，包括委任工程代表和委任生产检验代表。审查代表应根据委任代表解决问题的能力最大限度地使用委任代表并进行监督。授权的范围可涉及委任工程代表进行型号资料的批准（除试验大纲外）、委任生产检验代表进行制造符合性检查和委任工程代表目击试验等。

(3) 制订制造符合性检查计划

审查组的制造符合性检查可达到质量保证和工程确认的双重目的，是对申请人制造符合性的确认。该确认通常需要通过实物检查完成。作为型号审定过程中的一部分，工程审查代表必须确定审查所需的制造符合性检查项目。在检查过程中，制造符合性检查代表的检查范围取决于对申请人制造符合性检查记录质量、检验结果的可比性、检验工作的重要性及复杂程度的评估。由于制造符合性检查过程的复杂性和在项目初期进行零部件的制造符合性检查的必要性，在符合性计划制定阶段，需要申请人、工程审查代表和制造符合性检查代表合作，确定型号合格审定过程中的制造符合性检查计划，其可作为整个型号 PSCP 的构成部分。

根据取证型号的总体定义和系统的设计要求，在审定基础中确定出每一个系统/专业的适用条款，严格按照条款的要求，参照相关的咨询通告对条款的解释和建议的符合性程序/方法以及相关的工业标准，在确保安全性的前提下，在十种符合性验证法(MOCs)中合理地选用一种或几种 MOC 来表明与条款的符合性。MOC 方法说明如表 4.1 所列。

表 4.1　MOC 方法说明

代　码	名　称	使用说明	相关文件
MOC0	符合性声明	通常在符合性检查单、符合性记录文件中直接给出	符合性说明/型号设计文件
MOC1	说明性文件	如技术说明、安装图纸、计算方法、证明方案、飞机手册等	评审结论/设计图纸
MOC2	分析/计算	如载荷、静强度和疲劳强度、性能、统计数据分析、与以往型号的相似性等	计算分析报告
MOC3	安全评估	如初步风险分析、故障树分析(FTA)、故障模式和影响分析(FMEA)、软件质量计划等	安全性分析报告
MOC4	试验室试验	如静力和疲劳试验、环境试验等,试验可能在零部件、分组件或完整组件上进行	试验大纲/试验报告/试验说明
MOC5	地面试验	如旋翼和减速器的耐久性试验、环境和温度试验等	试验大纲/试验报告/试验说明
MOC6	试飞	规章明确要求时,或用其他方法无法完全演示符合性时,采用试飞方法	试验大纲/试验报告/试验说明
MOC7	航空器检查	如可维护性检查	检查记录
MOC8	模拟器试验	如评估潜在的危险失效情况,驾驶舱评估等	试验大纲/试验报告/试验说明
MOC9	设备合格性	如对预期功能的合格证、在临界环境中的性能等,可能被记录在设计和性能声明中	MOC0 ～ MOC9 的某种或几种方法的组合

在确定制造符合性检查范围时,考虑的因素还包括:

① 确认材料、零件和装配件的关键特性和重要特性的符合性;

② 审查过程控制(如特种工艺),以保证始终生产出一致的产品;

③ 申请人可以使用质量控制统计方法来进行过程评估,文档里应当包括这类工作活动的记录和关于统计方法的完整说明;

④ 目击系统、模块、部件及完整产品的重要功能参数的试验。

(4) 完成审定计划或专项合格审定计划

本阶段申请人应编制出完整的 CP 并提交审查组,表 4.2 给出了系统/专业级合格 CP 规划示例。审查组按内部专业分工审查申请人的审定计划,与申请人达成共识。审查组在 PSCP 草案(如果有)的基础上,与申请人一起完成 PSCP 的编制。CP 或 PSCP(如有)中含有的信息应足以让审查组得出结论:如果按照计划进行,其结果应能表明符合性。审查组只有在批准了 CP 或签署了 PSCP(如有)之后才能提出制造符合性检查请求、批准试验大纲、目击验证试验或任何其他的审查活动。这样做的目的是确保审查组与申请人对所需的符合性验证数据或资料有相同的理解。

表 4.2　系统/专业级合格 CP 规划示例

<table>
<tr><th>类　别</th><th colspan="2">系　统</th></tr>
<tr><td rowspan="6">机械系统</td><td colspan="2">飞控系统</td></tr>
<tr><td colspan="2">液压系统</td></tr>
<tr><td colspan="2">起落架系统,包括机轮、轮胎、刹车装置等</td></tr>
<tr><td colspan="2">氧气/增压/客舱环境控制系统</td></tr>
<tr><td colspan="2">防火专题</td></tr>
<tr><td colspan="2">防冰专题</td></tr>
<tr><td rowspan="10">电子电气系统</td><td colspan="2">电源和配电系统</td></tr>
<tr><td colspan="2">电气导线专题</td></tr>
<tr><td colspan="2">照明系统</td></tr>
<tr><td colspan="2">电磁兼容/电磁干扰/HIRF/闪电防护专题</td></tr>
<tr><td colspan="2">软件/复杂硬件系统</td></tr>
<tr><td rowspan="5">航电系统</td><td>自动驾驶</td></tr>
<tr><td>飞行仪表和指示系统</td></tr>
<tr><td>通信/导航/见识(CNS)系统</td></tr>
<tr><td>警告指示和记录系统</td></tr>
<tr><td>显示系统(例如 CRT/LCD/HUD)</td></tr>
<tr><td rowspan="9">结构强度专业</td><td colspan="2">结构验证专题</td></tr>
<tr><td colspan="2">载荷计算和验证专题</td></tr>
<tr><td colspan="2">强度计算和验证专题</td></tr>
<tr><td colspan="2">颤振/振动/抖振专题</td></tr>
<tr><td colspan="2">客舱安全性专题</td></tr>
<tr><td colspan="2">材料专题</td></tr>
<tr><td colspan="2">应急撤离专题</td></tr>
<tr><td colspan="2">复合材料专题</td></tr>
<tr><td colspan="2">水上迫降专题</td></tr>
</table>

续表 4.2

类　别	系　统
动力装置系统	燃油系统
	APU 系统
	发动机系统
试飞专业和驾驶舱评审专题	飞行性能专题
	飞行品质专题
	防冰专题
	驾驶舱评审专题
飞行级的系统级的安全分析专题	
持续适航专题	审定维修要求专题
	适航限制章节专题
	持续适航文件专题
噪声合格审定专题	
燃油排泄和排气排出物合格审定专题	

(5) TCB 审议审定计划或专项合格审定计划

TCB 审议 CP 和 CPP 或 PSCP,评估项目进入符合性计划实施阶段的审定风险,使审查组与申请人对 CP 和 CPP 或 PSCP 达成共识。经审议后,CP 由审查组组长通常以型号合格审定信函的方式批准,PSCP 由审查组组长与申请人的授权人员共同签署。

完成本阶段主要工作内容所必需的信息或资料包括但不限于:

① FMEA/安全性评估;

② 型号研制所涉及的所有供应商和合作伙伴的相关信息;

③ 重大争议问题的详细信息;

④ 生产工艺。

4.1.3.4　计划实施阶段

计划实施阶段是审查方和申请人执行经批准的 CP 和 CPP 或经双方共同签署的 PSCP 的阶段。申请人和审查方应密切合作,对已经批准的 CP 或签署的 PSCP 进行管理和完善,确保计划中的所有要求得以满足。计划实施阶段的活动分为三类:符合性验证数据或资料生成类、符合性表明类以及符合性确认类。

计划实施阶段的主要工作内容包括以下三个方面:

(1) 符合性验证数据或资料生成类

(a) 工程验证试验

航空器型号合格审定过程中的试验分工程验证试验和飞行试验,典型的工程验证试验有：零部件鉴定试验、系统功能试验、铁鸟试验、疲劳试验、燃烧试验、起落架落震试验、地面振动试验、电磁干扰试验以及航空器地面验证试验等。

(b) 工程符合性检查

当不能通过审查图纸或报告来确定产品的设计及安装的某方面对审定基础的符合性时，应当进行工程符合性检查。具体的检查类型包括：客舱内部检查、操纵系统检查、防火检查和系统管线敷设检查。

(c) 工程分析

工程分析是生成符合性验证数据或资料活动中的一个重要组成部分，包含分析手段涉及的所有方面，如公式、计算机的运算法则、计算机建模/模拟或结构化的评估。通常审查方只批准分析的结果数据而不批准分析用的手段，因此审查方没有一个关于可接受的分析手段、经批准的计算机代码或标准公式的清单。使用好的分析技术不足以保证分析结果的有效性，因此申请人必须表明数据是有效的。审查代表在审查工程分析时，要负责检查确认数据的准确性、适用性以及所做的分析未违背原问题的假设条件。

(d) 申请人的飞行试验

审定飞行试验只有在签发了型号检查核准书(TIA)以后才能开始，TIA 是由型号合格审定审查组组长签发的，批准审查代表(含委任代表)对航空器原型机进行审定飞行试验前检查、现场目击或进行飞行试验的文件。申请人实施试验和检查是为了表明提交给审查方进行地面和飞行试验的产品满足最低的质量要求、符合型号设计、对计划的试验是安全的。申请人要把这类试验得到的数据资料报告给审查方，供审查代表对其进行可接受性评审。

(2) 符合性表明类

(a) 申请人提交符合性验证资料

符合性验证资料是从 CAAC 公开出版物、工程验证试验、工程分析、工程符合性检查、相似性比较、软件设计保证等方面所收集到的、用来证明符合性结论(或声明)的数据资料(含计算分析结果、试验结果、检查记录)，以及其他任何被审查代表认为可接受的用于证明符合性结论的数据资料，如审查方认可的工业标准等。工程验证试验、计算、分析、工程符合性检查等活动中形成的证据资料一经完成，申请人应按经批准的 CP 或签署的 PSCP，以审查组与申请人约定的方式有序地提交给审查代表，以便审查代表能够在合格审定项目的正常进程中完成审查。

(b) 申请人的飞行试验数据和报告

申请人的飞行试验报告应按 CCAR－21 的要求说明试飞仪器的校准以及试验结果修正到标准大气压条件下的有关计算和试验。此外，应表明对审定基础中与飞行相关的要求的符合性。当航空器按 CCAR－25 取证时，飞行试验报告应由申请人的试飞员签署。

(c) 申请人提交符合性报告

符合性报告是申请人证明其型号设计对审定基础符合性的一种途径,充分的符合性报告是让审查代表信任其符合性声明的有力证据。符合性报告应提供相关的证据,从适航要求出发直到产生符合性声明结论这样一个逻辑顺序,解释说明证据的内在联系,进行符合性论证。当符合性论证足以令审查代表信服适航要求已经得到满足时,申请人就表明了相关的符合性。

(3) 符合性确认类

(a) 审查型号资料

审查代表对申请人提交的型号设计资料和符合性验证资料进行工程审查,重点审查型号设计是否存在不安全因素,设计特性是否能得到充分的检查和试验。

(b) 审查申请人的飞行试验结果

审查代表需审查申请人的飞行试验报告,以确认航空器是否符合型号设计,同时界定将由 CAAC 试飞员重新评估的具体飞行试验科目。

(c) 飞行试验风险管理

通过风险管理过程,主要是进行危害性情况得到判定,相关风险评估,在此基础上,制定规避程序以减少或消除风险,以及对可接受的风险水平作出决策。

(d) 审定飞行试验前的 TCB 会议

会议内容主要讨论航空器型号检查核准书(TIA)签发前航空器存在的所有重大问题,做出处理结论;审议 TIA;审议与验证飞行试验大纲有关的问题纪要,作出最终裁决;对设计符合性进行确认。

(e) 签发 TIA

审查组在完成对申请人的试验数据包的审查并确认其可接受后才能签发 TIA。

(f) 审定飞行试验的制造符合性检查

制造符合性检查代表在地面试验和飞行试验前对原型机进行制造符合性检查,以确认原型机满足了最低的质量要求、符合型号设计,并可安全地进行预期的地面和飞行试验。

(g) 审定飞行试验

审定飞行试验用于核查申请人所提交的飞行试验数据,对于与申请人共同开展的并行飞行试验,从该飞行试验获取符合性验证的数据资料。审定飞行试验用来评估航空器的性能、飞行操纵、操纵品质和设备的工作情况,并确定使用限制、操作程序和提供给驾驶员的信息。

(h) 运行及维护的评估

航空器型号合格审定中,对与航空器运行及维护方面相关要求的评估工作由航空器评审组(AEG)负责。

(i) 审批持续适航文件

审查组负责审查并批准下列持续适航文件(Instructions for Continued Airworthiness,ICA):适航性限制要求(包括 ALI、CMR,SRM,EWIS ICA,WBM),其他持续适航文件由 AEG 负责审查。

(j) 功能和可靠性飞行试验

功能与可靠性飞行试验要在申请人表明其符合结构要求,完成了所有必要的地面检查和试验,证明了航空器的制造符合其型号设计,并向审查组提交了包含有试验结果的飞行试验报告以后,方可进行。另外,AEG 的验证飞行试验可以与功能和可靠性飞行试验一起进行。

(k) 审批《航空器飞行手册》

《航空器飞行手册》供飞行机组人员使用,手册必须含有在该航空器使用范围内的性能资料,主要项目如下:与性能有关的各种速度;失速速度;起飞、着陆距离;航空器重要的或不寻常的飞行或地面特性的解释等。

(l) 最终 TCB 会议前的准备

审查组应在最终 TCB 会议前完成下述工作:对型号资料的审查状态进行核查;检查所有适用的适航规章条款是否满足;确认所有问题纪要均已关闭;起草型号合格证/数据单;完成型号检查报告;对设计保证手册和设计保证系统给出审查结论;编写型号审查报告。

(m) 召开最终 TCB 会议

最终 TCB 会议主要审核审查组的型号审查报告,重点关注所有问题纪要的处理状态和《航空器飞行手册》、持续适航文件的处理状态、设计保证系统的审查结论以及型号合格证/数据单草案的正确性,并得出是否建议颁证的结论。

(n) 颁发型号合格证

颁发型号合格证的建议报告的附件应有:一般背景资料;问题纪要汇编;TIA;型号检查报告中对航空器审定飞行试验的主要结论;符合性检查清单;故障和事故:在制造、检查和试验过程中出现的重大故障、事故及其处理概况。

完成本阶段主要工作内容所必需的信息或资料有:

① 设计和制造的相关资料;

② 目击证实;

③ 检查结果;

④ 安全性分析。

4.1.3.5 证后阶段

证后阶段是审查方和申请人执行经批准的 CP 和 CPP 或经双方共同签署的 PSCP 的阶段。证后阶段是在颁发型号合格证之后,完成项目的型号合格审定收尾工作,并开展证后管理工作。

证后阶段的主要工作内容,包括以下七个方面:

(1) 完成型号合格审定总结报告

型号合格审定总结报告内容主要体现出项目的复杂程度和重要性,包括对重大问题及其解决情况的综述说明。该报告对于非同步进行的型号认可审定项目，该报告有助于让外国适航当局了解该项目在型号合格审定期间审查组所关注的问题。

(2) 完成型号检查报告

TIR 包括两部分：第 I 部分为地面检查，第 II 部分为飞行试验。

(3) 持续适航管理

责任审查部门通过识别和评估在产品制造和使用过程中出现的工程问题和使用困难等安全性问题，制定和实施纠正措施（包括型号设计更改的控制与管理、航空器适航指令的编制与管理、监督检查），监督型号合格证持有人保持批准产品、零部件或设备的安全性。

(4) 设计保证系统、手册及其更改的控制与管理

项目工程师(PE)按《设计保证手册的内容、管理和现场审查》的要求对设计保证系统、设计保证手册及其更改进行日常监督、检查和控制。

(5) 持续适航文件的修订

CCAR-21 规定型号合格证持有人应陆续向用户提供持续适航文件的修改部分。责任审查部门应分别对各自负责审查的持续适航文件的修订方案进行审查认可，型号合格证持有人应当按照已获认可的修订方案来提供持续适航文件的修订内容。

(6) 证后评定

在型号合格审定项目完成之后或根据使用经验需要，适航司可以启动针对航空器型号合格审定的特殊评审(Special Certification Review，SCR)，对已批准航空器型号合格审定项目及其潜在的不安全设计特征进行评估。另外，在型号合格证颁发后，适航司如果收到关于已审型号不符合审定基础的报告或举报，应根据情况组织专家队伍对已审型号进行事实调查。

(7) 航空器交付时的必要文件

必要的文件包括三类：

① 项目文档，每一型号合格审定项目的项目文档必须在型号合格证颁发后 6 个月内交由相应的责任审查部门归档保存。

② 型号资料，CAAC 要保留型号合格审定的重要数据资料，诸如型号设计和验证数据等。

③ 工作文件，其他诸如个人笔记、往来信函或未形成审查方决定、行动、立场或计划安排的问题纪要等资料。

完成本阶段主要工作内容所必需的信息或资料有：

① 适航性限制；

② 维修和运行要求；

③ 项目经验教训总结；

④ 有关的安全性资料；

⑤ 型号合格证/数据单；

⑥ 评估符合性结论；

⑦ 设计更改资料。

4.1.4 适航职能部门评审要素

对在型号研制中按照符合性验证计划分阶段所完成的符合性验证文件，在提交审查组审查前，申请人应通过已建立的符合适航要求的设计保证体系，组织适航符合性工程师进行内部审核和评审，确认其符合审定基础的每一条款要求，以保证型号在设计上能够达到预期的安全水平。

4.1.4.1 对结构的评审

对结构的评审主要包括，但不限于：

(1) 设计数据

对通过计算获得的设计数据，要求设计部门提供其计算程序软件可靠的证明，以便能够向适航部门提供计算程序考核的结果。

(2) 设计准则

设计准则是型号设计最基本的控制文件，包括载荷符号、航空器说明、设计质量、重心限制、设计速度、座舱增压、载荷强度、结构验证、振动和颤振的一般要求、操纵面和操纵系统载荷、疲劳强度和载荷分析程序。应评审型号的设计准则是否贯彻了适用的适航要求，尤其适航条款规定的那些具体要求。

(3) 基本载荷

根据适航标准规定的设计情况计算飞行和地面载荷时，评审重点应放在所作的假设和计算方法上。

(4) 质量和重心

主要评审重心的变化范围。

(5) 数据的协调性

随着草图设计阶段原始数据不断的更改，评审数据前后更改的协调性。

(6) 动力稳定性分析

在飞行试验前，确认已表明(设计和验证方面)航空器在飞行包线内不会发生颤振等现象。

(7) 应力分析

评审试验机的结构强度报告，应力分析报告中应力分析方法和假设的正确性，是否分析了所有载荷情况，需用应力的选取是否合理和得到正的安全裕度。

(8) 安装要求

所有系统、设备和附件的安装，应在实体模型上或航空器上进行检查，并检查其支持结构的强度。

(9) 图　纸

结合主要零部件图纸检查装配图和安装图。

(10) 操纵系统

重点评审应力分析方法中无法分析到的强度和刚度特性,系统的制动器、锁定机构、助力器的失效模型等。

(11) 起落架

评审起落架的功能和特性,在载荷作用下位移引起的二次应力、收放机构和上下位锁的可靠性、应急系统、转弯和刹车系统。

(12) 机身和行李舱

对机身重点评审出口数量、尺寸以及主要的和应急的操纵机构。对行李舱重点评审强度、标牌和行李的限动装置,还要考虑其防火措施、风挡玻璃和抗鸟撞强度。

(13) 工艺评审

对必须严加控制才能保证产品质量的工艺方法,必须通过经适航当局批准的工艺说明书来进行控制。

(14) 图纸目录

在图纸目录并报审查组批准后,重点评审原型机的过程构型状态和控制。

4.1.4.2 对系统的评审

对系统的评审主要包括,但不限于:

(1) 技术标准规定(TSO)项目

对获得 TSOA 的机载设备项目,主要评审机载设备的设计与制造、安装及限制是否符合产品的技术规范、产品说明书以及适航标准。

(2) 非 TSO 项目

作为系统组成部分予以批准的产品,主要评审这些产品作为其系统的一部分是否符合适航标准的要求,并确保该项目发生故障时不会导致航空器发生事故,完成预期功能以及对其他系统无有害影响。

(3) 系统评审的要素

对系统的评审通常包括原理图、功能说明、负荷、安全性分析和评估、故障分析及其试验大纲,以保证设计概念和原理符合相应的适航标准。

(4) 电子和电气系统

评审和检查的内容取决于航空器上安装的电子和电气设备本身或具有 TSOA (Technical Standard Qrganization Approvals,技术标准规定项目批准书)或者作为系统的组成部分随航空器一起批准而定。分设备级、系统级和飞机级,并按照设备和系统的不同研制阶段,分阶段进行评审。

(5) 液压系统

主要检查系统的总体布局、功能和压力控制、必要的单向阀、安全阀、过滤器和其他辅助附件,检查系统的负荷分析应有足够的备用能源。整个系统要经过耐久性试验等。

(6) 氧气系统

检查氧气系统的总体布局、功能、压力调节和分配方案。

(7) 空调系统和增压系统

主要检查通风和加温能力,以及受一氧化碳污染的可能性。

(8) 防冰系统

主要检查防冰系统的布局和功能,确定加热系统具有与设计要求相等能量的热源,考核所用的设计准则和确定最低热量要求,对比航空器使用分析准则和设计准则。

(9) 防火系统

检查所有的元件和附件是否符合适用的适航标准和 TSO 的要求,选用的材料、结构件、非结构件及其安装是否符合防火要求。

(10) 仪表和仪表板

检查安装的仪表数量和功能是否符合相应适航标准的要求,仪表板安装数据、振动等级是否符合供应商推荐的振动要求。

(11) 皮托管静压系统

检查按系统功能排列的系统原理图和驾驶系统的独立性,以及断开和接通副驾驶系统飞行仪表的措施。当皮托管采用加热装置时,检查电路和电源功率。

(12) 废水/排水系统

检查系统装置的整个排水措施和废水处理。

(13) 机械系统和安装

检查起落架的功能特性和结构强度,是否符合经批准的技术数据;检查吸收动能的落震试验、收放机构和刹车作动系统的功能。

(14) 舱内布置

检查出口处座椅布置、应急出口、通道是否符合适航标准要求,是否对乘坐人员、人员撤离有不利影响。

(15) 系统和设备安装

应在实体模型或航空器上检查所有系统和设备、附件的安装和布局,重要的试验应安排审查代表现场观察。

(16) 对动力装置的评审

确认发动机有型号合格证、型号合格数据单、安装、使用、维修等方面的完整资料。在发动机安装到航空器上后,应对发动机的工作特性和振动进行定性和定量的评估。

4.1.5 型号合格证的管理

4.1.5.1 型号合格证的转让

按照 CCAR - 21 规定:经局方批准,型号合格证持有人可以将其证件转让给他人。型号合格证持有人转让其型号合格证时,必须满足下列要求:

① 证件受让人应具有与被转让型号相适应的设计保证能力。

② 型号合格证的受让人应同意接受 CCAR - 21 中规定的型号合格证持有人的权利以及所有责任,包括在该型号合格证下生产的所有航空器(含以前的型号合格证持有人生产的航空器)的持续适航责任。

③ 型号合格证原持有人必须将原型号合格证及转让双方签名盖章的转让文件一起提交到责任审查部门。责任审查部门审查后以书面形式报责任审定单位。责任审定单位审核后,在型号合格证的正面注明“作废”字样后存档。另外,以原编号、新的持证人和批准日期颁发新的型号合格证,并在新证背面作转让记录。

④ 如果原型号合格证持有人保存着 CAAC 批准的资料档案,则必须在新的持有人与 CAAC 就这些资料档案的管理达成协议后方可重新颁发型号合格证。

⑤ 责任审查部门应存档一份新颁发的型号合格证复印件。当型号合格证转让引起责任审查部门变更时,上述第④条所述的存档资料也相随之。

4.1.5.2 证件持有人名称变更

持有人名称变更要求重新颁发型号合格证,按照下述要求办理:

① 向责任审查部门提交须经持证法人签字的申请报告及名称变更文件,并交还型号合格证的原证件和相应数据单原件。

② 经责任审查部门审查并完成新的数据单后,责任审查部门以书面形式向责任审定单位提出重新颁发型号合格证的建议书,附带持证人的申请报告和相关文件及新的数据单。

③ 责任审定单位审核后,重新颁发新的型号合格证及相应的新数据单。另外,将上述第②条中的建议书和申请相关文件存档备案。

④ 责任审定单位将新的型号合格证及相应的新数据单复印件交责任审查部门存档。

4.1.5.3 型号合格证的暂扣与吊销

① 除暂扣、吊销或另行规定终止日期外,型号合格证长期有效。

② 当型号合格证持有人不愿意或不能够保证民用航空器的持续适航性时,责任审定单位可暂扣甚至吊销持有人的型号合格证。

③ 对于暂扣的型号合格证,证件持有人必须把型号合格证的原件交回责任审定单位,当暂扣到期时,责任审定单位应当将型号合格证返还给持有人。

④ 吊销或暂扣后并有可能吊销时,责任审定单位应要求型号合格证持有人交回用于验证航空器型号满足审定基础的所有型号资料。

⑤ 在型号合格证被吊销后,证件持有人必须把型号合格证的原件交回责任审定单位,由责任审定单位予以作废。责任审定单位在型号合格证原件上注明“作废”字样,并由责任审定单位负责人或其授权人员签上姓名、日期,将作废了的型号合格证原件返还给其持有人,同时责任审定单位通知责任审查部门在相应的型号合格证的文档副本上进行作废记录。

⑥ 在TCDS(Type Certificate Data Sheets，型号合格证书数据表)上要增加一项附注，记录该型号合格证作废的日期，说明该TCDS对于在作废日期之后制造的航空器无效。

4.2 补充型号合格审定

4.2.1 设计更改类型及批准方式

型号合格证更改(TCA)是申请人对已取证产品进行的、不足以申请新的型号合格证的设计更改，在得到适航部门设计批准后，由适航部门颁发的对其初始型号合格证的更改，包括对型号合格证数据单的更改。

4.2.2 补充型号合格证(STC)

STC是适航部门对已经获得型号合格证的航空产品的设计大改进行的批准。该批准是在适航部门已经证实改装的产品满足有关适航规章后授予的，以证明其大改符合适用的适航标准和适航当局确定的专用条件，或具有与原型号设计等同的安全水平，在运行中没有不安全的特征或特性的证件。

型号设计更改适用的规章要求主要包括以下几类：

① 噪声、燃油排泄或排气污染要求。

② 原型号合格证申请时所参照的适航标准的适用部分及专用条件。

③ 申请STC之日生效的适航标准的适用部分及其修正案和有关的专用条件。

④ 如果适航部门认为拟进行的设计更改构成航空产品零部件、设备安装或系统安装构成重新或全新设计，且对原型号合格审定依据的标准对该更改尚无有效的规定和标准，则可以采用。

- 符合申请设计更改之日生效的适航标准中的适用部分及批准的等效安全措施；
- 符合对设计更改提出的专用条件及其修正案和批准的等效安全方法。

根据CCAR-21的规定，型号设计更改分为：小改和大改；声学更改和非声学更改；排放更改和非排放更改。

小改是指那些不明显影响质量、平衡、强度、可靠性、操作特性、适航性、动力及噪声特性或排放物等性能的改装，而大改则指除小改外的那些改装。

典型小改有：公差的微小变化、圆角半径合理更改，允许厚度增加且无有害影响，次要零件的代用与改进，表面热处理的改进以及次要零件设计的改进等。

典型大改有：航空器机身结构加长，更换新型发动机，改变推进方式，增减发动机数目，换装重要的机载设备，改变螺旋桨桨叶，发动机压缩比改变，改变涡轮排气温度或气缸温度，传动部件在材料或安装设计等方面可能对适航性产生影响的更改。局方自动认定的大改有两类：

① 为保持民用航空产品原有的总体构型或构造原理。

② 欲更改的产品在合格审定时曾采用的前提条件不再有效。

其中对小改的批准有三种方式：

① 申请人向适航部门及工程委任代表提交设计更改说明性资料以及有关验证和证明性资料。

② 通常由适航部门委任的工程委任代表批准，报适航部门备案。

③ 也可由适航部门直接批准。

对大改的批准需要申请人：

① 向局方提交验证资料和必要的说明资料。

② 表明该更改及其影响的区域符合相关规章的适用要求，并且向局方提交表明符合性的方法。

③ 提交一份声明，声明申请人已经符合适用要求。

对大改有三种相应的批准方式：

① 针对 TC 修正或 TC 数据单更改，是 TC 持有人负责进行的设计更改；向适航部门提出申请，提交设计更改说明和证明性资料；进行必要的地面/飞行试验；将经审查批准的设计更改资料并入原型号设计中(图纸清册、图纸、飞行手册、机载设备清单等)；适航部门将评审该设计大改是否需要重新申请新的型号合格证。

② 颁发补充型号合格证(Supplement Type Certificate，STC)。非 TC 持有人对已获适航批准的航空产品进行的加、改装设计导致原产品型号设计的大改，但又未达到需重新申请 TC 时，必须向适航部门申请 STC，或对于进口航空器申请改装设计批准证书(Modification Design Approval，MDA)。

- 批准加、改装设计(单机或是多机，多机更改需获 PC 或改装设施批准)；
- 批准设计更改的资料和技术规范；
- 批准使用限制及补充修改飞行手册；
- STC 数据单；
- 重新签署或颁发适航证。

③ 重新申请 TC。当任何人对型号设计的更改导致下列变化时，应向适航部门重新申请 TC。

- 对产品的设计、构型、动力、功率限制、速度限制或质量的更改过大，以至于有必要对该航空产品不相应的适航标准及专用条件的符合程度进行全面的、详细的审查时；
- 改变航空器所装发动机的数目或旋翼的数目，或换用不同推进原理的发动机或螺旋桨，或换用不同工作原理的旋翼时；
- 改变发动机的工作原理时；
- 改变螺旋桨桨叶数目或桨距变距工作原理时，等等。

4.2.3　补充型号合格审定程序

无论设计大改如何简单或复杂，都必须完成相同的STC批准步骤。这些步骤的顺序可以因项目的不同而不同，基本应有以下四个基本步骤：

① 申请人提交申请及相关资料，包括建议的合格审定计划，适航部门对其评审；

② 审查组对零件、部件以及分组件进行检查和试验；

③ 审查组评估申请人建议的飞行手册补充和飞行试验计划，对完整的组件及其安装进行检查和试验；

④ 颁发STC，项目结束。

4.2.3.1　申请及相关资料的提交和评审

申请人向中国民用航空局航空器适航司提交STC申请，申请应包含以下内容：

① 项目说明；

② 涉及的航空产品型号；

③ 完成项目的日历计划；

④ 进行设计和安装工作的地点；

⑤ 项目起动会议的声明(如果必要)。

当申请书得到适航管理部门受理后，申请人应提交一份建议的合格审定计划给审查组，其中应包含下列内容：

① 确定相关的审定基础及其符合性验证方法，即分析、试验、图纸、符合性检查等；

② 建议使用的委任工程代表(如果需要)；

③ 日历计划，该计划应包括：提交资料、试验、制造符合性检查、安装、飞行试验和项目最后完成等活动的时间以及试验地点等。

审查组确定最终的合格审定计划后，申请人将要求的资料提交给审查组，审查组的项目工程师将按专业分工对这些资料进行审查和批准。要求的资料分为两个类别：说明性资料和符合性资料。

① 说明性资料完整定义或说明了一个给定的设计。它们可能包括图纸、示意图、加标记的图片、工艺规范等。这些资料必须征得适航部门对验证符合相关审定基础的认可。另外，对于“多机”STC来说，它们必须足以对安装进行复制。

② 符合性资料是指除说明性资料以外的那些为表明符合相关审定基础所必需的资料。符合性资料可能包括：符合性检查清单、分析报告、试验计划、试验报告、来自制造商的信件、持续适航文件以及操作说明书等。

在提交给适航部门之前，申请人应完成下列工作：

① 检查所有说明性和符合性资料的信息完整性和正确性；

② 确定设计资料以及更改的航空器符合相关的审定基础；

③ 确定说明性资料符合改装的实际情况，并且所有分析、试验、计划以及试验结

果都是基于这些说明性资料；

④ 确定说明和验证改装的资料是有序的，并且适当地做了标识，且清楚地陈述了解决符合性问题的方法。

4.2.3.2　部件和分组件的检查和试验

在改装或安装完成之前，可能有必要对零件、部件或分组件进行检查和试验，以证实其符合说明性资料，并符合相关审定基础要求。

具体说明如下：

① 审查组按需要为单个项目（零件、部件、分组件、试制件等）发出制造符合性检查要求。

② 在审查组同意的情况下，申请人应按试验计划安排审查组要求进行的制造符合性检查和目击的所有合格审定试验。

③ 审查组进行所有必需的制造符合性检查，符合要求后申请人再进行所有要求的试验。审查组或得到授权的委任工程代表应该目击所有这些试验，并进行任何必要的符合性检查。

④ 申请人提交所有合格审定试验的试验报告和验证符合审定基础所必需的任何其他资料。

⑤ 审查组审查试验报告和符合性资料。

4.2.3.3　完整组件及其安装的检查和试验

当完成了所有部件的检查和试验后，应对最终产品进行最终检查和试验。大致的步骤如下：

① 适航部门在飞行试验之前，审查组和适航部门试飞员审查由申请人建议的飞行手册补充和飞行试验计划供审查。

② 审查组审查申请人提交的资料和符合性检查清单，以确定 TIA 要求的评估，随后准备和颁发 TIA。

③ 审查组对安装的制造符合性进行检查，尤其对反映在 TIA 上的所有必需的制造符合性项目进行检查。

④ 申请人负责完成 TIA 中要求的试飞项目，向审查组提交一份试飞报告供审查。审查组和适航部门确定试飞结果证明符合审定基础要求时，TIA 中要求的适航部门合格审定试飞即可开始。

⑤ 审查组对最终符合性进行检查，还要进行由 TIA 要求的所有地面和飞行试验。

⑥ 申请人向审查组提交最终资料供审查，例如飞行手册补充、试验报告等。当审查组审查确定提交的资料能够证明符合审定基础要求时，意味着审查组对改装或安装进行最终认可。

4.2.3.4　颁发 STC

当完成各项检查后，审查组将以书面形式向适航司报告审查结果和颁发 STC 的

建议。适航司将据此向申请人颁发STC。审查报告的主要内容应包括:

① 审定过程概述;

② 更改产品的简介及其原始型号合格证的说明(含更改前后审定基础的说明);

③ 问题纪要汇编;

④ 型号资料审查表;

⑤ 合格审定试飞和地面试验总结;

⑥ 符合性检查清单。

通常,受改装或安装影响的每个经过型号合格审定的产品只需要一个STC,但是在某些特殊情况下,一个改装可能需要一个以上的STC。譬如,改装一个发动机或螺旋桨,则将要求为发动机或螺旋桨的改装颁发一个STC,而为改装的发动机或螺旋桨在航空器上的安装批准颁发另一个STC。

4.3 认可审定

4.3.1 型号认可审定

4.3.1.1 型号认可证(VTC)

任何单位或个人,进口国外的任何型号的民用航空器、航空器发动机或螺旋桨,如系首次进口并且用于民用航空活动时,必须取得民航局颁发的型号认可证(Validation of Type Certificate,VTC),才准予进口。VTC是对进口航空器、发动机和螺旋桨的TC及其数据单认可批准的凭证。

对于任何已取得型号认可证书并按出口国适航当局颁发的型号合格证更改或型号合格证数据单更改进行设计更改的航空器、发动机和螺旋桨,在其首次进口中国前,也应进行型号认可审定。

实施型号认可审定之前,出口国适航当局应与民航局签署两国间的适航协议或备忘录,并在此基础上签署拟进口产品的型号认可审定技术性协议。

4.3.1.2 VTC申请

型号认可证书的申请人应是出口国适航当局所颁发的TC或等效批准文件的持有人,在签署购、租机协议之前,申请人应向民航局提出型号认可审定的申请并取得民航局颁发的型号认可证书。

通常情况下,型号认可审定应在出口国适航当局已颁发了型号合格证之后进行。如果民航局或申请人欲在出口国适航当局进行产品的型号审定过程中进行认可审定,则应在申请人、出口国适航当局和民航局协商后,由两国适航当局确定产品的型号认可原则并签署相应的认可审定技术性协议。

申请人在提交申请书时,应附有下列适用的资料:

① 产品的设计特征和基本数据介绍。如果产品是民航局已认可的某一产品的

衍生型号,则应附该产品与已认可产品间设计差异的说明。

② 出口国适航当局颁发的型号合格证(型号合格证更改)或等效批准文件的复印件。

③ 出口国适航当局颁发的型号合格证数据单(型号合格证数据单更改)或等效文件的复印件。

④ 出口国适航当局颁发的符合噪声和燃油及排气排出物标准的证件或等效文件的复印件。

⑤ 出口国适航当局颁发的生产许可证或等效批准文件的复印件,以及许可生产项目单的复印件。

⑥ 产品型号设计及其设计更改的审定基础(包括所依据的适航标准、修正案、专用条件、等效安全项目说明和豁免条款说明等)的复印件。

⑦ 出口国适航当局关于产品的所有型号合格审定委员会会议纪要或等效文件的复印件。

⑧ 出口国适航当局关于产品的所有问题纪要或等效文件的复印件。

⑨ 符合性检查单或等效文件的复印件。该文件说明了产品对审定基础的符合性方法(包括试验、分析、计算、设计规定、飞行试验等)并列出了符合性验证资料(报告、图纸、规范等)的名称等。

⑩ 对于航空器,应附航空器三视图。

⑪ 对于发动机,应附工作特性曲线和使用限制说明。

⑫ 对于螺旋桨,应附工作原理和使用限制说明。

⑬ 民航局认为必要的其他有关资料。

4.3.1.3 型号认可审定的技术性协议和审定基础

在型号认可审查之前,民航局将与出口国适航当局讨论并签署拟进口产品的型号认可审定技术性协议。为此,出口国适航当局应向民航局介绍:其有关型号审定的管理体系和拟进口产品型号批准和生产批准的情况(包括适航标准及其修正案水平、专用条件、等效安全项目说明、豁免条款批准、问题纪要和型号合格审定委员会会议纪要等)以及有关该产品强制适航性措施(如适航指令)和持续适航性管理的情况。

进口民用航空产品的认可审定基础为:

① 型号认可申请之日有效的中国民用航空规章中适用的噪声标准、燃油及排气排出物标准和运行要求。

② 进口产品原有的审定基础以及在与中国民用航空规章中有效和适用的适航标准对比之后,民航局规定的附加技术条件。

附加技术条件可包括:

a) 基于两国适航标准、使用情况、政策和指导性资料之间的差异所确定的附加要求和特殊要求;

b) 出口国适航标准中未覆盖的有关新颖和独特设计特性的专用条件;

c）基于对出口国原有等效安全结论和豁免批准的评估所确定的附加要求；

d）截至型号认可申请之时，为纠正使用中出现的不安全情况，由出口国适航当局所制定的强制适航性措施等。

4.3.1.4　完成型号认可审定

申请人应表明其产品对认可审定基础的符合性。对于认可审定基础中与出口国审定基础相同或等效的部分，申请人可直接采用本国适航当局已接受的资料来表明符合性。而对于两国间审定基础的差异部分，申请人应制定详细的符合性计划，并在获得审查组认可后逐条表明对这些差异部分的符合性。

申请人应向审查组介绍该型号设计和审定的内容，包括：

① 对两国的审定基础的对比情况以及符合性计划，尤其是对差异部分。

② 产品设计和设计更改的概要以及认可审定时的型号设计状态。重点说明与两国审定基础差异部分有关的设计特点和特性。必要时，进行熟悉性试飞。

③ 相关产品的使用经验、预防故障或事故发生的纠正措施和强制适航性措施等。

④ 出口国适航当局的专用条件、等效安全项目说明、豁免条款批准书、问题纪要和型号合格审定委员会会议纪要等。

⑤ 对认可审定基础各条要求的符合性情况，尤其是产品各关键和重要结构及系统的符合性情况，以及对差异部分的符合性情况。

⑥ 认可审定问题纪要（若有）中申请人的立场说明。

⑦ 产品的飞行手册、主最低设备清单、维修大纲、审定维护要求和适航性限制等持续适航性文件的内容和版本状态。

⑧ 双方认为必要的其他有关情况和资料。

审查组对以上各项内容进行评估和审查，并拟定建议的型号认可证书数据单。

审查组对于两国审定基础中相同或等效的部分，需重点了解和评估产品各关键和重要结构及系统的符合性情况。对于审定基础的差异部分，审查组应审查和认可申请人的相应符合性计划，并按认可后的计划对审定基础差异部分的符合性进行审查。当申请人建议的某一符合性方法不同于审查组的要求或不能符合该要求时，双方应形成问题纪要；而当申请人计划的某一符合性验证活动虽已得到审查组的认可但在现场认可审查期间未能完成时，双方应将其作为遗留项目予以记录。审查组负责确定问题纪要和遗留项目的状态，并且必须在建议颁证之前结束这些纪要和遗留项目。此外，问题纪要的结论应和使用限制一起作为认可审定基础的一部分。

审查组在完成了认可审查并结束了所有问题纪要和遗留项目后，应向民航局提交型号认可审查报告。民航局审核问题纪要，认可审查报告和认可审查纪要。在确认进口产品满足中华人民共和国的适航要求后，颁发型号认可证书。

4.3.2 补充型号认可审定

4.3.2.1 补充型号认可证(VSTC)

任何已取得民航局VTC并按国外适航当局颁发的STC进行改装的产品,在该更改产品首次进口并用于民用航空活动时,必须取得民航局颁发的补充型号认可证(Validation of Supplement Type Certificate,VSTC),才准予进口。

4.3.2.2 VSTC申请

申请人在提交申请书时,应附有下列适用的资料:

① 出口国适航当局颁发的补充型号合格证或等效批准文件的复印件;

② 对该设计更改的生产批准或等效批准文件的复印件(若适用):

③ 出口国适航当局颁发的该设计更改符合噪声和燃油及排气排出物标准的证件或等效文件的复印件;

④ 该设计更改的审定基础(包括等效安全项目和豁免批准)的复印件;

⑤ 该设计更改的问题纪要的复印件;

⑥ 符合性检查单或等效文件的复印件,该文件说明了设计更改符合审定基础的方法并列出了相应的符合性资料的名称等;

⑦ 主图纸目录或等效文件,以及其中所列的资料;

⑧ 民航总局认为必要的其他有关资料。

4.3.2.3 完成补充型号认可审定

申请人应向审查组介绍该型号设计和审定的内容,包括:

① 对两国审定基础的对比情况以及符合性计划(尤其是差异部分)。

② 设计更改的方案(包括相关的系统交联关系)、状态和适用范围,重点说明与两国审定基础差异部分有关的设计特点和特性。

③ 相关零部件的设计批准及其资料。

④ 相关的使用经验,预防故障和事故发生的预防性措施和强制性适航性措施等。

⑤ 原有的专用条件、等效安全项目说明、豁免条款批准问题纪要以及与该设计更改有关的其他更改(如服务通告更改)等。

⑥ 对认可审定基础各条要求的符合性情况,尤其是对差异部分的符合性情况。其中应包括所采用的咨询通告及各种分析、计算、试验和试飞等(如:主图纸目录中的改装图纸、分析报告、软件文档、地面试验大纲、试飞大纲、航空器飞行手册、持续适航文件的修订部分以及地面试验报告和试飞报告等)。

⑦ 认可审定问题纪要(如有)中申请人的立场说明。

⑧ 飞行手册、主最低设备清单和持续适航文件的修改状态和内容。

⑨ 双方认为必要的其他有关情况和资料。

民航局审核问题纪要、认可审查报告和认可审查纪要。在确认所申请的产品设计更改满足了中华人民共和国的适航要求后，颁发补充型号认可证书。

4.4　重要改装设计合格审定

4.4.1　重要改装

重要改装是指没有列入航空器及其部件制造厂家的设计规范中，并且：

① 可能会显著影响质量、平衡、结构强度、性能、动力装置运行、飞行特性或影响适航性的其他特性；

② 不是按照经认可的常规做法或基本操作的方法完成的。

从设计更改的角度看，重要改装可能属设计大改，也可能属设计小改。

而重要修理是指如果不正确的实施，将可能导致对质量、平衡、结构强度、性能、动力特性、飞行特性和其他适航性因素有明显影响的修理，或者是不能按照已经被接受的方法或者通过基本的作业就能够完成的工作。

4.4.2　MDA 的申请与受理

申请人在提交 MDA(Modification Design Approval，改装设计批准)申请书时，应附有下列适用的资料：

① 申请人资格证件的复印件，申请人应具有与所申请的改装项目相适应的设计能力，并且为下述法人之一：民航局维修许可证、运行合格证、型号合格证(或型号认可证)、生产许可证、补充型号合格证(或补充型号认可证)、技术标准规定项目批准书、零部件制造人批准书、设计认可批准证件的持有人；

② 完成项目的时间计划；

③ 项目实施(设计和安装)的地点说明；

④ 与改装实施人的协议(必要时)；

⑤ 被改装航空器运营人的意向(必要时)；

⑥ 局方认为必要的其他有关资料。

适航审定司在收到申请后，将授权相关适航部门负责对申请人的改装设计能力和方案进行预审和受理处理。申请人应准备好下述资料：

① 对工程设计和管理以及改装实施等能力的说明。

② 建议的改装审定计划。该计划通常包括：概述、改装说明、建议的审定基础及其符合性方法、功能危害性初步评估、运行评估(必要时)、计划准备的说明性资料及符合性资料、时间计划、使用委任代表的建议等。

③ 初步的改装设计方案。如初步的主图纸目录、图纸、示意图、工艺规范、安装说明和使用维护说明，零部件的适航批准情况，技术指标、接口要求和设计特点等。

④ 被改装产品的相关适航信息以及技术信息。

⑤ 局方认为必要的其他有关资料。

4.4.3 重要改装审查

4.4.3.1 成立审查组

适航审定司在确认申请人的受理手续完备后，将授权相关的适航部门组成联合审查组，并指定组长单位。相关的适航部门应针对项目的实际情况，确定审查组的人选（包括专业及人数等）和分工。

审查组人员的职责分工如下：

① 工程审查人员，负责项目的工程评审和制造符合性评审；

② 改装监督人员，负责监督改装包的安装，目击安装后的地面试验和试飞，评估改装实施单位（如维修单位和运营人）的能力，并监控被改装航空器的适航状态。

4.4.3.2 审定基础

航空器重要改装的审定基础应按以下适用原则确定：

① 型号认可申请之日有效的中国民用航空规章 34 部和 36 部中适用的噪声要求和燃油排泄及排气排出物要求。

② 该进口产品原有认可审定基础中的适用要求。

③ 实用的最新修订要求。

④ 原有的认可审定基础中未覆盖的有关新颖和独特设计特性的专用条件。这些新颖和独特的设计特性包括新技术的应用、现有技术的独特应用以及产品的非常规使用等。

⑤ 截至改装审查完成时相关的强制性措施。

在确定审定基础时，还应考虑航空器的运行需要对审定基础及其符合性方法的影响。

4.4.3.3 设计审定

审查开始时，申请人首先应进行详细的技术性介绍，以使审查组充分了解以下情况：

① 改装包的功能及其功能危害性评估的细节。

② 改装包的详细设计，包括零部件/组件改装包安装各个层次的设计，以及其新颖独特的设计特性（如有）。

③ 改装包的适用范围和安装限制（包括与原有改装的兼容性等），以及确定这些范围和限制的依据及其支持性信息。

④ 建议的审定基础及其具体的符合性方法（如，欲采用的咨询通告和指导性资料等）。必要时，应包括对是否采用最新修订要求的分析和证明。

⑤ 有关资料提交、制造符合性检查、试验、符合性检查等各项审查活动的时间安排。

⑥ 全套说明性资料和符合性资料的文档控制方法。

⑦ 审查组认为必要的其他有关情况。

审查组进行符合性审查时的要点，包括以下几个方面：

① 审查并认可项目合格审定计划；

② 审查改装包零部件/组件的说明性资料；

③ 进行零部件/组件的制造符合性检查；

④ 审批改装包零部件/组件的试验大纲，并目击试验；

⑤ 审批零部件/组件试验报告和其他符合性资料；

⑥ 对于首次单独进口的重要零部件，进行设计认可审查；

⑦ 审查完整改装包及其安装的说明性资料；

⑧ 检查改装设计与原有改装的兼容性；

⑨ 进行改装包安装的符合性检查；

⑩ 审批改装包安装的地面试验大纲，并目击地面试验；

⑪ 在需要飞行试验时，向适航审定司提交是否签发特许飞行证的评估意见，审批飞行试验大纲，审查飞行手册补充，目击飞行试验；

⑫ 审查地面试验报告、飞行试验报告（如有试飞）和其他符合性资料；

⑬ 审批改装包最终版本的说明性资料和符合性资料。

4.4.3.4 设计批准

适航审定司审核审查组提交的审查报告，并在确认改装符合审定基础的要求后，向申请人颁发相应的 MDA。

批准书分为两类：

① 仅对某个序列号（或注册号）航空器产品有效的改装设计批准（单架批准）；

② 对不止一个序列号（或注册号）航空器/产品有效的改装设计批准（多架批准）。

当发生 MDA 证书转让等情况时，适航审定司将收回已颁发的 MDA 原件，并根据原有 MDA 持有人出据的转让协议，重新颁发 MDA。新的 MDA 证书上将注明：新持有人的名称、原来的申请日期、原来的颁证日期和重新颁证的日期。

对进口发动机，还应有 CAAC 颁发的 VTC。

第五章　生产批准管理

生产批准是指局方颁发用以表明允许按照经批准的设计和经批准的质量系统生产民用航空产品或者其零部件的证件，其形式可以是生产许可证或者零部件制造人批准书、技术标准规定项目批准书对生产部分的批准。

民用航空产品的生产方式有以下两种：

① 根据型号合格证来进行相对应的生产；

② 取得生产许可证后进行生产，生产证件长期有效。

5.1　依据型号合格证生产

5.1.1　依据型号合格证生产的要求

如果制造人根据型号的合格证来进行生产，则应该满足以下要求：

① 一定要保证每一个民用航空产品的零部件都可供局方检查；

② 在制造地点保存所有型号设计、型号合格证和型号认可证规定的技术资料和图纸；

③ 在完成航空器和发动机以及螺旋桨的试验要求的检查以及试验后，应该将其记录保持至该民用航空产品退役；

④ 能够接受局方实施的任何用于确定满足民用航空规章必要的检查，其中应该包括对供应商的设施实施检查或试验；

⑤ 根据局方的一系列要求为包含关键件在内的民用航空产品设置标牌；

⑥ 用制造人的件号和名称、商标、代号或者局方接受的制造人其他标识方法，标识从制造人设施出厂的民用航空产品的任何部分；

⑦ 除了非局方的同意，在型号合格证颁发的 6 个月之内应该获得民用航空产品所要求的生产许可证。

5.1.2　航空器的试验要求

制造人应该依据型号合格证来生产航空器，并按照以下要求来进行航空器试验：

① 制定符合局方要求的生产试飞的一系列程序以及试飞项目的检查单，所生产的航空器应该按照此检查单的要求来进行试飞。

② 生产试飞的程序应该包括以下内容：

a）对配平、操纵性或者其他的飞行特性进行相对应的操作检查，来确认生产的航空器的操纵范围、角度与原型机相同；

b) 由试飞的机组人员在飞行过程中对操作的每一个部分或者每一个系统来进行相对应的检查，用以确定在试飞过程中，仪表能够正常指示；

c) 在飞机试飞结束后确定所有的仪表都有正确的标记，并且配齐各种对应的标牌和所需的飞行手册；

d) 在地面检查航空器的操作特性；

e) 检查航空器所特有的其他任何项目，该项检查应当在地面或者飞行操作中有利于检查的状态下进行。

5.1.3　发动机和螺旋桨的试验要求

1) 制造人依据型号合格证生产发动机，应当按以下要求进行发动机的试验：

① 对每台发动机进行下列内容的验收试车：

a) 包括测定燃油和滑油的耗量，以及在额定最大连续功率状态下和在额定起飞功率状态下测定功率特性在内的磨合试车；

b) 在额定的最大连续功率状态下至少运转 5 小时。对于额定起飞功率大于额定最大连续功率的发动机，5 小时运行中应当包括以额定起飞功率运转 30 分钟。

② 上面所述的发动机试车可以在适当的安装条件下利用现有型号的功率(或推力)测量设备进行相对应的实验。

2) 制造人根据型号合格证进行螺旋桨生产，应该对每一副变距螺旋桨进行功能验收以及试验，来确定其在整个工作范围内是否正常工作。

5.1.4　制造符合性声明

型号合格证持有人或者权益转让协议受让人，应该在依据型号合格证生产时，为其民用航空产品申请航空器适航证或者发动机、螺旋桨的适航批准标签，应该向局方提交由制造人授权的代表签字的制造符合性声明，其内容包含下列三个方面：

① 每一件民用航空产品都要符合经批准的型号设计，同时处于安全可用状态；

② 每一架航空器都应该做过地面以及试飞等一系列检查；

③ 每一台发动机或者每一副螺旋桨都应该做过最终的试车以及工作检查。

5.2　生产许可管理

5.2.1　生产许可证(PC)

局方审查申请人的质量控制资料、组织机构和生产设施后，认为申请人已经建立并能够保持符合质量系统及资料的要求，使生产的每一民用航空产品均符合相应型号合格证、补充型号合格证或改装设计批准书的设计要求，即可颁发生产许可证

(Production Certificate,PC)。

(1) 生产许可审定

生产许可审定是局方对已获得民用航空产品型号设计批准并欲重复生产该产品的制造人所进行的资格性审定,以保证该产品符合经批准的型号设计。生产许可审定的最终批准形式是颁发生产许可证。

(2) 生产批准书持有人

生产批准书持有人指生产许可证(PC)、零部件制造人批准书(Parts Manufacturer Approval, PMA)和技术标准规定项目批准书(CAAC Technical Standard Order Authorization, CTSOA)持有人。

5.2.2 生产许可审定

5.2.2.1 申　请

生产许可证申请人的资格及要求如下:

1) 持有以下文件之一的任何人都可以申请生产许可证:

① 持有或已经申请型号合格证;

② 持有或已经申请补充型号合格证以及改装设计批准书;

③ 持有上述证件的权益转让协议书;

④ 利用位于中华人民共和国之内的生产设施生产具有型号认可证或补充型号认可证的民用航空产品,并且拥有该民用航空产品的型号合格证或者补充型号合格证的权益转让协议书。

2) 上述第1)条第③项或者第④项的申请人应该持有与型号合格证、补充型号合格证或者改装设计批准书的申请人或者持有人的协议,保证生产和设计之间能够进行必要的沟通与交流,以保证对特定设计的制造符合性。

3) 申请人应该按照规定的格式填写生产许可证申请书,并且提交质量手册。

4) 为了确保设计单位和制造单位能够良好地合作,以顺利地履行各自的职责,在双方责任方面,权益转让协议书至少应明确:

① 设计单位负责:保证及时、准确地传递现行有效适航资料的职责(如图纸、材料规范、尺寸数据、工艺、表面处理等);在提供给经局方批准的设计资料时,提供相关的信息,例如:提供者名称、目的、安装适用性、件号、名称、资料发放日期、使用限制、备注、局方批准的索引号和设计单位的授权资料发放人员的签署等。

② 制造单位负责:协助设计单位处理相关的持续适航的事务和要求的一系列措施;在取得型号合格证书之前,协助设计单位进行符合适航标准的验证工作;必要的时候,按适航资料编制制造文件。

③ 设计单位和制造单位共同负责:处理制造偏离或不合格零部件;对制造的零部件进行构型控制,以保证制造单位能够对产品或零部件的适航放行或制造符合性及安装资格,做出最终判定和标识。

在权益转让协议书中应该有一个直接向最终用户进行发运的授权，用来保证放行的航空产品以及零部件的持续适航管理；并且在权益转让协议书中设计单位应确认按此协议提供、控制或修订的设计资料是经局方批准的设计资料。在必要的时候，协议书中应引用有关文件或程序以确保落实各自的责任。

如果型号的合格证或者补充型号合格证以及改装设计批准的申请人/持有人或/和生产许可证申请人/持有人属于同一个法人实体，则没有权益转让协议书，但应有程序描述两者的上述职责分工和工作衔接，并且该程序必须获得局方的认可。

生产许可证申请人在提交申请书的时候应该同时提交质量手册。

5.2.2.2　机　构

生产许可证的申请人应该向局方提交相应的说明文件，用来表明其组织机构应该如何保证符合本章中的一系列要求。说明文件中至少应该描述组织机构中每一个部门的职责和权限，责任经理、质量经理以及质量系统人员的职责和权限，质量部门与行政管理部门以及其他部门的职能关系。

5.2.2.3　质量系统

生产许可证的申请人应该建立一个质量系统，同时制定一本描述质量系统的手册，用以保证每一个民用航空产品及其零部件都能够符合经批准的设计，而且处于安全可用的状态。该质量系统应当包括以下内容：

① 设计资料控制的相关程序，用以控制设计资料以及后续的更改，保证使用的资料是现行有效的、精确无误的，同时符合经批准的设计。

② 与设计批准的申请人或持有人的协调，用以保证生产许可证的申请人或持有人以及设计批准的申请人或持有人能够实现相互之间良好的合作，能够顺利地履行各自的职责。

③ 文件控制程序，用以控制质量系统的文件和资料以及后续更改，保证使用的文件以及资料是现行有效的、准确无误的，同时符合经批准的设计。

④ 人员能力以及资格。生产许可证的申请人或持有人应该配备责任经理、质量经理以及质量系统人员，同时具有确保责任经理、质量经理和质量系统人员具有适当能力和资格的程序。

⑤ 供应商控制程序，用于实现以下功能：

- 保证供应商提供的每一个民用航空产品或其零部件都符合经批准的设计；
- 假如供应商所提供的民用航空产品或其零部件被发现存在不符合相对应的设计资料的情况，则应要求供应商向生产批准持有人报告。

⑥ 制造过程控制程序，用以确保每一个民用航空产品以及其零部件都符合经批准的设计。

⑦ 检验和试验的程序，用以保证每一个民用航空产品及其零部件都符合经批准的设计。该程序应当包括下列适用的内容：

- 对生产的每一架航空器都要进行飞行试验；

● 对生产的每一航空发动机以及螺旋桨进行相对应的功能试验。

⑧ 规定所有的检验、测量以及试验设备的校准和控制程序，这一系列检验、测量和试验的设备都是用以确保每一个民用航空产品及其零部件符合经批准的设计的。每一校准标准都应该追溯到局方能够接受的标准。

⑨ 检验和试验状态的记录程序，用以记录按照经过批准的设计制造的或由供应商提供的民用航空产品以及其零部件的检验和试验状态。

⑩ 不合格的民用航空产品及其零部件的控制程序，用以实现下面的一系列功能：

● 保证只有符合经批准的设计的民用航空产品或其零部件才能够被安装在经过型号合格审定的民用航空产品上。这些程序应该规定不合格的民用航空产品以及其零部件的识别、文件记录、评估、隔离和处理。只有经授权的人才可以决定如何处理。

● 确保将报废的零部件永久标记为不可使用。

⑪ 纠正和预防措施的一系列程序，用以实施纠正以及预防的措施，消除产生实际的或者潜在的不符合经批准的设计的原因，或者消除对经批准的质量系统的不符合性。

⑫ 搬运和存储的程序，用于避免在搬运、存储、保存和包装过程中引起任何民用航空产品及其零部件损坏和性能退化。

⑬ 质量记录的控制程序，用来识别、存储、保护、获取以及保存质量记录。生产批准持有人应该保存按照该生产批准生产的民用航空产品以及零部件的相关记录，直到该民用航空产品永久退役。

⑭ 内部审核的程序，用来规划、实施和文件记录内部审核，以确保符合经批准的质量系统。这些程序应该包括将其内部审核结果向负责实施纠正以及预防措施的负责人报告的要求。

⑮ 航空器维护的程序，用以从生产完成之后直到交付之前，维护航空器使其保持安全可用状态。

⑯ 使用反馈的程序，用来接收以及处理使用过程中出现的失效、故障以及缺陷的反馈信息。这些程序应该包含支持设计批准持有人完成下面工作的一系列流程：

● 确定需要采用设计更改来解决的使用中问题；

● 确定是否需要修改持续适航文件。

⑰ 质量疏漏的程序，对经质量系统放行但不符合适用的设计资料或者质量系统要求的民用航空产品以及零部件，要进行识别和分析，同时启动适当纠正措施。

5.2.2.4 质量手册

生产许可证申请人应该提供一份描述质量系统的手册，用于供局方评审。该手册应当以被局方接受的形式获取。

5.2.2.5　生产地点或生产设施的变更

① 如果局方确认按照适用的民用航空规章的要求进行管理是不会对局方造成过重负担的，则生产许可证申请人可以为中华人民共和国之外的生产设施取得生产许可证。

② 生产许可证持有人如果变更生产设施地点，则应该向局方申请变更生产许可证。

③ 假如生产设施的任何变更有可能会影响到民用航空产品或者零部件的检查、制造符合性以及适航性，生产许可证持有人应该以书面形式通知局方。

5.2.2.6　检查和试验

生产许可证申请人应该接受局方为了确定符合民用航空规章，实施对质量系统、设施、技术资料和生产的任何民用航空产品或零部件的检查，同时目击任何试验，包括在供应商设施内进行的任何检查或试验。

5.2.2.7　颁　证

局方颁发生产许可证。如果民用航空产品具有相似的生产特性，则可以在一个生产许可证之下生产多于一种型号的民用航空产品。许可生产项目单是生产许可证的一部分。许可生产项目单列出准许生产许可证持有人生产的每一民用航空产品的型号合格证、补充型号合格证、改装设计批准书、型号认可证或者补充型号认可证的编号和型别。

除放弃、暂扣、吊销或局方另行规定终止日期外，生产许可证长期有效，并且生产许可证不得转让。

5.2.2.8　生产许可证更改

生产许可证持有人必须按照局方规定的格式和方式申请生产许可证更改。增加型号合格证、补充型号合格证、改装设计批准书、型号认可证、补充型号认可证，或者增加民用航空产品型别，或者两者同时增加时，生产许可证更改的申请人必须符合CCAR－21中关于质量系统、质量手册以及更改的相关要求。

5.2.3　持证人的权利和责任

生产许可证持有人享有下列权利：

① 除局方要求检查是否符合型号设计外，生产的航空器无需进一步证明即可获得适航证；

② 除局方要求检查是否符合型号设计外，生产的航空发动机或螺旋桨无需进一步证明即可获得适航批准标签；

③ 除局方要求检查是否符合型号设计外，该航空产品的零部件无需进一步证明即可获得适航批准标签。

生产许可证持有人应负下列责任：

① 需要表明机构变化时，修订机构的说明文件，并提交给局方。

② 保持质量系统，符合获得生产许可证时批准的资料和程序，并且接受局方对质量系统的定期评审。

③ 确保每一提交适航审查或批准的民用航空产品或其零部件均符合经批准的设计并处于安全可用状态，并且在交付前一直进行适当的维护以保持安全可用状态。

④ 按照局方要求为民用航空产品或其零部件设置标牌或标记。

⑤ 用制造人的件号和名称、商标、代号或者局方接受的制造人其他标识方法，标识从制造人设施出厂的民用航空产品或其零部件的任何部分（例如组件、部件或替换件）。

⑥ 能够获取为确认依据生产许可证生产的每一民用航空产品和其零部件的制造符合性和适航性所必需的型号设计资料。

⑦ 承担对民用航空产品故障、失效和缺陷的报告责任。

⑧ 保管生产许可证，确保在局方要求时可获取。

⑨ 局方可以获取其向供应商授权的所有相关信息。

5.3 生产批准书持有人的证件管理与监督

生产批准书持有人必须接受地区管理局审定处的证件管理与监督，以保证其经批准的质量系统持续符合民用航空规章 CCAR－21 要求，且生产的每一航空产品及其零部件符合经批准的型号设计并处于安全可用状态。生产批准书持有人的证件管理与监督活动由地区管理局审定处负责，通常其指定主管检查员执行相应的证件管理与监督活动。

为方便证件管理与监督，将生产批准书的状态分为下列四类：

① 等待。指局方已收到生产批准书的申请，正处于评审阶段，还未颁发生产批准书。

② 活跃。指局方已颁发了生产批准书并且生产批准书持有人在过去的 12 个月内一直在生产或发运其经批准的产品或其零部件。

③ 非活跃。指局方判定生产批准书持有人在过去的 12 个月内未生产或发运其经批准的产品或零部件。

④ 注销。指局方已完成了吊销或其他终止生产批准书的措施。

生产批准书持有人的证件管理与监督分为日常证件管理与监督和随机证件管理与监督两种类型。非活跃状态的生产批准书持有人的证件管理与监督工作，由主管检查员视情开展，但在生产批准书持有人恢复生产前，主管检查员应组织非计划的评审，包括质量体系复查。

5.3.1 日常证件管理与监督

日常证件管理与监督分为四类评审：主管检查员评审、供应商控制评审、质量体系复查、产品评审。如果在评审中需要专家，主管检查员可向地区管理局审定处提出，对不符合项以发现问题通知书的形式通知生产批准书持有人或申请人。

5.3.1.1　总体要求

（1）评审周期或频度

日常证件管理与监督的评审周期或频度，应根据生产批准书持有人生产的产品及其零部件的分级确定，也可由主管检查员根据实际情况确定，详见表 5.1。

一级零部件：指失效会妨碍航空器继续安全飞行和着陆的零部件，其失效的后果是减少安全裕度、降低飞行性能或导致丧失某些飞行操作能力。

二级零部件：指失效不会妨碍航空器继续安全飞行和着陆的零部件，但其失效的后果可能会降低飞机的性能或削弱机组对不利操作条件或后续故障的处理能力。

三级零部件：指失效对航空器继续安全飞行和着陆不会产生影响的零部件。

表 5.1　日常证件管理与监督评审周期或频度

日常证件管理监督	被评审人		
	一级零部件或产品	二级零部件	三级零部件
主管检察员评审	至少每 12 个月一次	至少每 12 个月一次	至少每 24 个月一次
供应商控制评审	每 12 个月至少随机抽样 2 个供应商	每 12 个月至少随机抽样 1 个供应商	主管检查员自定
质量体系复查	至少 24 个月一次	至少 24 个月一次	至少 24 个月一次
产品审定	每 12 个月在主管检查员评审后做 1 次，可与质量体系评审同时进行	每 24 个月在主管检查员评审后做 1 次，可与质量体系评审同时进行	主管检察员自定

（2）证件管理与监督计划

主管检查员每年应制订证件管理与监督计划并报地区管理局审定处。证件管理与监督计划帮助主管检查员记录和跟踪日常证件管理与监督职责的执行情况。该计划应包括以下内容：

① 生产批准书持有人的名称；

② 产品类别；

③ 主管检查员评审、质量体系复查、产品评审和供应商控制评审的时间计划表；

④ 请求供应商所在的地区管理局审定处或外国适航当局进行供应商控制评审的项目；

⑤ 接受的供应商控制评审项目（包含来自外国适航当局或其他地区管理局审定处的供应商控制评审项目）。

5.3.1.2　主管检查员评审

主管检查员评审是由生产批准书持有人的主管检查员对其质量控制系统的若干

系统要素所进行的经常性评审活动。主管检查员根据自身的工作安排、生产批准书持有人的产品质量状况、质量保证系统运转情况、使用困难和用户反映、适航要求等，制定年度主管检查员评审计划作为证件管理与监督计划的一部分并报地区管理局审定处。主管检查员评审主要参照《航空器合格审定系统评审大纲》进行。

① 评审周期或频度按表 5.1 进行；

② 主管检查员评审记录。对于每个主管检查员评审，主管检查员将评审结果记录在生产批准/证件管理活动中，不符合项记录在不符合项记录中。

5.3.1.3 供应商控制评审

供应商控制评审是由地区管理局审定处负责组织的、对生产批准书持有人的供应商进行的监督检查活动，目的是检查生产批准书持有人是否对其供应商进行有效的控制与管理。生产批准书持有人对其供应商的控制负有全部责任，地区管理局审定处对供应商具有检查和监督的权利。在地区管理局审定处对其供应商进行监督检查活动时，生产批准书持有人有责任确保其供应商提供便利条件和必要的支持。地区管理局审定处在对供应商进行监督检查时所发现的问题，其责任都应追溯至生产批准书持有人。

主管检查员应依据生产批准书持有人的采购订单和/或质量要求，参照《航空器合格审定系统评审大纲》为每一个被评审的供应商准备一份评审检查单，制订供应商控制评审的计划，按照以下要求进行供应商控制评审。必要时，可在供应商处进行产品评审。

1. 选择被评审供应商

选择被评审供应商是随机抽样与主管检查员选择相结合的原则。主管检查员应要求生产批准书持有人对其供应商进行分类，确定重要零部件供应商，尤其是机体供应商。主管检查员在选择被评审供应商时应考虑以下因素：零部件的复杂性或关键程度、供应商规模的大小、使用困难报告、重要检验工作或器材评审委员会的委托、接收检验时产品检验的可达性、供应商表现、是否直接发运至最终用户等因素。地区管理局审定处应至少每两年组织一次对所有机体供应商进行供应商控制评审。

2. 实施评审

(1) 国内供应商

生产设施位于中国境内的供应商称国内供应商。对于国内供应商的控制评审，按照属地监管的原则，由供应商所在地区的地区管理局审定处负责进行。当供应商可能由非管理生产批准书持有人的地区管理局审定处进行评审时，协调程序如下：

① 主管检查员提前 75 天，以函件的形式向供应商所在地审定处提交一份供应商控制评审协调函，该协调函应包括所有有关评审的相关信息。

② 供应商所在地审定处收到该函时，应该在收到请求 30 天内向发出请求的主管检查员进行确认，是否可以进行该供应商控制评审。如果可以进行，则将该评审添加到其证件管理与监督计划中。评审结束后，向请求人提交评审完成情况记录，包括

相应的表格。如果不能进行，则由发出评审协调函的地区管理局审定处负责执行。

③ 纠正措施的验证。当需要在供应商处验证纠正措施的有效性时，由主管检查员向供应商所在地审定处转交相应的纠正措施资料，如供应商名称、地址，相应生产批准书持有人的名称、地址、采购订单、不符合项、纠正措施答复等。供应商所在地审定处应在收到请求 30 天内通知发出请求的主管检查员，并在完成验证后向发出请求的主管检查员提交一份纠正措施完成情况备忘录。

④ 通知生产批准书持有人。在地区管理局审定处进行供应商控制评审之前，主管检查员应至少提前 30 天将通知函寄送给生产批准书持有人，生产批准书持有人负责通知被评审的供应商。如果在发出通知函后出现变更，则通过信函或者其他适当的方式通知生产批准书持有人。如果供应商控制评审由供应商所在地审定处进行评审，则供应商所在地审定处将发出通知函通知生产批准书持有人，并向发出请求的地区管理局审定处提供一份复本。

(2) 国外供应商

生产设施在中国境外的供应商称国外供应商。地区管理局审定处将制定供应商控制评审计划，对供应商进行监督检查。

当生产批准书持有人的供应商在与中国签有双边适航协议的国家时，主管检查员可以通过适航司请求供应商所在国适航当局协助进行供应商控制评审。

如果对方适航当局同意请求，适航司将与其制定评审计划，概述评审的类型、执行的方法、频率及文件要求等。

如果对方适航当局不同意请求，地区管理局审定处将自行制定评审计划，对供应商进行监督检查。

当一个供应商对应多个生产批准书持有人的供应商控制评审时，可以合并供应商控制评审。每年应只进行一次供应商控制评审并可以和针对其持有证件的质量体系复查结合在一起进行。

3. 评审记录

供应商控制评审结果必须记录在生产批准/证件管理活动报告表上，如有产品评审，结果记录在制造符合性检查记录上。应在不符合项记录上记录不符合项，包括产品评审的不符合项。

5.3.1.4　质量体系复查

质量体系复查是日常证件管理与监督活动的一部分，由地区管理局审定处组建审查组完成，也可以由适航司组建联合审查组完成。主要参照《航空器合格审定系统评审大纲》和有关要求进行。

1) 评审周期或频度按表 5.1 进行。

2) 质量体系复查周期或频度的调整。

地区管理局审定处将针对下列情况，确定是否有必要增加复查：

① 定期复查的结果；

② 产品评审或主管检查员评审的结果；

③ 产品出现的故障或事故；

④ 用户意见过多，收到较多的使用困难报告；

⑤ 生产批准书持有人未采取有效的纠正措施来改善其质量控制系统；

⑥ 存在设计安全的其他情况；

⑦ 主管检查员认为必要的其他情况。

3）评审记录。质量体系复查结果记录在生产批准/证件管理活动报告表中。当确定了不符合项时，填写在不符合项记录中。

5.3.1.5 产品评审

1）产品评审通常用于对生产批准书申请人或持有人质量控制系统的评审或日常证件管理与监督活动中。它是通过检查对零部件关键尺寸特性和关键工艺参数的控制情况来评审质量控制系统的有效性和产品的适航性。产品评审也可以用于供应商控制评审。

2）关键尺寸特性和关键工艺参数的确定原则如下：

① 已获取的使用困难信息；

② 凭操作者个人技艺控制的特性或参数；

③ 除非采用破坏性试验或彻底重新装配才能证明的特性或参数；

④ 由申请人或生产批准书持有人的工程图纸、工艺规范、试验规范和质量控制程序定义的关键特性。

3）评审要点。产品评审对象应包括从原料毛坯，到零件、组件、部件直至最终产品。通过评审其化学物理特性、硬度、尺寸、特种工艺、制造技艺、批次标识、有关文件、外观和功能用途等，确定是否符合型号设计资料和质量控制资料要求。表 5.2 给出了产品评审对象与评审要点的对应关系。

表 5.2　产品评审对象与评审要点的对应关系

评审要点	产品评审对象			
	最终产品	装配件	零件	原材料
文件	√	√	√	√
材料	不适用	√	√	不适用
尺寸	√	√	√	√
目视	√	√	√	√
标识	√	√	√	√
操作/功能	√	√	不适用	不适用
特种工艺	不适用	√	√	√

在执行产品评审时将用到下列评审要点：

① 文件。确认最新的修正版次、操作说明、完成的工作、适当的授权、采用的统计抽样，如合格证、工作流程卡或加工指令、蓝图、工艺规范和首件检验记录等。

② 材料。确认申请人或生产批准书持有人已经依据材料规范和质量体系文件对原材料进行了入厂验收。

③ 尺寸。依据批准的设计资料对照所选特性的实际测量值；确认使用正确的并经校验的工装、夹具和量具检验特性；尺寸和倒圆符合图纸公差；检验步骤符合操作说明书；评审和重新确认检验记录。

④ 目视。检查一些明显的表面缺陷，如腐蚀、焊瘤、搬运损伤和划伤等。

⑤ 标识。对照批准的设计资料或订单要求，比较实际的标识牌、标签、标记等；确认在整个生产过程中标识一直被保持，诸如件号、系列号、原材料的批次号、检验印章等；对于软件版次，确认可以显示在荧光屏的件号或通过文件评审确认的软件下载。

⑥ 操作/功能。确认部装或最终产品的操作/功能试验符合设计要求，如重新确认试验结果，确认是否依据经批准的装配指令或生产说明书进行操作；确认是否使用要求的并经校验的工装、设备及仪表。

⑦ 特种工艺。确认特种工艺是依据批准的工艺规范的，如试验用试件、对操作者的培训要求、试验装置、文件；确认操作者的资格证或证书；确认加热炉测定或校验；对于一个化学过程，如电镀，确认自始至终控制着槽子的清洁度和槽液的化学分析。

4）产品评审周期或频度按表 5.1。

5）产品评审记录。所有的产品评审结果将被记录到制造符合性检查记录中和生产批准/证件管理活动报告中。当确定了不符合项时，填写在不符合项记录中。

5.3.2 随机证件管理与监督

随机证件管理与监督是按需进行的监督活动，如调查使用困难报告、评审生产批准书持有人质量或检验体系更改和非计划评审或调查的活动等。随机证件管理与监督活动中发现的不符合项，记录在不符合项记录或系统评审记录中。对不符合项以发现问题通知书的形式通知生产批准书持有人。

5.3.2.1 生产批准书持有人质量互检验体系变更的评审

生产批准书持有人质量系统的更改，可能影响到产品或零部件的检验、制造符合性或适航性，为此，主管检查员必须进行全面评审，必要时进行现场检查，以确保：

① 质量系统能够持续地提供符合经局方批准的设计资料并处于安全可用状态的产品和零部件；

② 质量系统能够持续达到民用航空规章 CCAR－21 的要求，并能够有效地执行。

主管检查员对生产批准书持有人质量体系更改评审中发现的任何不符合项都应

明确指出,并要求生产批准书持有人采取纠正措施。在要求的纠正措施完成后,主管检查员用函件批准或认可质量体系的更改。

5.3.2.2 使用困难调查

主管检查员对涉及制造(含质量控制)的使用困难尽快向生产批准书持有人提出使用困难调查,必要时目击试验。当调查结果表明制造工艺、检验系统或制造符合性存在不满意项时,主管检查员应要求生产批准书持有人采取纠正措施。使用困难调查报告至少包括:

① 制造人姓名、地址;

② 持有证件类型、编号;

③ 失效产品型号、型别和件号(若适用);

④ 调查中发现的问题,包括对生产批准书持有人调查的评审意见;

⑤ 针对使用困难的调查结论。

使用困难调查报告可按使用困难的来源发送至相关部门。

5.3.2.3 非计划评审与调查

为确保持续运行安全,主管检查员可以进行非计划的评审或调查。非计划评审的类型与日常证件管理与监督一样,包括主管检查员评审、供应商控制评审、质量体系复查和产品评审。地区管理局审定处将确定评审的类型,以进行最有效的评审。非计划评审以最实用的方式做计划、实施、完成报告。主管检查员应尽快将非计划评审或调查的安排通知到生产批准书持有人。当怀疑或得知可能有不合格的零部件或产品时,主管检查员可开展非计划调查。下述情形可能造成非计划评审或调查:

① 事故及事件;

② 蓄意违反规章的行为;

③ 重复地使用困难报告;

④ 调查未经批准的零件;

⑤ 过多的用户/营运人投诉;

⑥ 生产批准书持有人拒绝采取相应的纠正措施或纠正措施失效;

⑦ 生产批准书持有人没有能力控制其供应商;

⑧ 生产批准书持有人长期停产又重新开始进行生产;

⑨ 生产设施搬迁;

⑩ 外国适航当局的请求;

⑪ 其他影响安全的情况。

第六章　适航批准管理

6.1　标准适航证

6.1.1　标准适航证的类别

① 运输类：依据 CCAR－25 或与其等效的适航标准审定/认可的航空器，包括运输类客运、运输类货运、运输类客/货运。

② 正常类、实用类、特技类、通勤类：依据 CCAR－23 或与其等效的适航标准审定/认可的航空器。

③ 运输类旋翼航空器：依据 CCAR－29 或与其等效的适航标准审定/认可的航空器。

④ 正常类旋翼航空器：依据 CCAR－27 或与其等效的适航标准审定/认可的航空器。

⑤ 载人自由气球类：依据 CCAR－31 或与其等效的适航标准审定/认可的航空器。

⑥ 特殊类：对于某些尚未颁布适航规章的航空器，依据 CCAR－23、CCAR－25、CCAR－27、CCAR－29、CCAR－31、CCAR－33、CCAR－35 中对其型号设计适用的要求，或民航局适航审定司认为适用于该具体的设计和预期用途，且具有等效安全水平的其他适航要求审定或认可的航空器。

6.1.2　进口全新航空器

6.1.2.1　申请与受理

适航证申请人应在航空器交付前向适航审定司申请并提交以下文件：

①《民用航空器适航证申请书》(后简称《适航证申请书》)；

② 航空器构型与批准或认可的型号的构型差异说明；

③ 适航审定司认为必要的其他资料。

适航审定司在 5 个工作日内给出是否受理的通知，若受理，会将申请人的上述申请文件交给经授权的适航监察员，适航监察员对航空器进行适航检查。

6.1.2.2　适航检查

进口全新航空器适航检查工作流程如图 6.1 所示。首先，需要确定进行适航检查的工作地点是在境内还是境外。若在境内审查，则属于正常流程；若在境外审查，则属于特殊流程。两者的区别在于：境外审查需要执行审查的监察员或适航委任代表首先取得可以在适航检查现场签发国籍证和适航证的适航司授权声明，并且确认适航证申请人已办理空白国籍登记证和适航证。以下内容是基于特殊流程展开的详细论述。

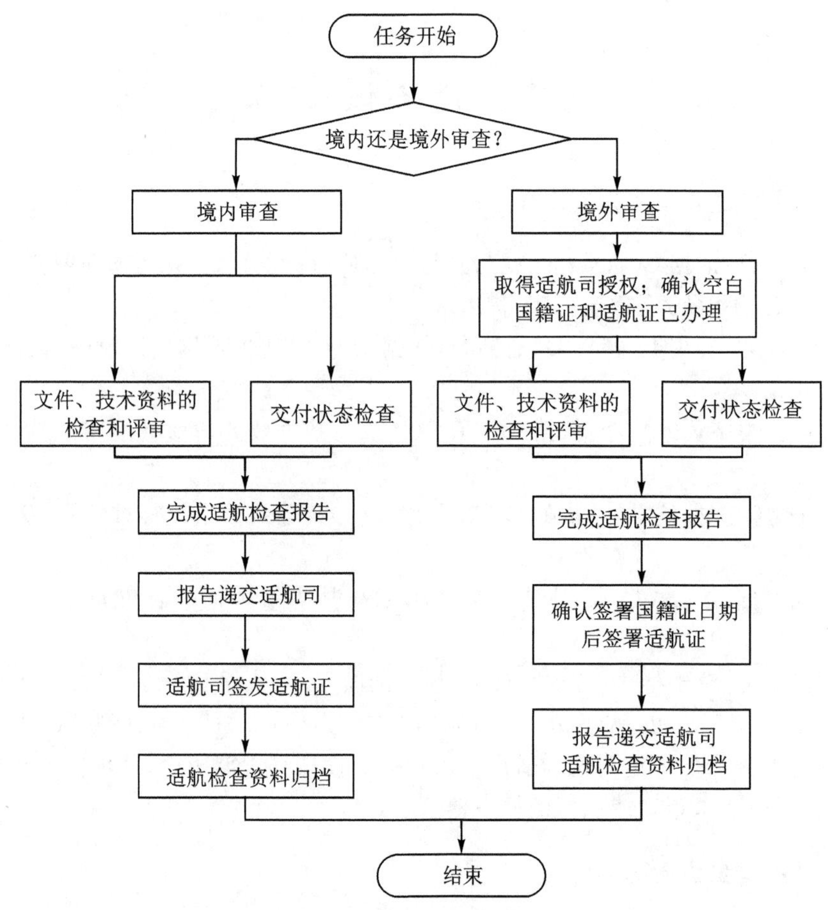

图 6.1　进口全新航空器适航检查工作流程

1）适航监察员对申请适航证的航空器的适航检查应在航空器制造、组装或改装现场进行。检查内容包括对航空器各种合格性证件、技术资料、持续适航文件的评审，以及对航空器交付时的技术状态与批准的型号设计的符合性的检查，至少应包括下述内容：

① 文件记录的评审

- 确认申请人提交的《适航证申请书》填写准确无误；
- 确认航空器（含所安装发动机、螺旋桨）已通过型号认可审查，型号审定过程中的遗留问题已得到解决，型号认可证及其数据单、生产许可证现行有效；

● 审核制造过程中的技术资料和记录，确认航空器满足经批准的型号设计，所有设计更改均得到批准；
● 确认航空器完成所有适用的适航指令；
● 审查制造人按规定对航空器进行试飞的有关报告；
● 确认持续适航文件的完整有效。

② 航空器交付状态的适航检查

● 确认航空器国籍登记标志及其在航空器上的喷涂符合 CCAR-45 的要求；
● 根据型号合格证数据单确认航空器型号和型别的符合性；
● 确认各系统工作正常并正确标识；
● 确认航空器的各类应急、救生设备有效、齐全，并符合民航局的有关规定；
● 确认各类警告标志、标牌及告示等符合民航局的有关规定。

2) 适航监察员检查中如发现问题，应以《民用航空器适航检查发现问题通知单》的形式通知申请人，申请人应对所发现的问题予以纠正，纠正措施应被适航监察员所接受。

3) 检查结束后，适航监察员应填写《民用航空器适航性评审和检查记录单》，在申请人的《适航证申请书》上签署意见，并完成《民用航空器适航性评审和检查报告》。

在适航检查的过程中，应对以下内容予以重点关注：

● 航空器交付时的构型状态与最新的型号认可数据单之间的差异；
● 航空器交付时所实施重要改装的批准情况；
● 不符合项的工程处理以及批准情况；
● 航空器适航指令的执行和完成情况；
● 航空器出厂试飞和客户试飞的试飞报告和排故记录；
● 时控件/寿命件控制项目清单的符合性和有效性。

6.1.2.3　颁发证件

所申请的航空器经适航监察员或授权的适航委任代表检查，在确认其符合经批准的型号设计，并处于安全可用状态，且已签发民用航空器国籍登记证后，即可在现场签发《民用航空器标准适航证》。当适航监察员或授权的适航委任代表认为有必要对标准适航证的有效期或航空器的使用进行限制时，应在向申请人颁发标准适航证之前，在标准适航证“备注”栏内注明使用限制或有效期。

6.1.3　进口使用过航空器

新航空器是指一直由航空器的制造商、改装站或者经销商所有，其间没有被他人所有或者出租给他人，仅进行过必要的生产试飞、制造人为训练机组而进行的飞行或者交付飞行的航空器。“新航空器”以外的航空器为使用过航空器。

6.1.3.1　工作流程图

进口使用过航空器的适航检查工作流程如图 6.2 所示。本流程与进口全新航空器适航检查工作流程的明显区别在于，首先需要确认满足双边要求，并且申请人要进行预检。

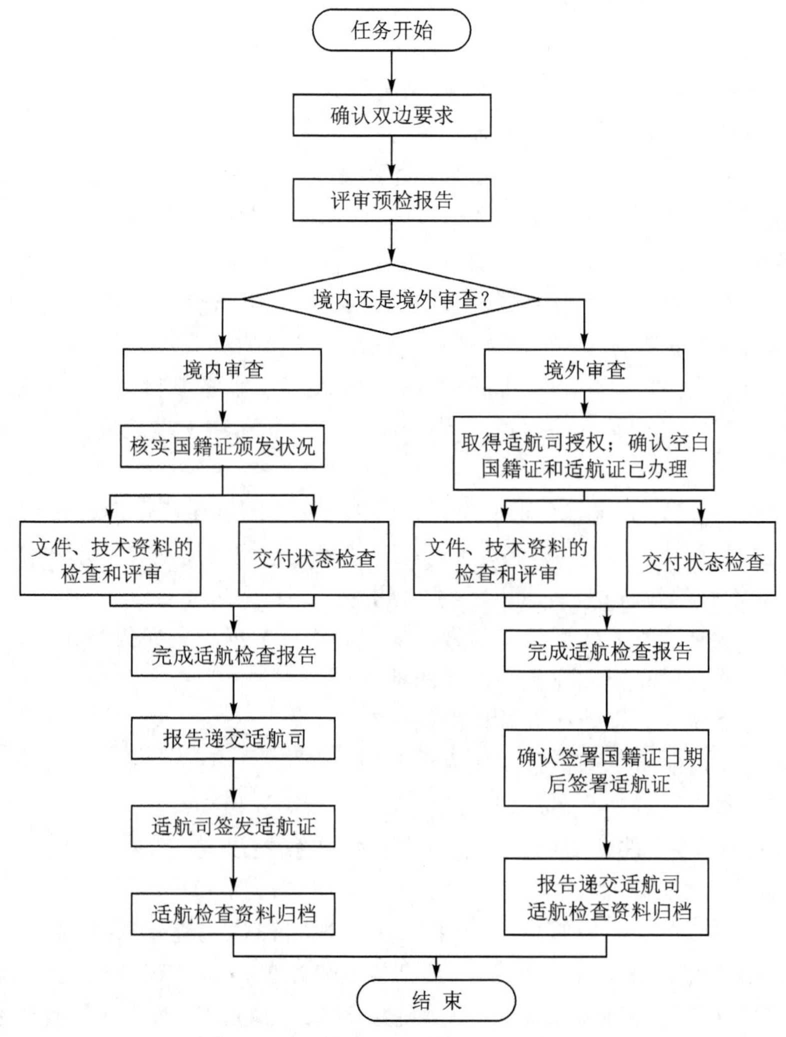

图 6.2 进口使用过航空器适航检查工作流程

6.1.3.2 引进使用过航空器的条件

如欲引进使用过航空器，应满足以下要求：

(1) 双边要求

申请人从以下来源引进使用过航空器时，应满足相应的双边要求：如果从制造国引进航空器，该航空器制造国应与我国签有航空安全协议或适航双边协议；如果从非制造国引进航空器，该航空器出口国应与我国签有相关双边协议。

(2) 使用过航空器的履历要求

① 拟引进航空器的运营历史清楚。

② 该航空器具备完整、有效的履历和维修记录。其维修记录应至少保存下列信息：

- 重要改装的批准情况及工作记录；
- 适航指令和服务通告的执行情况；
- 超手册修理记录；
- 非例行工作记录及工作单；
- 事故及重大事件记录。

(3) 使用过航空器的部件要求

① 拟引进使用过航空器交付前，其所有人应向国内申请人提供完整属实的装机清单以使申请人全面、及时掌握该架航空器的装机设备状况。该装机设备清单的内容不得少于原制造厂给出的装机清单内容，并应包括自航空器出厂后所有更换件的记录。

② 装机设备使用、维护、更换、安装记录必须完整、有效，具有可追溯性。

③ 对于时寿件，需有局方认可的适航批准标签。

④ 对于其他零部件，需有适航批准标签或局方认可的有效合格证件或可接受的证明性文件。

(4) 使用过航空器的预检要求

为准确了解使用过航空器的状态，在签署购/租机合同协议之前，申请人应派出由工程技术人员参加的检查组对拟引进的航空器技术状态进行预检，必要时可聘请有关专家共同参与预检工作。检查组参照《使用过航空器预检单》的内容和要求，对拟引进航空器的适航文件以及实际技术状态进行预检，重点完成下述内容：审查拟引进航空器的构型与 CAAC VTC 批准构型之间的差异，以及和现有相同机型之间在设备及构型上存在的差异。若存在差异，应评估上述差异对适航性的影响并提出在飞行、维修、航材等方面所需完成的工作。审查拟引进航空器在运行中是否发生过事故、重大事件，以及相应的处理情况。审查是否做过重要改装(如 STC)及重要修理，评审相关适航批准文件及改装、修理记录是否完整、有效。审查时寿件的控制方式是否满足原制造厂相关文件(如 MPD)的要求，时寿件清单是否完整、有效。检查拟引进航空器的适航指令、服务通告执行情况；检查拟引进航空器的历史防腐记录，对于发生二级及以上腐蚀的区域，需要检查腐蚀区域的实际情况。对拟引进航空器进行外部检查及必要的内部抽查。完成局方以及申请人认为有必要的预检项目。

预检结束后，申请人需参照《使用过航空器预检报告》的内容和要求完成预检报告，报告至少对以上提到的各项内容进行说明，并对航空器的适航状况给出明确结论。

(5)使用过航空器交付时的要求

① 使用过航空器交付前,国内申请人应要求航空器所有人将该航空器送至CAAC批准或接受的维修单位完成一次高级别/深度检修。

② 交付时的检查方案应根据航空器维修历史、航空器自身技术状态并结合承运人现有同型号机队的维修管理方案来确定,应能够保证维修方案的顺利过渡。

③ 申请人应及时选派相关工程技术人员对拟交付的航空器进行现场监修,以确保相关维修和改装的质量满足适航要求。

④ 申请人应该准备好下述技术资料,以便适航监察员检查:

- 航空器、发动机、螺旋桨的日历时间、飞行小时和飞行循环;
- 时寿件的控制状况;
- 航空器的维护方案以及执行情况;
- 适航指令和服务通告的执行情况;
- 重大故障的发生与处理;
- 重要改装项目和重要修理项目的适航批准状况;
- 更换件的适航批准状况;
- 补充结构检查方案的执行情况;
- 防腐控制方案的执行情况;
- 机身增压边界结构修理评估方案的执行情况。

6.1.3.3　申请与受理

申请人应尽早在航空器预计交付日期之前,将航空器交付计划及合同的“技术条款”部分提交所在地区的管理局审定处备案,航空器交付状态必须符合民航局批准的型号设计并处于安全可用状态。

在航空器交付前申请人应向适航审定司提交的文件资料包括:《适航证申请书》《使用过航空器预检单》《使用过航空器预检报告》以及适航审定司认为必要的其他资料。适航审定司将申请人提交的文件转给授权的适航监察员。

6.1.3.4　适航检查

对于使用过的航空器,适航监察员首先需对预检报告进行评审,并制定出针对该航空器的审查计划和检查方案。该检查方案应包括结构检查项目、适航指令项目、工程指令项目、防腐项目、时寿件项目、重要结构修理和改装项目等。这些项目可能是本次交付检计划维修工作中的项目,也可能是适航监察员根据对该航空器的文件审查结果、适航指令要求以及当前使用困难报告等信息制定出的特殊检查要求。

适航检查包括文件审查和现场检查:

(1) 文件审查

适航监察员应对申请人准备的文件、技术资料进行检查和评审。在进行检查和评审时,适航监察员应核对各类适航性证件的颁发日期、技术资料的版本信息,验证其有效性和符合性。

在检查的过程中，应对以下内容予以重点关注：航空公司提交的《适航证申请书》是否准确，航空器适航指令的执行和完成情况，航空器的试飞报告和排故记录，历次和现行有效的适航证和出口适航证，航空器、发动机履历的完整性和有效性，航空器重要改装项目的适航批准情况，航空器重要修理的适航批准情况，航空器适航指令的执行和完成情况，时控件/寿命件控制项目清单的符合性和有效性。

对于拟引进航空器历史上所做过的重要改装，应确认所有重要改装方案已经航空器设计国适航当局的批准或认可，改装工作是由所在国民航局批准的有资格的维修单位或改装站实施，改装记录完整、有效，相关持续适航文件（如 AFM、AMM、MMEL、WBM 等）已进行了补充或修订。适航监察员应按照《重要改装评估单》进行审查，对此类重要改装以签发标准适航证的方式予以认可。

在对重要改装进行评估时，适航监察员应当关注来自航空器设计国局方的 STC 以外的其他形式的改装批准文件，以及超规范修理的批准和实施情况（含机体和部件）。与这些改装和修理相关的实施记录和放行记录，以及航空器历史上的其他特殊维修记录（如对二级或以上腐蚀的处理记录），都应当完备。

适航监察员在填写《重要改装评估单》时，应先获取所有重要改装的设计批准文件和实施这些重要改装的批准文件，并了解实施重要改装的批准文件上列出的相应持续适航更改项目和执行改装的单位等信息；准确无误地填写改装方案持有人、重要改装批准情况、执行重要改装的维修单位和相关持续适航文件更改情况 4 项要素；在检查持续适航文件的更改情况时，应逐项进行检查，同时还应当检查相关手册的插页更新情况，确认手册中是否插入了相关更新部分；对每一份《重要改装评估单》均应进行签字。

为满足飞机交付中国用户所实施的改装，如果外国局方以 STC 形式对该改装实施批准，则该改装必须取得适航审定司的 VSTC。

申请人应当提供拟引进航空器上存在的所有临时修理信息。对于航空器上的临时修理，适航监察员应当关注其修复时限及关闭情况，避免出现超期未关闭的情况。

适航监察员应当检查申请人提供的拟引进航空器维修方案的历史记录、相关维修方案的批准情况和对维修大纲（MRBR）的符合情况。在对维修方案的执行情况进行检查的过程中，要关注维修记录的连续性，如果航空器曾经中断过按照维修方案应实施的维修，则申请人还应当提供相应的说明。

适航监察员应当检查申请人提供的拟引进航空器历史上的所有用户出具的航空器重大事故/事件的处理报告或无重大事故/事件的声明，以便充分说明航空器的全部历史情况。

适航监察员在对适航指令的执行和完成情况进行检查的过程中，要关注申请人提供的对适航指令的等效替代信息，在对这些等效替代进行必要的评估后应在检查报告中作出是否接受的结论。

适航监察员在检查阻燃/防火证明文件时，应关注相应的 TSO/PMA 件标识标牌信息(如果有豁免,标识标牌上通常会有相关说明)。对于有适航批准标签的部件,通常可以通过标签信息核实相关的阻燃/防火证明文件信息。对于应满足阻燃/防火要求,但既不具备标识标牌信息也不具有适航批准标签的部件,应要求厂家或者适航证申请人提供阻燃/防火的相关测试报告或评估结论。

(2) 现场检查

现场检查开始之前,适航证申请人应通知实施航空器交付检的维修单位将飞机置于可供检查的状态,并提供相应的检查工具和安全防护装备。适航监察员应按照规定的检查项目及针对该航空器制定的检查方案实施检查。在执行适航检查的过程中,应当遵守相应的安全规定。

适航监察员在对航空器实施现场检查时,应确认所有目视可见的航空器外部损伤在申请人提供的损伤清单中都有相应的记录,并且航空器上不存在一级以上的腐蚀情况。对于航空器试飞报告和排故记录中所记录的重要缺陷或故障的排除情况,适航监察员在检查过程中应予以核实。对于按照 CCAR－121 或《小型航空器商业运输运营人运行合格审定规则》(CCAR－135)运行的航空器以及湿租的此类航空器(客运),还应使用《航空器内、外部标记和标牌》(AC－21－AA－2009－14R2)的相关规定对其标记和标牌的情况进行检查。货运航空器参照执行。

适航监察员在完成资料评审和现场检查后,填写《民用航空器适航性评审和检查记录单》和《民用航空器适航性评审和检查报告》。对检查中发现的问题,适航监察员以《民用航空器适航检查发现问题通知单》的形式通知适航证申请人,申请人在得到适航证申请人的正式答复,确认相应的问题已得到妥善处理后,方可关闭。

6.1.3.5 标准适航证的颁发

适航监察员填写《民用航空器适航性评审和检查记录单》并完成《民用航空器适航性评审和检查报告》,并在《适航证申请书》上签署适航检查结论。从事境外审查的适航监察员根据授权,代表适航审定司在《民用航空器国籍登记证》上签署颁发日期后,再根据授权签发《民用航空器标准适航证》。对于境内审查活动,适航监察员需完成适航检查报告,并上报适航审定司,由适航审定司负责标准适航证的颁发。

6.1.4 国产全新航空器

国产全新航空器标准适航证的适航检查工作流程如图 6.3 所示。

国产全新航空器标准适航证的取证过程具体内容如下:

6.1.4.1 申请与受理

(1) 依据型号合格证(TC)生产的新航空器

除适航审定司另有规定外,申请人应向制造人所在的地区管理局审定处提出申请,并提交《适航证申请书》《制造符合性声明》以及局方认为必要的其他资料。

(2) 依据生产许可证(PC)制造的新航空器

申请人应向制造人所在的地区管理局审定处提出申请,并提交《适航证申请书》

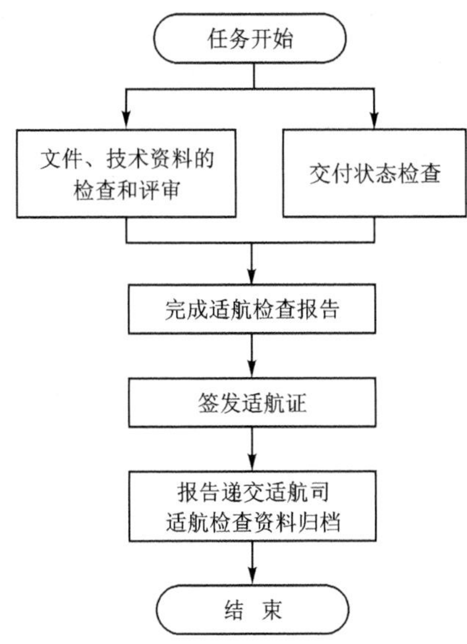

图 6.3　国产全新航空器适航证的适航检查工作流程

以及局方认为必要的其他资料。地区管理局审定处在收到《适航证申请书》后 5 个工作日内,应做出是否受理的决定并通知申请人。

6.1.4.2　适航检查

① 对依据型号合格证生产的新航空器,由地区管理局审定处派适航监察员对航空器的整个生产制造过程进行重点的监督和检查。制造符合性检查项目由适航监察员、生产检验委任代表和制造人的有关人员共同确定,检查方案由地区管理局审定处参照有关的适航审定标准、确定的制造符合性检查项目及《民用航空器适航性评审和检查记录单》的有关内容制定。

② 对依据生产许可证制造的新航空器,地区管理局审定处可授权生产检验委任代表,按《民用航空器适航性评审和检查记录单》的内容,对航空器进行适航检查。

③ 对所申请的航空器的各种合格证件、技术资料、持续适航文件的评审及航空器交付时的技术状态进行适航检查。

④ 授权的适航监察员或生产检验委任代表在检查中如发现问题,则以《民用航空器适航检查发现问题通知单》的形式通知申请人。申请人应对所发现的问题予以纠正,纠正措施应被授权的适航监察员或生产检验委任代表所接受。检查结束后,授权的适航监察员或生产检验委任代表按规定填写《民用航空器适航性评审和检查记录单》,在申请人的《适航证申请书》上签署意见,并完成《民用航空器适航性评审和检查报告》。监察员或生产检验委任代表检查并确认航空器符合经批准的型号设计,并处于安全可用状态后,签发相应类别的标准适航证。

6.1.5　标准适航证的转让性和有效期

标准适航证可以随航空器一起转让,在中国注册登记期间,除被暂停、吊销或局方另行规定终止日期外，航空器在按照各项规定进行维修并按照各项运行限制运行时，其适航证长期有效。

6.2　特殊适航证

6.2.1　特殊适航证的类别

① 初级类：取得初级类航空器型号合格证的航空器，颁发初级类特殊适航证。

② 限用类：取得限用类型号合格证的航空器以及民航局同意的其他情况，颁发限用类特殊适航证。

③ 轻型运动类：取得轻型运动类型号合格证的航空器，颁发轻型运动类特殊适航证。

6.2.2　申请与受理

① 对进口航空器特殊适航证的申请人，应参照要求向适航审定司提出申请，提交相应的申请文件。

② 对国产航空器特殊适航证的申请人，应参照要求向地区管理局审定处提出申请，并提交相应的申请文件。

适航审定司或地区管理局审定处收到申请书后应参照要求通知申请人受理意见。

6.2.3　适航检查

经授权的适航监察员或生产检验委任代表参照适航检查要求以及《民用航空器适航性评审和检查记录单》(特殊适航证)的要求，对航空器进行适航检查。在检查中如发现问题，参照适航检查要求以《民用航空器适航检查发现问题通知单》的形式通知申请人。申请人应对所发现的问题予以纠正，纠正措施应被适航监察员或生产检验委任代表所接受。检查结束后，适航监察员或生产检验委任代表参照适航检查的规定填写《民用航空器适航性评审和检查记录单》(特殊适航证)，在《适航证申请书》上签署意见，并完成《民用航空器适航性评审和检查报告》。适航监察员或生产检验委任代表检查并确认航空器符合经批准的型号设计，并处于安全可用状态后，签发《民用航空器特殊适航证》。

6.2.4　对获得特殊适航证的航空器的基本要求和限制

① 航空器的标识要求。获得特殊适航证的航空器，应当在航空器的主舱门入口附近或者驾驶舱附近(或按民航局批准的位置)标记“初级类”“限用类”或“轻型运动类”字样。该标识应采用耐久性的方法附着在该航空器上，并清晰可见，其尺寸大小

应在 5～20 cm 之间。

② 取得特殊适航证的航空器不得从事商业性载客运行。

6.2.5　特殊适航证的转让性和有效期

特殊适航证可以随航空器一起转让，在中国注册登记期间，除被暂停、吊销或局方另行规定终止日期外，航空器在按照各项规定进行维修并按照各项运行限制运行时，其适航证长期有效。

6.3　到岸恢复组装的进口全新航空器

6.3.1　一般要求

对于已取得型号认可证的、需到岸恢复组装的航空器应满足下列要求：

① 不属于按照 CCAR－25 审定的运输飞机。

② 该航空器已具有制造国适航当局颁发的出口适航证。

③ 该航空器的到岸组装工艺由原制造厂提供或认可。

④ 恢复组装工作应满足下述要求之一：

- 由制造单位派人完成；
- 由制造单位授权的单位或人员完成；
- 由经制造单位相同机型及等级培训合格的人员完成。

申请人首架(批)到岸恢复组装的航空器必须由制造单位派人或由制造单位授权的单位或人员完成恢复组装工作。航空器在完成恢复组装后应进行功能性试飞，试飞合格后方可申请适航证。航空器试飞前应持有下列两种证件之一：

① 出口国适航当局颁发的适航性证件；

② 特许飞行证。

6.3.2　申请与适航检查

航空器适航证申请人按照“6.1.2　进口全新航空器”的要求向适航审定司提出申请，适航审定司收到《适航证申请书》后参照进口全新航空器的要求进行受理，并授权适航监察员对航空器进行适航检查。

对于需到岸完成恢复组装航空器的适航检查要求如下：

① 对申请标准适航证的航空器，适航监察员对应按照“6.1.2.2　适航检查”要求进行适航检查。对申请特殊适航证的航空器，适航监察员应按照“6.2.3　适航检查”要求进行适航检查。

② 在航空器到岸恢复组装交付前，适航监察员应在恢复组装现场对组装、试飞等项目进行检查。

③ 适航监察员应参照进口全新航空器的规定将检查中发现的问题以《民用航空器适航检查发现问题通知单》的形式通知申请人。申请人应对所发现的问题予以纠正,纠正措施应被适航监察员所接受。

④ 检查结束后,适航监察员应按规定填写《民用航空器适航性评审和检查记录单》(标准适航证或特殊适航证),在《适航证申请书》上签署意见,并完成《民用航空器适航性评审和检查报告》。

适航监察员检查并确认航空器符合经批准的型号设计,并处于安全可用状态后,即可签发《民用航空器标准适航证》或《民用航空器特殊适航证》。

6.4 适航证的更换与重新签发

6.4.1 适航证的更换

当发生下列情况之一时,需申请更换适航证:

① 适航证再次签发记录已填满;

② 适航证破损或丢失。

申请人需向适航审定司提出更换适航证的申请,并提交《适航证申请书》,交回破损或再次签发记录已填满的适航证,适航审定司认为必要的其他资料。

适航审定司在收到申请书后 5 个工作日内,对申请人提交的文件进行审核,审核合格后予以更换,并将相关文件存档。

6.4.2 适航证的重新颁发

当适航证被吊销、适航证类别变更、航空器型号发生变化或航空器国籍登记号变更时,申请人应向所在地区管理局审定处申请重新颁发适航证,并提交以下相关文件:

① 说明性信函;

②《适航证申请书》;

③ 该航空器自上次适航证签发后完成的各项工作的概要报告和一份清单,清单中应当列明各项工作记录,历次重大检修的内容,已经执行和尚未执行的适航指令、服务通告和类似文件的工作情况记录以及重要设备、部件、零件的更换记录;

④ 航空器的机体、发动机、螺旋桨等的使用时间(自开始使用或者自上次修理或翻修后);

⑤ 该航空器最近一次的质量和平衡报告,包括称重记录、重心图表以及航空器的基本设备清单;

⑥ 必要的验证性试飞报告;

⑦ 航空器适航证被吊销后所采取纠正措施的文件;

⑧ 申请更改的适航证类别的有关说明性文件及相应的技术资料；

⑨ 局方认为必要的其他资料。

地区管理局审定处在收到申请人的申请书后5个工作日内，做出是否受理的决定并通知申请人。如果受理，则地区管理局审定处应派适航监察员对申请人提交的申请文件进行评估；如果有必要进行适航检查，则在《适航证申请书》内签署适航检查结论，并完成相应的检查报告。

6.5　出口适航批准

出口适航批准适用于民用航空产品、零部件的出口适航证、适航批准标签的申请、颁发以及对证书持有人的管理。

6.5.1　出口适航批准申请人的资格

1）对于民用航空产品，任何出口人或者其授权的代表可以申请民用航空产品的出口适航证或者适航批准标签作为出口适航批准。

2）对于零部件，持有下列证件之一的制造人可以申请零部件的适航批准标签作为出口适航批准：

① 生产许可证；

② 零部件制造人批准书；

③ 技术标准规定项目批准书。

6.5.2　出口适航批准的形式

出口适航批准有以下两种形式：

① 对民用航空器颁发出口适航证。此证书不得作为批准航空器运行的文件。

② 对航空发动机、螺旋桨或者零部件颁发适航批准标签。

6.5.3　出口适航批准的申请

申请出口民用航空产品或者零部件，应当按规定的格式和方式向局方提交申请书。民用航空产品属于下列情形之一的，在提交申请书的同时，应当提交进口国适航当局对下列具体情形的认可声明：

① 出口民用航空产品不符合进口国的特殊要求；

② 出口民用航空产品不符合“出口适航证的颁发”或者“适航批准标签的颁发”有关颁发出口适航证或适航批准标签的要求。

6.5.4　出口适航证的颁发

局方确认民用航空器符合下列条件后，向申请人颁发出口适航证：

① 航空器符合“6.1.3.4 适航检查”的相关规定；

② 使用过航空器的所有人或者占有人证明该航空器符合持续适航要求，且该航空器已进行规定的适航检查；

③ 符合进口国的特殊要求。

若进口国以局方可接受的形式和方法接受偏离，并且在出口适航证上作为例外列出出口的航空器与型号设计之间的差异，则航空器可以不符合①中的要求。

6.6 外国航空器适航证认可批准

6.6.1 一般要求

申请外国航空器适航证认可书的民用航空器，必须具有现行有效的外国国籍登记证和适航证，且其型号已经适航审定司认可。

合法占有、使用上述外国民用航空器的中国使用人，可以申请该航空器的外国适航证认可书。

6.6.2 申请与受理

申请人应向所在的地区管理局审定处提出申请，并提交以下资料：

①《外国民用航空器适航证认可书申请书》；

② 外国适航当局证明该航空器适航证现行有效的证明文件；

③ 外国适航证、国籍登记证、无线电台执照副本；

④ 航空器满足适用的适航指令的声明和所完成适航指令清单；

⑤ 局方认为必要的其他资料。

地区管理局审定处应在收到申请资料后5个工作日内审核资料，做出是否受理的决定并通知申请人。

6.6.3 适航检查与颁证

经授权的适航监察员，按照《外国民用航空器适航证认可检查记录单》，在交付现场对该航空器进行检查。检查结束后，适航监察员应在检查记录单上填写检查记录，在申请书上填写适航检查结论。

适航审定司在确认该航空器符合适用的适航规章要求并处于安全可用状态后，颁发《外国民用航空器适航证认可书》。

适航证认可书的有效期从颁发之日起至外国适航证有效期满，或租赁合同到期为止，以先到为准，但不超过1年。

6.7　特许飞行批准

特许飞行批准适用于民用航空器特许飞行证的申请、颁发和管理。

6.7.1　特许飞行证分类

特许飞行证分为第一类特许飞行证和第二类特许飞行证。

民用航空器从事下列飞行之一尚未取得有效适航证时，应当取得第一类特许飞行证：

① 为试验航空器新的设计构思、新设备、新安装、新操作技术及新用途而进行的飞行；

② 为证明符合适航标准而进行的试验飞行，包括证明符合型号合格证、补充型号合格证和改装设计批准书的飞行，证实重要设计更改的飞行，证明符合标准的功能和可靠性要求的飞行；

③ 新航空器的生产试飞；

④ 制造人为交付或出口航空器而进行的调机飞行；

⑤ 制造人为训练机组而进行的飞行；

⑥ 为航空比赛或展示航空器的飞行能力、性能和不寻常特性而进行的飞行，包括飞往和飞离比赛、展览、拍摄场所的飞行；

⑦ 为航空器市场调查和销售而进行的表演飞行；

⑧ 交付试飞；

⑨ 局方同意的其他飞行。

民用航空器从事下列飞行之一、尚未取得有效适航证或目前可能不符合有关适航要求但在一定限制条件下能安全飞行时，应当取得第二类特许飞行证：

① 为改装、修理航空器而进行的调机飞行；

② 营运人为交付或出口航空器而进行的调机飞行；

③ 为撤离发生危险的地区而进行的飞行；

④ 局方确认必要的其他飞行。

6.7.2　特许飞行证的申请和颁发

民用航空器的所有人或者占有人可以申请该航空器的特许飞行证。申请人应当按照规定的格式提交申请书，局方接到申请后进行审查，提出确保飞行安全的限制条件，颁发规定了明确类别和必要限制的特许飞行证。

6.7.3　特许飞行的基本要求和限制

① 尚未进行国籍登记的航空器做特许飞行前，应当向局方申请临时登记标志并

获得临时登记证。

② 申请人应当按照规定在该航空器的外表上制作局方指定的临时登记标志。

③ 取得特许飞行证的航空器不得用于以营利为目的的运输或作业飞行。

④ 做特许飞行的航空器应当由持有局方颁发或者认可的相应执照的飞行机组人员驾驶，并且不得载运与该次飞行作业无关的人员；该航空器的飞行机组成员和其他有关人员应当确知该次特许飞行的情况和有关要求与措施。

⑤ 特许飞行应当遵守相应的飞行规则，并且应当避开空中交通繁忙的区域、人口稠密地区以及可能对公众安全造成危害的区域。

⑥ 特许飞行应当在飞行手册所规定的性能限制以及局方对该次特许飞行所提出的其他限制条件下进行。

⑦ 除非得到飞越国的同意，否则不得使用特许飞行证飞越该国领空。

第七章 零部件适航管理

7.1 零部件制造人批准书合格审定

7.1.1 定 义

零部件：本章中的“零部件”都是泛指零件、部件、机载设备，但是不包含材料、软件以及航空油料。

零部件制造人批准书（PMA）：指民航地区管理局颁发给供安装在已获型号合格证（TC）或型号认可证（VTC）的民用航空产品上作为加改装或替换用的零部件的制造人的批准书。根据设计批准基础的不同，零部件制造人批准书（PMA）可作为颁发给零部件制造人的生产批准书，或设计和生产批准书。

PMA 件：指依据零部件制造人批准书所生产的零部件。

关键件：指失效会对继续安全飞行和着陆产生直接危害性影响的零件。

“关键”是对零部件、设备、特性、工艺、维修程序或者检查的一种分类。若零部件的失效、缺失或者不匹配会导致在运行所有阶段中其所安装航空器适航性的显著降低，则该零部件为关键件。

每一民用航空产品都包含此类零部件。由于此类零部件在设计属性上的关键性，必须对其进行控制并保证其完整性。若寿命件超出其运行限制或固定更换时间会导致直接的危险性后果，则此类寿命件也属于关键件。但是，并非所有的关键件都属于寿命件，也非所有寿命件都属于关键件。

非关键件：指除关键件之外的零部件。

寿命件：指在持续适航文件的适航性限制章节中确定了更换时间、检查间隔或者相关程序的零部件。

同一性：PMA 件作为替换件时的特有概念，指申请人所申请零部件的设计与经过适航审定部门批准的被替换件的设计是相同的。但是，当申请人欲在没有权益转让协议的情况下证明同一性时，以下情况可视为不影响同一性：

由于采用了更新的、已获得普遍应用的工业标准实践、工艺及规范而造成的差异，通常是可以接受的。这种情况下，申请人必须依据相关要求进行安全性评估，并向民航地区管理局提供相应的证明材料。

另外，如果被替换件包含一些不影响适航性或其上级组件的特性，或者所申请零部件在这些特性上与被替换件有所不同，那么此类差异可视为不影响同一性；同样，若民航地区管理局认为被替换件经批准的早期设计仍然适用于相关产品型号，则PMA申请人的设计无需符合被替换件制造厂家（TC、STC、MDA、CTSOA或VTC、VSTC、VDA等设计批准持证人）的最新版图纸。

零部件专项合格审定计划(PartSCP)：该计划适用于那些需要通过分析、试验来验证符合性且涉及面广、所需时间长的PMA项目，或者那些包含了复杂制造工艺的PMA项目。这些项目通常涉及关键件、寿命件或设计复杂的零部件。PartSCP是PMA申请人和民航地区管理局就如下内容达成的协议：适用的文件、项目时间计划、审定基础、试验、制造符合性检查、交流/协作、项目中委任代表的使用等。民航地区管理局可针对具体的项目决定是否使用PartSCP。

权益转让协议：指设计批准持证人和零部件制造人批准书（PMA）申请人/持证人之间签署的、以确定双方为生产民用航空零部件所需设计资料的使用权利及责任的合同或安排。

型号批准：指局方颁发型号合格证（TC）或型号认可证（VTC）对民用航空产品的型号的设计进行批准。

安装适用性：指经民航地区管理局批准，允许某一PMA件安装的、已获型号批准的民用航空产品的范围。

持续运行安全(COS)：旨在确保产品在其服役期间的完整性。通过问题预防、服役监控及纠正措施等手段向产品的设计和生产提供反馈。

简化的设计保证系统：当申请人在申请零部件制造人批准书（PMA）作为设计以及生产的双重批准的时候，应该建立简化的设计保证系统。

7.1.2 零部件制造人批准书合格审定原则

7.1.2.1 零部件制造人批准书的适用范围

1. 适用的情况

任何人生产并销售供安装在已经获得型号批准的民用航空产品上的替换或改装用零部件，都必须取得零部件制造人批准书（PMA）。

零部件制造人批准书（PMA）可以作为对替换件的设计和生产批准，但是对于依据权益转让协议生产的替换件，零部件制造人批准书（PMA）只能作为生产批准；零部件制造人批准书（PMA）也可作为对基于补充型号合格证（STC）或者改装设计批准书（MDA）的改装件的生产批准——这一类情况下，之前获得的补充型号合格证（STC）或者改装设计批准书（MDA）可以作为该改装件的设计及其在民用航空产品上安装的批准。

如果替换件对其安装的民用航空产品造成了大改，申请人必须获得相应批准。

如果取得局方颁发的技术标准规定项目批准书（CTSOA）或者设计批准认可证（VDA）的零部件已经包含在经批准的民用航空产品的型号设计中，则申请人可以为这些CTSOA/VDA件子部件的替换件向民航地区管理局申请PMA，此时，PMA件是用作该民用航空产品、而非此 CTSOA/VDA 件的替换件。在这种情况下：

① 若所申请零部件的安装对 CTSOA/VDA 件仅构成设计小改，且仍满足产品的适航要求，则民航地区管理局可以为这些替换件颁发 PMA，但必须在 PMA 和适航批准标签上明确安装人的责任，即：PMA 件的安装人必须在相应的 CTSOA/VDA 件上设置改装人（PMA 持证人）铭牌。PMA 持证人必须在其提供的安装指导性文件中明确上述要求。而基于同一性获批的 PMA 件，由于没有对 CTSOA/VDA 件的设计造成更改，所以无需设置改装人铭牌。

② 若所申请零部件的安装对 CTSOA/VDA 件构成了设计大改，则申请人必须申请新的 CTSOA。

2. 不适用的情况

以下情况不能够或不适于申请 PMA：

（1）程序和材料

PMA 不作为对检查程序、材料或工艺的批准。任何作为 PMA 一部分获批的具体的检查程序、材料（如金属原材料、纺织布料、玻璃等）或工艺（如硬化、涂层或喷丸等），仅对于该特定的 PMA 件有效。任何对拟安装到已获型号批准的民用航空产品上的零部件实施某些特殊工艺或程序的制造人，必须在该零部件的生产批准或其他局方认可的批准下进行相关工作。

（2）“单架”补充型号合格证（STC）或改装设计批准书（MDA）

依据“单架”STC、MDA 生产的零部件不能 PMA。因为在这几种情况下，改装人均只能制造、安装并返回使用特定的单件产品。如需向他人出售相关的改装零部件，则申请人必须取得生产批准。

（3）其他生产批准持证人（PAH）生产的零部件

生产许可证（PC）或者技术标准规定项目批准书（CTSOA）持证人可在其已有的生产批准的情况下生产产品或者零部件的替换件，不用再一次取得 PMA。若上述 PAH 的供应商想在没有直接发货授权的情况下销售零部件，则必须取得 PMA。

（4）自制件

自制件不是依据航空器或者航空器部件的制造厂家发布的持续适航性文件中给定的设计数据、材料或者加工方法制造的航空器零部件。

针对航空营运人的维修单位，允许按照民航局或者民航地区管理局批准的工作程序生产少量自制件用于自身维修等一系列工作，但是仅仅限于故障、失效或者缺陷不会直接造成 CCAR－21－R4 第 21.5 条款第（四）项所列任一情况的航空器零部件；非航空营运人的维修单位生产上面描述的自制件，应该在使用之前告知相应的航空营运人，并且通过航空营运人获得民航局或者民航地区管理局的批准。上述单位若希望将自制件出售并安装到他人所有的航空器上，则必须申请并取得 PMA。

（5）标准件

标准件是按照已经发布的工业或者国家规范的制造，并且能够完全符合规范要求的零部件。这些规范具体包括设计、制造、测试、验收标准，以及唯一的标识要求；标准件同时也可以是局方仅仅基于其满足特定的性能标准就可得出制造符合性结论的零部件(如基本的电气电子元件)。上述性能标准包含在已经发布的工业或国家规范中，同时，这些规范还包括测试、验收标准，以及唯一的标识要求。上面两种规范都应该包含所有对于零部件的生产及符合性确认而言必要的信息，而且必须是公开发布的，使得任何一方都可据此制造标准件。

生产并销售用于已经获得型号批准的民用航空产品上的标准件无需再次取得PMA。因为这些零部件符合已建立的工业或国家规范。但是，某些生产批准持证人(PAH)可能在采购标准件后，要求其满足更为严格的检验标准并将其标上新的件号，那么，这些零部件应不再被视为标准件。

(6) 依据双边协议进口的零部件

如遇我国与出口国签订有包含相应条款的双边协议，中国局方可接受外国制造人生产的改装及替换件进口到中国，而不再专门颁发PMA。但相关的双边协议必须界定中国局方接受此类零部件的范围和方式，且出口国当局必须为这些出口零部件提供相应的出口适航批准文件。

与我国签订有双边协议的国家进口的、可接受的替换及改装件还包括：

① 已经经过中国局方设计认可或者批准的零部件，或者包括在经中国局方设计认可或者批准的进口民用航空产品的设计中的零部件。

② 由持有出口国当局颁发的生产批准的外国制造人根据与中国设计批准持证人签订的协议，为其产品生产的零部件。

③ 持有由出口国当局颁发的零部件制造人批准书，并经与中国的双边协议认可的零部件。

④ 其他民航地区管理局认为不适于颁发PMA的情况。

7.1.2.2 设计批准基础

设计批准基础(Basis for Design Approval)不同，审定重点和流程也相应不同。零部件制造人批准书(PMA)申请人获得设计批准的途径，即设计批准基础，有如下四种：

① 通过权益转让协议证明同一性；

② 在没有权益转让协议的情况下证明同一性；

③ 通过试验以及计算进行全面符合性验证；

④ 补充型号合格证(STC)或者改装设计批准书(MDA)。

其中，在②和③所述情况下申请的零部件制造人批准书(PMA)是作为设计和生产的双重批准；而在①和④所述情况下申请的零部件制造人批准书(PMA)仅作为零部件的生产批准。

(1) 通过权益转让协议证明同一性

通过签订权益转让协议，申请人从型号合格证(TC)、补充型号合格证(STC)、改装设计批准书(MDA)、技术标准规定项目批准书(CTSOA)或其他零部件制造人批准书(PMA)持证人等国内设计批准持证人处获得使用其资料包的授权。一般情况下,只有申请人作为上述设计批准持证人的一级设计供应商时,才可能得到这种授权。在这种情况下,申请的零部件制造人批准书(PMA)仅作为该零部件的生产批准,审查重点在于权益转让协议及申请人的质量控制系统,但民航地区管理局可视情对申请人的设计资料进行抽查,以确保其通过权益转让协议获得的设计资料的完整有效性。

权益转让协议并非一种独立的批准方式,而只是证明同一性的一种方法。申请人以此证明其提交的资料是经过局方批准的,并与被替换件的资料一致。

这一部分的要求不适用在设计国与制造国分离的情况下,如果申请人欲依据与外国当局批准的设计批准持证人签订权益转让协议申请零部件制造人批准书(PMA),需通过设计国与我国签订包含相关内容的适航双边协议、工作安排或技术安排等解决。

(2) 在没有权益转让协议的情况下证明同一性

申请人必须能够向民航地区管理局证明所申请零部件的设计在所有方面均与某一已经经过局方批准的设计(如 TC/VTC、STC/VSTC、MDA、CTSOA/VDA)一致。

在没有权益转让协议的情况下,通过证明同一性申请零部件制造人批准书(PMA)的情况包括但可能不限于以下两种:

① 申请人为某一设计批准持证人的供应商,其所申请零部件的设计与被替换件的设计一致,但其申请未获得该设计批准持证人的支持(区别于(1)所述情况),因此不能向民航地区管理局提供直接的同一性证据(如权益转让协议和 PMA 辅助信函),而需要按照民航地区管理局的要求提供相关证据、资料,或进行符合性验证。

② 申请人通过对比分析法向民航地区管理局证明所申请零部件与被替换件具有同一性,一般适用于所申请零部件为简单的非关键件的情况,而对于采用了专利工艺或涂层的复杂件而言,要在无法获取原始设计资料的情况下验证同一性是几乎不可能的。

民航地区管理局不接受在没有权益转让协议的情况下通过证明与其他 PMA 件的同一性来申请零部件制造人批准书(PMA)。

(3) 通过试验和计算进行全面符合性验证

申请人通过试验和计算向民航地区管理局证明所申请零部件完全满足拟装民用航空产品适航标准的适用要求,并与被替换件具有可互换性。

(4) 补充型号合格证(STC)或改装设计批准书(MDA)

申请人基于自己的、通过补充型号合格证(STC)或改装设计批准书(MDA)获批的设计资料,并引用相关的证件号,向民航地区管理局提出零部件制造人批准书(PMA)申请。在这种情况下,STC/MDA 作为改装包的设计批准,零部件制造人批准书(PMA)仅作为该改装包的生产批准,因此,所申请零部件的安装适用性必须与

STC/MDA 的适用范围保持一致；且审查重点在于申请人的质量控制系统，但民航地区管理局可视情对申请人的设计资料进行抽查，以确保其设计资料的完整有效性。

7.1.2.3　质量控制系统

民航地区管理局仅仅对在中国境内建立了质量控制系统的申请人颁发零部件制造人批准书（PMA）或者对已颁发的证件进行扩展。但是，零部件制造人批准书（PMA）持证人可能使用一些生产设施位于境外的供应商，这种情况下，持证人的质量控制系统必须能够对这些供应商及零部件进行控制。

7.1.2.4　老旧产品的 PMA 件

由于老旧产品设计数据的不完整、产品的停产以及 TC 或 VTC 持证人的倒闭等原因，采用 PMA 对其替换件进行批准可能存在一些潜在问题。因此，民航地区管理局要求申请人能提供足够的信息，证明所申请零部件的预期设计满足适用的适航标准。此外，申请人应证明其具备按照经批准的设计进行生产的能力。民航地区管理局允许申请人对老旧产品的设计进行某些更改，包括采用新的、工业界普遍接受的标准和适用的国家规范。

7.1.3　PMA 合格审定流程

7.1.3.1　申　请

PMA 申请人应该按照民航局规定的格式来填写完整并且属实的零部件制造人批准书申请书，提交给注册地所属的中国民用航空民航地区管理局（以下简称民航地区管理局）适航审定处，并且一起提交下列资料：

1）申请零部件制造人批准书（PMA）的情况说明，内容至少包括：

- 申请人的设计及生产能力说明；
- 申请项目说明，包括对所申请零部件的设计批准基础的说明；
- 对简化的设计保证系统的说明；
- 对质量控制系统的说明；
- 对组织机构的相关说明。

2）建议的取证计划。

3）根据设计批准基础的不同，还应分别提交如下资料：

① 欲通过权益转让协议证明同一性的申请人，必须提供：

- 权益转让协议。
- 相关的书面证明文件，用以授权申请人使用申请零部件制造人批准书（PMA）所需的设计资料。权益转让人（应为国内的设计批准持证人，包括 TC，STC/MDA，CTSOA 及 PMA 持证人）提供的“PMA 辅助信函”是一种可接受的证明文件形式。

② 欲在没有权益转让协议的情况下证明同一性的申请人，必须提供：

- 同一性声明，声明其设计在所有方面均与某一经局方批准的设计（如 TC/

VTC、STC/VSTC、MDA、CTSOA/VDA)一致；

- 上述声明的支持性资料，从尺寸、材料特性、特种工艺及涂层、试验及通过标准等各方面证明同一性，以供民航地区管理局审查和批准。

③ 欲通过试验和计算进行全面符合性验证的申请人，必须提供：

- 描述零部件设计的资料，包括材料、工艺、试验规范、系统兼容性、维修指南，以及与被替换件的可互换性说明；
- 用于证明对适用适航标准符合性的试验及验证计划；
- 装机试验的可行性说明(如适用)。

④ 对于设计已随 STC 或 MDA 获批的零部件，申请人必须提供 STC/MDA 证书的复印件，并根据民航地区管理局要求提供相关的设计资料。

4) 民航地区管理局要求的其他资料。

申请书有效期为两年，如果到期还没有获得批准的申请人，必须重新申请或者经过民航地区管理局批准延长申请书的有效期。

7.1.3.2 受　理

民航地区管理局适航审定处在收到申请人提交的 PMA 申请书以及相关资料后进行评审，在 5 个工作日内通知申请人对申请资料的评审的相关意见。评审意见可能包括如下几种情况：

① 受理申请，向申请人颁发受理申请通知书(AAC-150)；

② 不受理申请，以不受理函件的形式正式通知申请人；

③ 通知申请人需对其设计和生产能力进行评估；

④ 要求申请人对申请资料进行补充或完善。

对于第③、④条所描述的情况，民航地区管理局将在评估结束或者申请人将资料补齐后，在 5 个工作日内通知申请人受理或者不受理的决定。

7.1.3.3 审　查

民航地区管理局适航审定处在发出受理申请通知书并收到缴费凭证后，将成立审查组对受理项目进行审查，审查组至少由两名审查人员组成，具体审查工作如下：

(1) 设计审查

设计批准基础不同，设计审查的关注重点及程度也相应不同。

对于通过权益转让协议证明同一性，或者基于补充型号合格证(STC)或改装设计批准书(MDA)的零部件制造人批准书(PMA)申请，若申请人提交的资料完全满足要求，原则上不需进行设计审查，可直接进行生产审查。但审查组可视情(如关键件或寿命件等)对设计资料进行抽查或评审，以确保其完整有效性。此外，上述两类申请人应向民航地区管理局提供相应的标识信息以供批准。

对于在没有权益转让协议这样的情况下证明同一性，或者拟通过试验以及计算进行全面符合性验证的零部件制造人批准书(PMA)申请应进行全面的设计审查，包括对简化的设计保证系统的评估。审查组应对申请零部件进行设计审查；在设计审查过程中,申请人应提供相关资料供审查组评审。

(2) 生产审查

生产审查及批准参照 AP-21-04 的现行有效版本执行。

(3) 最终全面评审

在审查组最终全面评审之前,申请人应该向审查组提交一份符合性的声明。

审查组在完成全面的评审之后,用型号资料批准表对工程资料进行批准,并对质量控制资料进行批准;编写审查报告。

7.1.3.4 批 准

(1) 批 准

在收到审查组提交的审查报告之后的 20 个工作日内,民航地区管理局将对审查报告进行审核,并决定是否批准。

针对同意批准的零部件,由民航地区管理局向申请人颁发 PMA 或项目单;针对不同意批准的零部件,由民航地区管理局通知审查组,并由审查组书面函告申请人。

(2) 转 让

零部件制造人批准书不可转让。

在 PMA 持证公司名称发生变更的情况下,若持证人能够证明其质量系统、管理、所有权及主要设施所在地均未发生变化,民航地区管理局可对 PMA 证书进行更改,而不要求持证人重新申请 PMA。

如果 PMA 的设计批准基础是基于补充型号合格证(STC)或者改装设计批准书(MDA),则当这个 STC 或 MDA 被转让或权益转让后,STC/MDA 受让人(即新的 STC/MDA 持证人)或权益转让受让人若希望重复制造并出售该零部件,必须申请新的 PMA。

若 PMA 持证公司被另一家公司收购,但收购并未导致 PMA 持证人法律地位的变化,则收购公司一般无需申请新的 PMA。但在这种情况下,主管民航地区管理局应对 PMA 持证人进行检查。PMA 持证人必须能够保留生产批准的所有权,并持续保持经批准的质量系统、核心管理团队及运营场地。

此外,虽然 PMA 证书本身是不可以转让的,但是设计以及符合性的资料(部分或全部)可以被他人用来申请新的 PMA。

(3) 有效期

PMA 是由证书以及项目单组成的。

除了放弃、撤销或者民航地区管理局另行规定的终止日期之外,PMA 长期有效,项目单有效期限为 2 年。

持证人必须在项目单失效前向所在地区的民航地区管理局申请换证。对于所有项目单失效后 3 个月内未申请复查及换证的持证人,将吊销其 PMA。

7.2 技术标准规定项目适航管理

7.2.1 概 述

① 技术标准规定(CTSO)是指民航局颁布的民用航空器上所用的特定零部件的最低性能标准。

② 技术标准规定项目批准书(CTSOA)是局方颁发给符合特定技术标准规定的零部件(以下简称 CTSO 件)的制造人的设计和生产批准书。除了技术标准规定项目批准书的持有人外,其他任何人不得用 CTSOA 标记对 CTSO 件进行标识。按照技术标准规定项目批准书制造的零部件,只有当得到了相应的装机的批准,才能够安装到航空器上进行使用。装机批准的形式可以是型号合格证、补充型号合格证或者改装设计批准书。

③ 根据技术标准规定的项目批准书进行生产的零部件,或根据 7.3 节设计批准认可证生产的零部件都可以被视为经批准的 CTSO 件。

④ CTSO 件制造人是指对生产的 CTSO 件(或准备申请生产的 CTSO 件)的设计和质量,包括外购的零部件、工艺或服务实施控制的人。

7.2.2 CTSOA 审定程序

7.2.2.1 CTSOA 的申请

申请技术标准规定项目批准书的一系列规定如下:

1) 已经表明或者正在表明具有符合设计保证系统的申请人应该按照局方规定的格式和方式来提交技术标准规定项目批准书的申请,同时还要提交下面所列的资料:

① 一份符合性声明,申明申请人已经符合本节的所有要求,同时 CTSO 件符合申请之日有效适用的技术标准规定;

② 相对应的技术标准规定要求的技术资料的复印件;

③ 对设计保证系统的符合性说明。

2) 如果预计要进行一系列 CTSO 件的小改,申请人应当在其申请书中列出 CTSO 件的基本型号和组件件号,并在其后加上空白括号,以备将来添加更改字母或编号或两者组合的尾缀。

3) 申请书的有效期为二年。

4) 申请人在提交申请书的时候,还应该提交第 21.358 条中规定的质量手册。

7.2.2.2 机构要求

技术标准规定项目批准书申请人或者持有人应该向局方提交一系列相关的说明文件,来表明组织机构是如何保证符合本章节的要求。说明文件中最少应该描述组织机构中每一个部门的职责以及权限,责任经理、质量经理以及质量系统人员的职责和权限,质量部门和行政管理部门以及其他部门的职能之间的相互关系。

7.2.2.3 质量系统和质量手册要求

技术标准规定项目批准书申请人或者持有人应该建立相关的质量系统,并且提供一份描述质量系统的手册供局方来进行评审。手册应该是以被局方所接受的形式来获取。

7.2.2.4 生产地点或生产设施的变更

① 若局方确认按照适用的民用航空规章的要求进行管理是不会对局方造成过重的负担,则技术标准规定项目批准书申请人可以为位于中华人民共和国之外的生产设施取得技术标准规定的相关项目批准书。

② 技术标准规定项目批准书持有人变更生产设施地点,应当向局方申请变更技术标准规定项目批准书。

③ 若生产设施的任何变更有可能会影响到CTSO件的检查、制造符合性或者适航性,技术标准规定项目批准书持有人应该立即以书面的形式来通知局方。

7.2.2.5 检查和试验

技术标准规定项目批准书申请人以及持有人应该接受局方为了确定符合民用航空规章,实施对设计保证系统、质量系统、设施、技术资料以及任何生产的CTSO件的检查,同时目击任何的试验,包括在供应商设施内进行的任何检验或试验。

7.2.2.6 CTSOA的颁发

① 局方确定申请人已经表明CTSO件符合相关民用航空规章的要求,同时确定申请人具有局方可以接受的设计保证系统,即可向申请人颁发技术标准规定项目的批准书,包含所有准许申请人对技术标准规定的偏离,批准其按照质量手册生产该CTSO件。

② 技术标准规定项目批准书项目单是技术标准规定项目批准书的一部分,内容包括零部件名称、型号、件号、批准标记的CTSO编号和批准的偏离。

除了局方另外规定的终止日期之外,技术标准规定项目批准书是长期有效的,其中项目单的有效期为二年。

如果修订或者废止技术标准规定,技术标准规定项目批准书或者设计批准认可证持有人可继续按照原有的技术标准规定生产CTSO件,不用再次获得新的技术标准规定项目批准书或者设计批准认可证,但是应该符合民用航空规章的一系列要求。

③ 技术标准规定项目批准书不得转让。

7.2.2.7 适航批准

除了局方所要求检查的技术标准规定项目批准书持有人生产的CTSO件或CTSO件的部分是否符合经批准的设计之外,技术标准规定项目批准书持有人不用进一步证明即可获得CTSO件的适航批准标签。

7.2.2.8　CTSOA 持有人的责任

技术标准规定项目批准书持有人应当遵守下列规定：

① 持续保持设计保证系统。

② 需表明机构变化的时候，修订系列说明文件，并且提交给局方。

③ 保持质量系统符合所获得的技术标准规定项目批准书的时候所批准的资料和程序，并且能够接受局方对质量系统的一系列定期评审。

④ 保证每一个生产的零部件都符合经批准的设计，都是处于安全的可用状态，同时符合适用的各项技术标准规定。

⑤ 为 CTSO 件设置标牌或标记。

⑥ 用 CTSO 件制造人的件号和名称、商标、符号或者局方接受的 CTSO 件制造人其他标识方法，标识从 CTSO 件制造人设施出厂的零部件的任何部分。

⑦ 针对每一个依据技术标准规定项目批准书所生产的零部件，都是可以获取用于确定制造符合性以及适航性所需要的设计资料。CTSO 件制造人应该保存这些资料一直到其不再生产为止，因为不再生产的原因而不保存的时候，应该向局方递交资料的复印件。

⑧ 保管技术标准规定项目批准书，保证在局方要求的时候可以获取。

⑨ 保证局方了解其向供应商授权的所有相关联的信息。

7.2.3　CTSOA 证后管理

7.2.3.1　偏离批准

① 申请偏离技术标准规定中任何性能标准的 CTSO 件制造人应该表明申请偏离的部分已经由提供等效安全水平的措施或设计特征加以弥补。

② CTSO 件制造人应该将偏离的申请以及相关的资料提交给局方。如果该零部件是在其他国家管辖下生产的，那么上述申请的资料应该通过该国的民航当局提交给局方。

7.2.3.2　设计更改

① 技术标准规定项目批准书持有人进行的小改。CTSO 件制造人根据技术标准规定项目批准书可以对 CTSO 件进行相关的设计小改（大改以外的任何更改），不用得到局方的进一步批准。在这样的情况下，被更改的 CTSO 件应该保留原来的型别号（可以用件号来标记小改），并且 CTSO 件制造人应该向局方提交表明符合 7.2.2.1 条中第（2）条所需要的相关修订资料。

② 技术标准规定项目批准书持有人进行的大改。设计大改是指更改程度使局方确认需要进行实质性的全面验证来确定该设计更改后的 CTSO 件是否符合技术标准规定的更改。在大改之前，CTSO 件制造人应该确认该 CTSO 件的新型号以及型别代号，同时按照 7.2.2 重新申请技术标准规定项目批准书。

③ CTSO 件制造人以外的人进行的更改。局方不批准技术标准规定项目批准

书持有人之外的任何人对CTSO件进行设计更改。

7.2.3.3 质量系统的更改

技术标准规定项目批准书颁发之后，质量系统的更改应该符合下面的所有要求：

① 质量系统的每一个变更都应该经过局方审查；

② 对局方可能影响到零部件的检查、制造符合性或者适航性的质量系统的更改，技术标准规定项目批准书持有人应该立即以书面的形式通知局方。

7.3 进口零部件的设计批准认可管理

设计批准认可证是局方颁发给符合技术标准规定的零部件的设计批准。

局方为符合下面所要求的进口零部件颁发零部件设计批准认可证：

1）在国外设计以及制造的零部件，该零部件是属于和中国签署民用航空产品进口以及出口适航协议或者备忘录的范围内。

2）进口到中国的零部件应当符合下面的要求：

① 设计国进行合格审定，证明该零部件已经过检查、试验，符合适用的技术标准规定或者设计国适用的性能标准，同时符合局方规定的、为达到该技术标准规定的等效安全水平的任何其他性能标准；

② 零部件制造人已经通过其设计国当局向局方提交了申请书以及一套适用性能标准要求的相关技术资料的副本；

③ 局方经对上面第②项规定的资料进行一系列审查，同时在必要的时候进行实地检查之后，确定提交审定的零部件都符合适用的技术标准的规定，即为该零部件颁发设计批准认可证。

3）准许的任何偏离都应该在零部件设计批准认可证上具体列出。

4）除了放弃、撤销或者局方另行规定的终止日期之外，零部件设计批准认可证是长期有效的。

5）零部件设计批准认可证是不可以转让的。

第八章　航空器运行合格审定

8.1　航空器评审

拥有生产许可证(PC)的民用航空器制造商制造出符合航空器型号合格审定(TC)的航空器，并且获得单机适航证(AC)，表明航空器已经具备了基础的安全飞行适航性，但是这并不意味着航空器能够顺利地进行市场销售并且交付给用户运行，因为还存在着飞行员资质、使用和维修以及没考虑到的运行要求等问题。目前，解决这一问题的有效办法就是局方成立航空器评审组(AEG)，在航空器型号合格证审定的过程中开展相关的运行评审，全面搭建起航空器制造商和运营人之间的桥梁。通过这一桥梁，能够使航空器顺利交付并且投入运行。

AEG 的工作主要分为航空器交付前和交付后两个部分，如图 8.1 所示。

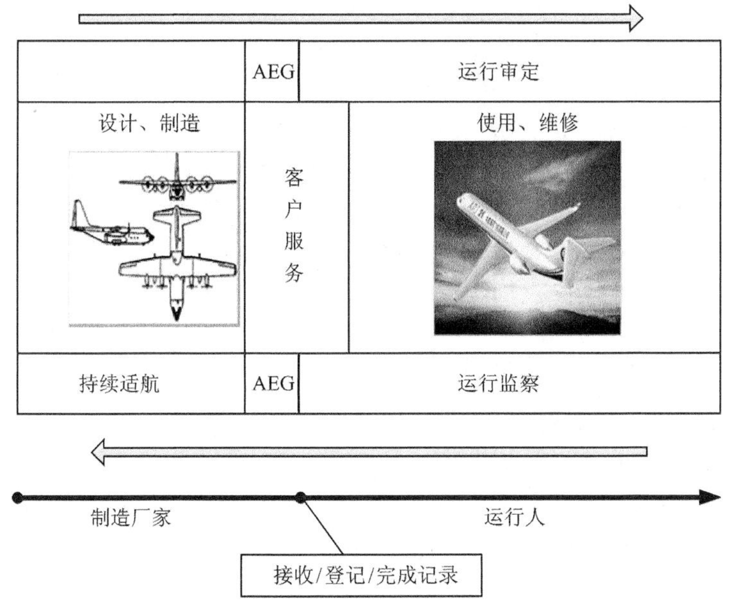

图 8.1　AEG 与适航审定、运行的关系

在航空器投入运营之前，可以根据用途的不同，航空运营人在使用航空器运行的时候，局方应该按照运行的规章规定，对航空器的设备、维修、训练以及手册等提出要求，以保证航空器在上述几个方面能够满足不同运行条件、环境、标准以及程序的要求，最终保障公众利益与旅客生命财产的安全。在航空器投入运营前，根据航空器未来不同的用途，选择增加相对应的机载设备和更改布局，制定运行与维修文件，确定驾驶员以及其他运行人员训练标准等一系列工作，用以保证航空器符合局方的运行规章。如果这些工作不在航空器获得型号合格证的时候完成，即便航空器运营人接收了航空器，但是由于受到了运行规章的限制，还是很难将该机型投入到运行中去。所以需要 AEG 在航空器型号审定的过程中开展运行的评审，连同航空器制造商和运营人，确保航空器能够顺利交付。

在航空器投入运营之后，即使经过了型号的合格审定以及航空器评审组（AEG）的评审，但是由于航空器设计的复杂性、试验验证与实际使用情况的差异、使用环境的不可预见性、运营人的因素等，航空器投入运行后仍然会出现这样那样的问题。航空器制造厂家是解决这些主要问题的关键，因此 AEG 还代表飞行标准部门在型号合格审定之后和制造厂家共同工作，评估设计更改对运行的影响以及促进航空器使用问题的解决；同时，作为与适航审定部门联系的桥梁，给适航审定部门提供持续适航管理相关的信息。

AEG 的职能最早是由 FAA 的飞行标准司在 1971 年建立的，一直以来为美国的航空制造业发展和运行安全管理做出了非常重要的贡献。我国在 1992 年和美国 FAA 合作的 Y－12 飞机型号合格证影子审查中，第一次接触了国际上的 AEG 工作；2003 年，民航局为应对我国航空运输业的运行安全管理挑战、支持以及促进国产航空制造业的发展，确定飞行标准司负责航空器型号审定中的 AEG 工作；同一年，飞行标准司参与了美国 FAA 对 B－787 飞机的 AEG 工作，并且开始了国产 ARJ21－700 飞机的 AEG 工作；2007 年，民航局在飞行标准司成立了专门的航空器评审处，同时在中国民航科学技术研究院、上海航空器适航审定中心以及沈阳航空器适航审定中心成立了相应的支持机构。至此，才初步地形成了我国 AEG 管理体系的框架。

8.1.1 AEG 的职责和组织机构

8.1.1.1 AEG 的职责

AEG 的工作是作为飞行标准司的一项职能，同时也是民航局一项重要的技术管理工作，相对于保证飞机飞行的安全以及提高经济效益都具有很重要的意义。按照 CCAR－21，申请型号合格证的国产航空器在首次投入运行之前都应该经过 AEG 评审，以确定：

① 驾驶员资格规范；

② 维修人员执照和培训规范；

③ 设备故障或功能失效的情况下放行规范；

④ 计划维修要求；

⑤ 运行和持续适航文件；

⑥ 型号的设计对运行规章要求的符合性；

⑦ 局方认为必要的其他结论。

在航空器投入运行之后，AEG 会根据下面描述的情况来进行航空器评审的持续评审，并且贯穿在航空器型号运行的全寿命之中：

① 航空器实际运行反馈的信息；

② 航空器型号的设计更改；

③ 规章的修订。

此外，AEG 还参加了适航审定部门对最小机组的确定、飞行手册的评估、重要改装的评审、航空器适航指令（AD）的颁发以及为事故调查提供支援。

8.1.1.2　AEG 的机构组成与分工

AEG 的组织机构体系由下述单位共同组成：

- 民航局飞行标准司：设立了航空器评审处。
- 中国民航科学技术研究院：设立了航空器评审室。
- 上海航空器适航审定中心：设立了航空器评审室。
- 沈阳航空器适航审定中心：设立了航空器评审室。

AEG 组织机构如图 8.2 所示。

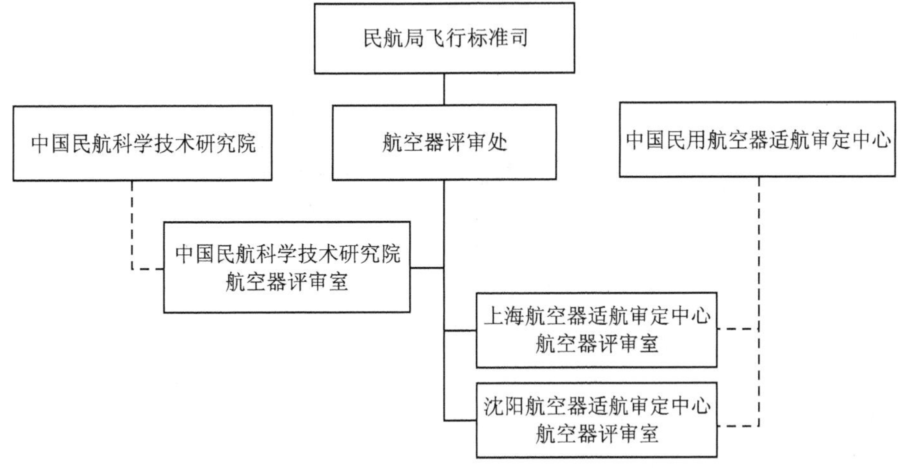

图 8.2　AEG 的组织机构图

各机构的职责分别如下：

① 民航局飞行标准司航空器评审处：主要负责制定 AEG 工作相关的政策、标准以及程序；组织航空器型号项目的 AEG 评审；向飞行标准司申报颁发驾驶员型别等级与机组资格要求、主最低设备清单以及维修审查委员会报告、认可的运行与持续适航文件清单、其他航空器运行相关要求的符合性文件。

② 中国民航科学技术研究院航空器评审室：主要负责协助飞行标准司航空器评审处制定 AEG 工作相关的政策、标准以及程序，还有参加具体的航空器型号的项目

AEG 评审。

③ 上海航空器适航审定中心航空器评审室：主要负责运输类飞机型号合格审定中的 AEG 评审，确定驾驶员型别等级以及机组资格的要求，审批主最低设备清单与维修审查委员会的报告，认可运行以及持续适航文件，确定其他航空器运行有关要求的符合性。

④ 沈阳航空器适航审定中心航空器评审室：主要负责非运输类飞机以及旋翼机型号合格审定中的运行评审等一系列工作，确定驾驶员型别等级以及机组资格要求，审批主最低设备清单与维修审查委员会报告，认可运行和持续适航文件，确定其他航空器运行相关要求的符合性。

8.1.1.3 AEG 的工作方式

依据上述的管理机构的职责，并根据具体的型号航空器，AEG 以应用项目管理的方式开展工作。飞行标准司航空器的评审处会根据航空器型号审定项目启动 AEG 评审的工作，并且组织相对应的责任机构成立项目组，由专业评审委员会实施相对应的评审。专业评审委员会的参与人员不仅仅限于责任机构的人员，而且可以聘请局方的其他专业人员来参加。

8.1.2 AEG 的法规文件体系

AEG 的工作法规文件体系包含法规依据、工作标准、工作程序三类。

(1)法规依据文件

AEG 法规依据文件包括运行类规章和适航类规章，譬如：

- CCAR－21 《民用航空产品和零部件合格审定规定》；
- CCAR－23 《正常类、实用类、特技类和通勤类飞机适航规定》；
- CCAR－25 《运输类飞机适航标准》；
- CCAR－27 《正常类旋翼航空器适航规定》；
- CCAR－29 《运输类旋翼航空器适航规定》；
- CCAR－33 《航空发动机适航标准》；
- CCAR－91 《一般运行和飞行规则》；
- CCAR－121 《大型飞机公共航空运输承运人运行合格审定规则》；
- CCAR－135 《小型航空器商业运输运营人运行合格审定规则》。

(2) 工作标准文件

AEG 工作标准文件主要作为对航空器制造厂家有关工作的具体要求与指导，同时也是 AEG 工作机构的执行标准。譬如：

- AC－91－10 《国内新型航空器投入运行前的评审要求》；
- AC－91－11 《航空器的持续适航文件要求》；
- AC－91－13 《进口航空器的运行评审要求》；
- AC－91－24 《航空器的运行文件》；

- AC－91－26　《航空器计划维修要求的编制》；
- AC－121/135－29　《飞行标准化委员会评审的实施和使用指南》；
- AC－121/135－28　《驾驶舱观察员座椅和相关设备》；
- AC－121/135－49　《民用航空器主最低设备清单、最低设备清单的制定和批准》；
- MD－FS－AEG001　《驾驶员资格计划(PQP)及训练大纲编制指南》；
- MD－FS－AEG002　《MMEL 建议项目政策指南》；
- MD－FS－AEG003　《MSG－3 流程的应用》；
- MD－FS－AEG004　《运行符合性清单的编制和应用》；
- MD－FS－AEG005　《机型维修人员执照签署及培训规范》。

(3) 工作程序文件

AEG 工作程序文件主要作为局方 AEG 人员的工作规则，同时也可作为航空器制造厂家进行相应准备和配合工作的参考。

8.1.3　AEG 工作中的联络和协调

8.1.3.1　与适航审定部门的联络和协调

(1) 在初始型号审定过程中的联络和协调

AEG 与适航审定部门在初始型号审定过程中的联络以及协调贯穿于型号审定的全过程，如图 8.3 所示。

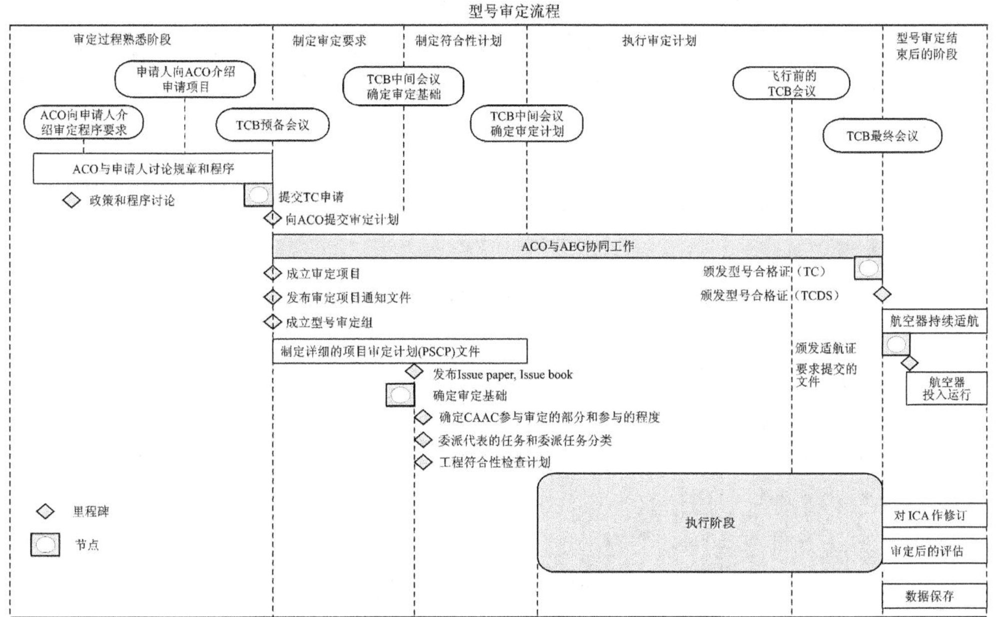

图 8.3　AEG 在型号合格审定过程中的工作阶段

AEG 在型号合格审定阶段的联络以及协调主要是通过函件和会议的方式进行的。具体包括以下方面：

① 在申请人提出申请并且确认之后，适航审定部门通过“审定项目联络单”告知飞行标准司航空器的评审处，飞行标准司航空器评审处以“AEG 项目任务书”的方式告知适航审定部门 AEG 的责任以及联络人。

② AEG 项目责任人员参加 TCB 会议，讨论并提出与 AEG 评审有关的问题。

③ AEG 各项评审开展过程中，AEG 和 TCB(或 TCT)对应项目负责人按需要进行专项联络或会议(如确认设计审定状态、CMR、ALI、系统安全分析结论等)。

④ AEG 在完成评审并且形成评审结论之后，以函件的方式将评审结论告知 TCB。

(2) 在初始型号审定后的联络和协调

AEG 与适航审定部门在初始型号审定后的联络与协调贯穿于整个航空器使用的寿命过程中，联络和协调主要也是通过函件和会议的方式进行的。具体包括以下方面：

① 设计整改批准(如 STC)时涉及的 AEG 评估工作；

② 解决使用中发现的问题以及缺陷(如颁发适航指令)；

③ 运行规章的修订对型号设计的影响；

④ 其他必要的联络和协调。

8.1.3.2 与地区/地方飞行标准部门的联络和协调

(1) 组织地区/地方飞行标准部门的人员参加 AEG 工作

AEG 的工作是每一级飞行标准部门进行运行的审定或补充审定的基础，地区/地方飞行标准部门的人员参与 AEG 评审的工作，能够更好地理解与应用 AEG 的有关评审结论；同时 AEG 的评审工作也需要具有丰富运行与维修审查经验的人员参加。

因而，AEG 将有计划地组织地区/地方飞行标准部门的人员参加某些具体项目的 AEG 评审工作。

(2) 告知地区/地方飞行标准部门 AEG 评审的结论

在每一个机型项目的 AEG 评审工作结束之后，AEG 部门都会以书面的形式正式告知 AEG 评审的结果，方便飞行标准其他部门开展有关的运行审定或补充审定。

(3) 与地区/地方飞行标准部门共享航空器运行信息

AEG 的评审贯穿于整个航空器使用的寿命过程中，在初始型号审定的 AEG 评审之后，AEG 持续评审的信息来源之一是航空器运行管理所收集到的信息。这些信息都会作为航空器制造厂家信息收集系统之外的独立信息渠道而被 AEG 所使用，同时起到对制造厂家信息收集系统对比监督的作用。

(4) 地区/地方飞行标准部门与适航审定部门的联络桥梁

当地区/地方飞行标准部门在运行审定或监察中遇到需要适航审定部门支持的

时候，因为AEG部门所掌握适航审定责任部门的信息并且保持联络，可以通过AEG部门和适航审定部门进行联络。

8.1.3.3　与航空器型号项目申请人的联络和协调

(1) 初始型号审定过程中的联络和协调

虽然具体航空器型号项目的AEG由航空器型号审定项目启动，但是在启动后会直接和航空器型号项目申请人联络与协调，包含但是不仅仅限于下列指标：

① 确定AEG评审的项目以及标准；

② 协调AEG评审的进度以及安排；

③ 讨论与解决发现的问题以及缺陷。

(2) 初始型号审定后的联络与协调

因为航空器型号项目的评审贯穿于整个航空器使用寿命的全过程，所以在初始型号审定之后，AEG还会和航空器型号项目申请人进行下列事项的联络和协调：

① 针对已经完成评审项目的评审结论进行适当修订以及更新；

② 监控、交流和分析在航空器运行过程中发现的问题以及缺陷，同时采取适当的改正措施。

③ 计划与协调由于设计更改以及其他原因引起的AEG补充评审项目。

8.1.3.4　与国外民航当局的联络和协调

(1) 进口航空器AEG评审中的联络和协调

针对申请我国型号认可审定的进口航空器，AEG评审作为型号认可审定的一部分，不管是参加对方民航当局的AEG评审活动，或者是基于对方民航当局AEG评审结论的基础上的对比评审，并且可能因此会产生与国外民航当局签署AEG有关的双边协议、技术交流、信息共享等联络以及协调工作。

对进口航空器AEG评审过程中与国外民航当局的联络与协调，统一是由飞行标准司航空器评审处负责组织以及安排。

(2) 国产航空器AEG评审中的联络和协调

针对申请国外民航当局型号合格证的国产航空器，AEG部门都会积极和国外民航当局合作，避免由于不同的民航当局重复评审给航空器制造厂家带来没有必要的经济负担，并且可能由此产生和国外民航当局签署AEG有关的双边协议、技术交流、信息共享等联络以及协调工作。

针对国产航空器AEG评审中和国外民航当局的联络以及协调，统一是由飞行标准司航空器评审处统一负责组织以及安排。

8.1.4　国产航空器初始型号审定中的AEG评审

在航空器的初始型号审定的过程中，AEG以成立航空器型号项目组并且辅以专业委员会的方式展开工作，如图8.4所示。飞行标准司作为该项目的发起人，主要负责启动项目并且统一发布结论。相对应的适航审定中心作为项目的责任人具体组织评审。型号合格证申请人配合适航审定中心,来制定工作计划并且作为责任的联络人。飞行标准的其他部门补充提供专业人员并且带来实际运行与维修的经验。

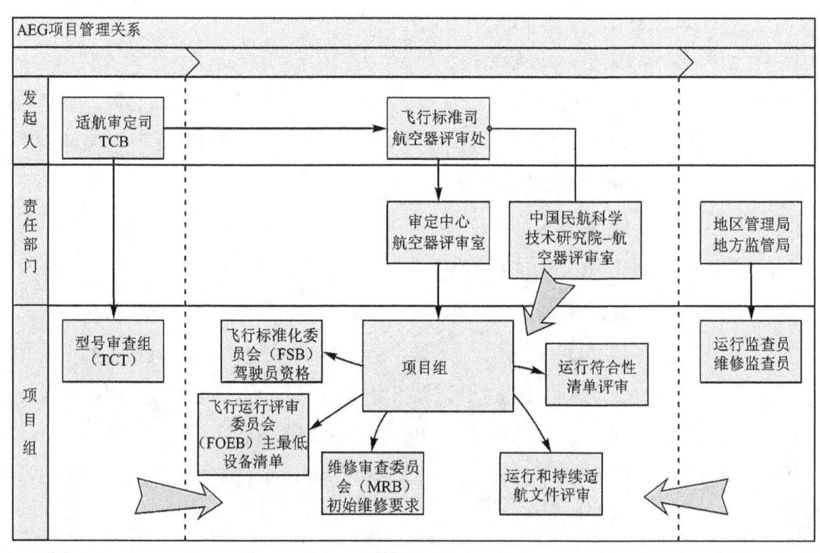

图 8.4 AEG 项目管理关系

8.1.4.1 航空器型号项目组

(1) 航空器型号项目组的组成

每一个航空器型号项目组最少是由航空器型号项目责任部门的一名运行专业人员与一名维修专业人员组成,此外可以视情况增加人员。除了特殊的情况下,可以有其他 AEG 机构的人员参与项目组,但是非 AEG 机构的人员一般情况下是不能够作为项目组的成员的。因为项目组成员会在航空器初始型号审定之后对公众公布,并且在航空器型号运行的全寿命过程中会一直存在,因此对项目组稳定性要求相对来说是比较高的。

(2) 航空器型号项目组的任务和职责

航空器型号项目组的主要任务是全面计划与组织实施航空器型号项目的 AEG 评审,其主要的成员还分别作为专业委员会的主席组织委员会评审。

8.1.4.2 项目管理要求

按照 AEG 组织机构的职责分工,飞行标准司航空器评审处将作为航空器型号项目 AEG 评审的发起人,同时航空器适航审定中心的航空器评审室可以作为具体的航空器 AEG 项目责任部门,具体项目管理所对应的要求如下:

① 飞行标准司航空器评审处在接到适航审定部门具体航空器型号的“审定项目联络单”后,会以“AEG 项目任务书” 通过 AEG 的工作平台来下达相对应的 AEG 评审任务到上海航空器适航审定中心航空器评审室或者沈阳航空器适航审定中心航空器评审室。

② 航空器适航审定中心航空器评审室在接到具体的 AEG 评审项目任务之后，应该组成相应的航空器型号项目组，并且根据适用的情况成立必要的专业委员会，报飞行标准司签发。假如组织成立项目组或者三个委员会涉及需要聘请其他部门人员的情况，可以通过飞行标准司航空器评审处协调。

③ 航空器型号项目组在和申请人进行必要的沟通与联络之后，确认 AEG 评审项目，起草相对应的型号审定基础的补充文件，并且报飞行标准司去签发。

④ 航空器型号项目组完成项目任务计划文件，通过工作平台上报飞行标准司航空器评审处。

⑤ 航空器型号项目组以及专业委员将会按计划完成相对应的评审任务，并且将项目任务计划文件的任何修订及时通过 AEG 工作平台上报到飞行标准司航空器评审处。

⑥ 飞行标准司航空器评审处会按照项目任务计划文件监督具体航空器型号项目的 AEG 评审工作的进度与情况，并且视情参加具体的评审。

⑦ 航空器型号项目的 AEG 评审任务完成之后，航空器型号项目组以及委员会主席应该及时向飞行标准司航空器评审处上报评审结论文件，经过审核后可以报飞行标准司签发。

⑧ 飞行标准司会以正式颁发的 AEG 评审结论文件的形式结束航空器型号项目的 AEG 评审任务，并且进入持续的监控阶段。

8.1.4.3　专业委员会评审

航空器在初始型号审定中的 AEG 评审涉及三类专业的委员会，分别是飞行标准化委员会(FSB)、飞行运行评审委员会(FOEB)以及维修审查委员会(MRB)。其中，FSB 适用于运输类飞机、旋翼机与其他需要具有型别等级的非运输类飞机；FOEB 适用于制造人申请可以带有不工作的仪表或者设备运行的航空器；MRB 适用于运输类飞机以及制造人申请按照 MSG－3 制定维修要求的运输类飞机之外的航空器。

1. 飞行标准化委员会(FSB)

(1) FSB 的组成

FSB 由一名主席与若干成员组成。FSB 主席由航空器型号项目组的运行专业人员担任。FSB 的成员正常情况下是由责任 AEG 机构的运行专业人员以及试飞员组成的，但是可视需要邀请其他 AEG 机构与其他飞行标准部门的运行监察员、技术专家参加。

(2) FSB 的任务和职责

FSB 最主要的任务是评审驾驶员资格规范、运行文件、驾驶舱观察员座椅、机组睡眠区、电子飞行包(EFB)、客舱应急撤离演示等。

FSB 主席的职责包括：

- 计划和组织具体的评审工作；

● 准备 FSB 会议计划，组织召开会议并形成会议纪要；
● 与 TCB 相应项目负责人进行协调；
● 作为委员会成员承担具体的工作。

FSB 成员的职责包括：

● 作为技术专家承担具体的评审工作；
● 参加 FSB 会议；
● 对 FSB 主席其他必要的协助。

(3) FSB 评审程序

FSB 评审的主要流程如图 8.5 所示，评审的主要责任单位是航空器型号项目对应的责任部门和 FSB 主席，主要通过以下三种 FSB 会议推进评审：

① FSB 首次会议：在 FSB 正式成立的时候召开，此次会议的主要目的是介绍以及讨论制造厂的驾驶员资格计划(PQP)、FSB 工作计划以及任务分工。

② FSB 中间会议：包括多次会议，此次会议的主要目的是讨论制造厂提出型别等级以及差异等级测试、有关的模拟机鉴定情况。此外，还有可能涉及 FSB 工作计划以及任务分工的变更。

③ FSB 最终会议：在 FSB 评审工作结束之前召开，此次会议的主要目的是讨论 FSB 报告的批准结论。

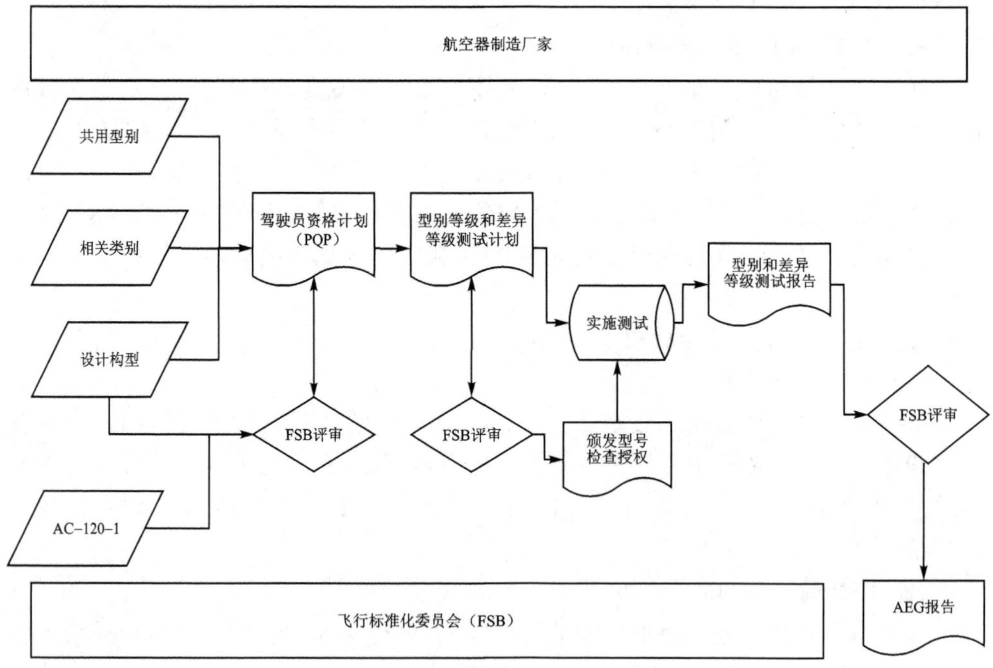

图 8.5　FSB 评审的主要流程图

FSB 评审的内容：

① FSB 主席在收到制造厂家所提交的 PQP 或者修订的文件后，进行驾驶员资格计划（PQP）的审核；

② FSB 主席按照 PQP 中的型别等级以及差异等级测试计划，通过 AEG 工作平台任务管理员下发测试任务给相应的 FSB 成员，分别进行型别等级以及差异等级测试；

③ FSB 主席在收到制造厂家提交的模拟机鉴定申请之后，要进行模拟机鉴定的预先鉴定以及初始鉴定；

④ FSB 主席在收到制造厂家提交的 PFSB 报告文件之后，要进行 PFSB 报告的审批；

⑤ 由飞行标准司航空器评审处发布 FSB 报告；

⑥ 在 FSB 评审的过程中授权首批驾驶员、教员资格。

2. 飞行运行评审委员会（FOEB）

（1）FOEB 的组成

FOEB 是由一名主席以及若干成员组成。

FOEB 主席是由航空器型号项目组的运行或维修专业人员来担任。FOEB 的成员基本是由来自责任 AEG 机构的运行专业人员、维修专业人员以及试飞员组成，但是可视具体情况需要邀请其他 AEG 机构以及其他飞行标准部门的运行以及维修监察员、技术专家参加。

（2）FOEB 的任务和职责

FOEB 的任务主要是制定主最低设备清单（MMEL），报飞行标准司批准颁发，负责评审型号设计对运行规章要求的符合性。

FOEB 主席的职责包括：

- 计划和组织具体的评审工作；
- 准备 FOEB 会议的计划，组织召开会议并形成会议纪要；
- 对制造厂家起草的 PMMEL 要进行相应的审核；
- 提出 PMMEL 的批准建议，并且签署批准；
- 与 TCB 相应的项目负责人进行协调；
- 作为委员会成员承担具体的工作。

FOEB 成员的职责包括：

- 作为技术专家承担具体的评审工作；
- 参加 FOEB 会议；
- 对 FOEB 主席其他必要的协助。

（3）FOEB 评审程序

FOEB 评审 MMEL 的主要流程如图 8.6 所示，评审的主要责任单位是航空器型号项目对应的责任部门和 FOEB 主席，主要通过以下三种 FOEB 会议推进评审：

① FOEB 首次会议：在航空器型号项目 FOEB 成立的时候召开，会议的主要目

的是讨论制造厂家提出的 PMMEL 计划项目，确定 FOEB 相对应的工作计划。

② FOEB 中间会议：包括多次会议，会议的主要目的是讨论制造厂家提出的 PMMEL 计划项目以及验证计划。此次，应该会涉及 FOEB 工作计划的变更。

③ FOEB 最终会议：在 FOEB 工作结束之前召开，会议的主要目的是讨论 PMMEL 的批准结论。

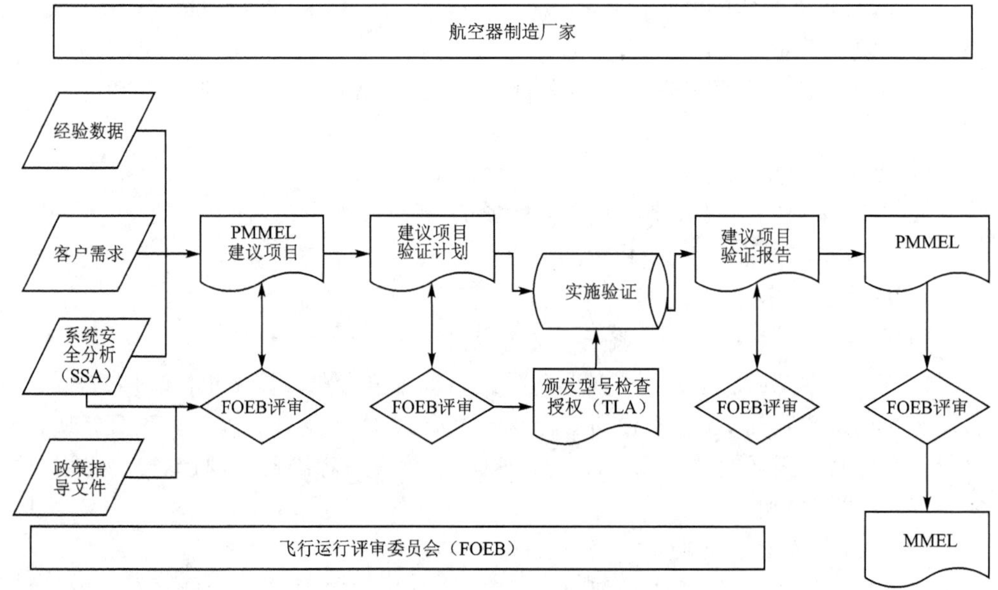

图 8.6 FOEB 评审 MMEL 的主要流程图

FOEB 评审的内容：

① FOEB 主席在收到制造厂家提交的 PMMEL 计划项目文件之后，要进行 PMMEL 计划项目相关的评审；

② FOEB 主席在收到制造厂家提交的 PMMEL 项目验证计划之后，通过 AEG 工作平台任务管理员下发验证任务给相应的 FOEB 成员，计划并且完成 PMMEL 项目的验证；

③ FOEB 主席在收到制造厂家提交的 PMMEL 文件之后，完成 PMMEL 相对应的审批；

④ 飞行标准司航空器评审处在收到航空器型号项目责任部门上报的函件以及 MMEL 文本之后，发布 MMEL。

3. 维修审查委员会(MRB)

(1) MRB 的组成

MRB 由一名主席与若干成员组成。

MRB 主席由航空器型号项目组的维修专业人员担任。MRB 的成员正常是由来自责任 AEG 机构的维修专业人员组成的，但是可以视具体情况需要邀请其他 AEG

机构以及其他飞行标准部门的维修监察员、技术专家来参加。

(2) MRB 的任务和职责

MRB 的任务主要是评审维修人员执照以及培训规范、计划维修要求以及持续适航文件。

MRB 主席的职责包括：

- 计划和组织具体的评审工作；
- 组织 MRB 成员参加 ISC 以及 WG 会议；
- 准备 MRB 会议计划，组织召开会议并形成会议纪要；
- 对制造厂家起草的 SMR(计划维修要求)进行审核；
- 提出 PMRBR 的批准建议，并且签署批准；
- 与 TCB 相应的项目负责人进行协调；
- 作为委员会成员承担具体的工作。

MRB 成员的职责包括：

- 作为技术专家参加 ISC 与 WG 会议，并且承担相应具体的评审工作；
- 参加 MRB 会议；
- 对 MRB 主席其他必要的协助。

(3) MRB 评审程序

MRB 评审的主要流程如图 8.7 所示，评审的主要责任单位是航空器型号项目对应的责任部门和 MRB 主席，主要通过以下三种 MRB 会议推进评审：

① MRB 首次会议：在航空器型号项目 MRB 成立的时候召开，会议的主要目的是讨论 MRB 工作计划以及任务分工，介绍 ISC 以及 WG 的组成，审核 PPH。

② MRB 中间会议：或许包括多次会议，会议的主要目的是参加 ISC 与 WG 会议的阶段性总结，讨论遇到的问题以及解决方式。此外，可能会涉及 MRB 工作计划以及任务分工的变更。

③ MRB 最终会议：在 MRB 工作结束之前召开，会议的主要目的是讨论 PMRB 报告的批准。

MRB 评审的内容：

① MRB 主席在收到制造厂家提交的 ISC 组织以及机构计划文件之后，进行 ISC 组织与机构的审核；

② MRB 主席在收到制造厂家提交的政策与程序手册(PPH)或者其修订文件之后，进行 PPH 的认可；

③ 组织参加工业指导委员会的(ISC)会议；

④ 组织参加 WG 会议；

⑤ MRB 主席在收到制造厂家提交的 PMRB 报告文件之后，进行 PMRB 报告的审批；

⑥ 飞行标准司航空器评审处在收到航空器型号项目责任部门上报的函件以及

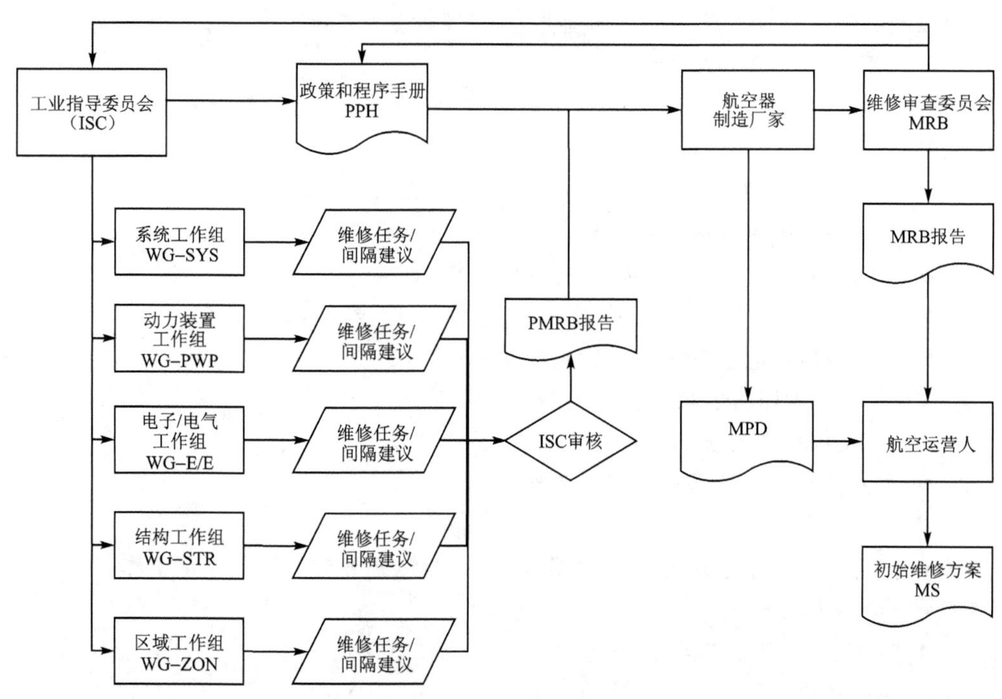

图 8.7　MRB 评审的主要流程图

MRB 报告文本之后，发布 MRB 报告。

8.1.5　进口航空产品初始认可审定中的 AEG 评审

由于航空产品初始型号审定中的 AEG 评审持续时间较长，投入人力资源较多，而且进口航空产品所在国民航当局的初始审定一般早于中国民航局的认可审定，我国民航局的 AEG 部门难以像对国产航空器一样开展全过程的 AEG 评审，因此对进口航空产品的 AEG 评审一般都以基于或参与其所在国民航当局 AEG 评审的方式开展，并力求通过双边协议和进口航空产品所在国民航当局进行合作。

AEG 评审相关的双边协议可以包含在双边航空安全协定（BASA）或双边适航协议（BAA）下的具体执行程序中。AEG 评审有关的双边协议是由民航局飞行标准司和对应民航当局的 AEG 主管部门会谈并且签署。签署双边协议之后，对相关进口航空产品的 AEG 工作按照双边协议来进行。

在 AEG 相关的无双边协议的情况下，可以采取对具体进口航空器 AEG 工作标准以及工作程序对比评审的形式。在工作标准与工作程序对等或认可差异的情况下，直接对评审过的航空器型号 AEG 工作进行相应认可；在工作标准与工作程序存在不认可的差异的情况下，对差异的部分按照程序补充评审，并且颁发 AEG 补充评审报告或者结论。

8.1.5.1　AEG 评估双边协议及执行程序

(1) 双边协议的签署

双边协议签署的责任部门是飞行标准司航空器评审处。飞行标准司航空器评审处在接到和某民航当局开展的 AEG 评审双边协议项目之后,应该完成如下工作:

① 与对应的民航当局 AEG 工作程序以及标准的对比清单。

② 与对应的民航当局 AEG 工作程序以及标准执行的相互考察。

③ 对存在的差异以及问题提出处理的建议,并且报主管司领导审核。

④ 与对应的民航当局共同起草 AEG 评审相关的双边协议。

⑤ 在经国际合作部门审核之后,形成的正式协议报飞行标准司司长签署。

(2) 双边协议的执行

执行双边协议的责任部门是飞行标准司航空器评审处。

飞行标准司航空器评审处在接到和协议民航当局开展的 AEG 评审项目后,应该完成如下工作:

① 获得协议民航当局 AEG 评估项目的计划以及安排,向协议民航当局提供责任联络人员以及参与人员的名单。

② 组织人员参与协议民航当局的具体评审相关工作,并且通过任务管理员来下发运行符合性清单评审相关的任务给项目组成员。

③ 在完成运行符合性清单评审之后,形成运行符合性清单。

④ 在协议民航当局 AEG 评审项目完成之后,完成相应的认可函件。

⑤ 将运行符合性清单、认可函件以及协议民航当局 AEG 项目的评估结论在 AEG 工作平台上正式公布。

8.1.5.2　无双边协议的 AEG 对比评估程序

(1) 工作标准和程序的对比

在飞行标准司航空器评审处接到适航审定部门开展型号认可审定的项目之后,应该完成如下相关的系列工作:

① 确认和初始型号审定当局 AEG 评估的程序以及标准是否已有相应的对比评估结论。如果已经有,则直接进入 AEG 补充评估的程序;如果没有,将继续执行下列任务。

② 完成和对应民航当局 AEG 工作程序以及标准的对比清单。

③ 将 AEG 工作程序与标准的对比清单告知型号认可审定申请人。

(2) AEG 对比评审

飞行标准司航空器评审处在完成 AEG 工作程序以及标准的对比之后,应该对相对应的型号认可审定项目完成下列工作:

① 组成相应的项目组。

② 通过 AEG 工作平台任务管理员下发评审任务给项目组的每一个成员。

③ 组织完成相对应的对比评审,提出建议的评审意见/结论,并且将评审意见/

结论在项目组内部会议讨论。

④ 讨论之后，将通过 AEG 工作平台任务管理员提交此项任务给本部门审核之后关闭。

⑤ 形成评审相关结论并且报飞行标准司予以公布。

8.1.6 AEG 的持续评审

AEG 的持续评审通过 AEG 和型号合格证持有人签署航空器评审持续评审合作计划(AEG - CEP)予以的规定。即使按照 CCAR - 21 - R4 的要求，AEG 持续评审将自动进行，但是前面的 AEG - CEP 仍保留。

航空器评审持续评审合作计划的目的主要是通过对型号合格证持有人的设计更改控制以及使用问题反馈处理流程记录的定期评审，对 AEG 评审认可文件的持续修订给予直接的认可。

航空器评审持续评审合作计划是由 AEG 评审责任单位和航空器型号合格证持有人共同签署的，并且必须满足下面的条件：

① 已完成具体的型号航空器评审；

② 通过了针对该型号航空器的运行支持体系评估。

针对初次接受 AEG 评审的型号合格证持有人，航空器评审持续评审合作计划确定的定期评审周期为 6 个月，在此之后可以根据评审的情况适当的延长，但是最长不超过 24 个月。

针对已签订航空器评审持续评审合作计划的申请人，一旦增加了新型号航空器，则需要重新签署以在合作计划中包括该新航空器型号，签署的条件要求是相同的。

当型号合格证持有人发生影响运行支持体系的机构、职责或工作流程的变化时，应当提前通知责任 AEG 部门，以重新评估对航空器运行支持体系的认可状态，并确定对航空器评审持续评审合作计划的影响，必要时将缩短定期评审的周期。

虽然签订了航空器评审持续评审合作计划，但是涉及型号合格证持有人申请修订航空器评审报告或者批准文件开展的评审，仍由项目组以及专业委员会通过评审会议的方式开展。

对于 AEG 持续评审发现的问题，型号合格证持有人应该及时采取改正措施，并且及时反馈到相对应的责任联络人员。针对拒不改正发现问题的情况，将会影响 AEG 评审结论的有效性，并且有可能会造成对相应的航空器限制运行。

8.2 航空器运行规章符合性

任何航空器的营运人在投入运行前必须表明符合 CCAR - 91、CCAR - 121(或 CCAR - 135)的相关条款。假如在首架航空器交付前仍然不能确认对规章的完全符合性，将会影响航空器的投入以及运行。为了加快与简化运行批准的过程，航空器型号合格证申请人可以在选择型号审定阶段向飞行标准部门的航空器评审组(AEG)申请确认航空器型号对 CCAR－91、CCAR－121(或 CCAR－135)相关条款的符合性。保证航空器顺利通过运行规章符合性评审的前提是,在航空器设计、设备选型阶段,航空器型号合格证申请人应根据航空器将来运行的特点以及客户航空公司特殊运行的要求,组织设计人员研究 CCAR－91、CCAR－121、CCAR－135 等相关规章条款,整理运行规章对航空器设计和设备选型等工作的具体技术要求,并将其贯彻到航空器的设计工作中。

8.2.1 《一般运行和飞行规则》符合性条款

典型的以涡轮为动力的航空器需满足的《一般运行和飞行规则》CCAR－91－R2 符合性条款共有 25 条,详见表 8.1。

表 8.1　CCAR－91－R2 符合性条款清单

序　号	条　款	内　容
1	第 91.401 条	民用航空器的合格证要求(燃油排泄和排气、噪声要求)
2	第 91.403 条	按目视飞行规则运行的仪表和设备
3	第 91.405 条	按仪表飞行规则运行的仪表和设备
4	第 91.407 条	在夜间和云上运行的仪表和设备
5	第 91.409 条	马赫表
6	第 91.411 条	无线电通信设备
7	第 91.413 条	导航设备
8	第 91.415 条	应急和救生设备
9	第 91.417 条	跨水运行飞机的附加应急和救生设备
10	第 91.419 条	水面上空运行旋翼机附加应急和救生设备
11	第 91.421 条	特定空域的附加应急和救生设备
12	第 91.423 条	高空飞行的氧气设备
13	第 91.425 条	在结冰条件下运行的设备
14	第 91.427 条	ATC 应答机和高度报告设备
15	第 91.429 条	涡轮喷气飞机的高度警告系统或装置
16	第 91.431 条	气象雷达
17	第 91.433 条	飞行记录器
18	第 91.435 条	应急定位发射机
19	第 91.437 条	地形提示和警告系统
20	第 91.439 条	机载防撞系统设备及应用
21	第 91.441 条	辐射指示器
22	第 91.443 条	不工作的仪表和设备

续表 8.1

序　号	条　款	内　容
23	附录 B	II 类运行的手册、仪表、设备和维修
24	附录 C	在最低导航性能规范空域内的运行
25	附录 D	在缩小垂直间隔标准空域内的运行

8.2.2 《大型飞机公共航空运输承运人运行合格审定规则》符合性条款

典型的以涡轮为动力的航空器需满足的《大型飞机公共航空运输承运人运行合格审定规则》(CCAR－121－R4)符合性条款共有 55 条,详见表 8.2。

表 8.2　CCAR－121－R4 符合性条款清单

序　号	条　款	内　容
1	第 121.151 条	飞机的基本要求
2	第 121.153 条	飞机的审定和设备要求
3	第 121.155 条	禁止使用单台发动机飞机
4	第 121.157 条	飞机的航路类型限制
5	第 121.159 条	飞机的运行验证试飞
6	第 121.161 条	应急撤离程序的演示
7	第 121.211 条	总则
8	第 121.213 条	旅客座椅间距
9	第 121.215 条	在客舱内装货
10	第 121.217 条	在货舱内装货
11	第 121.301 条	概则
12	第 121.305 条	飞机仪表和设备
13	第 121.307 条	发动机仪表
14	第 121.308 条	厕所防火
15	第 121.309 条	应急设备
16	第 121.310 条	附加应急设备
17	第 121.311 条	座椅、安全带和肩带装置
18	第 121.312 条	座舱内部材料
19	第 121.313 条	其他设备
20	第 121.314 条	货舱和行李舱
21	第 121.315 条	驾驶舱检查单

续表 8.2

序　号	条　款	内　容
22	第 121.316 条	燃油箱
23	第 121.317 条	旅客告示
24	第 121.318 条	机内广播系统
25	第 121.319 条	机组成员机内通话系统
26	第 121.320 条	高度保持和警告系统
27	第 121.323 条	夜间运行的仪表和设备
28	第 121.325 条	仪表飞行规则运行的仪表和设备
29	第 121.327 条	活塞发动机飞机用于生命保障的补充供氧要求
30	第 121.329 条	涡轮发动机飞机用于生命保障的补充供氧要求
31	第 121.331 条	具有增压座舱的活塞发动机飞机应急下降和急救用的补充氧气要求
32	第 121.333 条	具有增压座舱的涡轮发动机飞机应急下降和急救用的补充氧气要求
33	第 121.335 条	氧气设备的标准
34	第 121.337 条	呼吸保护装置
35	第 121.339 条	跨水运行的飞机的应急设备
36	第 121.341 条	结冰条件下运行的设备
37	第 121.342 条	空速管加温指示系统
38	第 121.343 条	飞行记录器
39	第 121.345 条	无线电设备
40	第 121.346 条	空地双向数据通信系统
41	第 121.347 条	地标领航的航路上目视飞行规则运行的无线电设备
42	第 121.349 条	仪表飞行规则运行或非地标领航的航路上目视飞行规则运行的无线电设备
43	第 121.351 条	延伸跨水运行和某些其他运行的无线电设备
44	第 121.352 条	快速存储记录器或等效设备
45	第 121.353 条	无人烟地区上空飞行的应急设备
46	第 121.354 条	地形提示和警告系统(TAWS)
47	第 121.355 条	使用特殊导航方法的运行所用的设备
48	第 121.356 条	空中交通警戒与防撞系统(ACAS)
49	第 121.357 条	机载气象雷达设备要求
50	第 121.358 条	低空风切变系统的设备要求
51	第 121.359 条	驾驶舱话音记录器

续表 8.2

序　号	条　款	内　容
52	第 121.360 条	近地警告/下滑道偏离警告系统
53	第 121.361 条	飞机标记和标牌的文字要求
54	121 部附件 B	急救箱和应急医疗箱
55	121 部附件 I	多普勒雷达和惯性导航系统

此外,假如航空器型号合格证申请人计划将航空器出口到美国或欧洲的某些国家和地区,航空器型号合格证申请人还需要研究航空器接受国家适航管理当局颁发的运行规章(如美国的 FAR－91 部和 FAR－121 部)最新修正案的相关条款要求并将其转化为设计要求,贯彻到设计活动中,确保航空器在投入运行前顺利通过对方管理当局的运行合格审定。

为确认航空器型号对 CCAR－91、CCAR－121(或 CCAR－135)相关条款的符合性,航空器型号合格证申请人应当提供一份建议的运行规章符合性清单,经过评审确认后,由民航局飞行标准司的 AEG 部门以发布运行符合性清单的方式予以公布。2008 年 11 月 10 日,中国民航局飞行标准司颁发的咨询通告《国内新型航空器投入运行前的评审要求》(AC－90－10)明确给出了典型航空器的运行符合性清单所包含的运行规章条款。

8.3　持续适航文件评审

不管航空器的初始设计水平和可靠性是多高,只要投入使用之后,正确地使用与维修是保持固有设计水平以及可靠性的基础,而且正确地使用与维修则需要通过航空器制造厂家制定准确、详尽、便于使用的持续适航文件来保证。

就持续适航文件的重要性方面,CCAR－23 第 23.1529 条、CCAR－25 第 25.1529、CCAR－27 第 27.1529 条、CCAR－29 第 29.1529 条都有明确规定。对于航空器持续适航文件的批准以及认可,是适航审定部门与飞行标准司航空器评审(AEG)部门的共同职责。适航审定部门批准的文件作为支持型号合格证颁发的条件,一般是在颁发型号合格证之前完成;飞行标准部门 AEG 负责批准与认可的文件作为支持航空器投入运行的条件,假如在颁发型号合格证时没有全部完成,首架航空器交付或颁发标准适航证之前必须要完成。

(1) 对航空器制造厂家的基本要求

① 航空器制造厂家在申请型号航空器交付或首次颁发标准适航证前,持续适航文件应该获得局方的批准或者认可。

② 航空器制造厂家在申请型号航空器交付或首次颁发标准适航证的时候,应该向航空器所有人或者运营人提供持续适航相关的文件。

③ 持续适航文件必须是专用的，同一型号航空器的不同构型可以使用通用的文件，但是必须在文件中具体注明以及体现构型差异的要求。

(2) 持续适航文件的范围和分类

航空器持续适航文件的范围包括：

① 航空器使用、维修以及其他保持航空器持续适航的限制、要求、方法、程序及信息。

② 航空器所安装的发动机、螺旋桨、机载设备以及航空器接口的信息。

③ 航空器机载设备与零部件的维修方法、程序以及标准。

按实际的用途，航空器的持续适航文件分为维修要求、维修程序以及构型控制几类。每类文件都以一本或者多本手册的形式编制，但是下述手册或者内容需要局方批准，并且应该按照局方的要求单独编制：

① 适航性限制项目(ALI)；

② 审定维修要求(CMR)；

③ 维修审查委员会报告(MRBR)；

④ 结构修理手册(SRM)；

⑤ 其他适航审定部门要求批准的文件(如 ETOPS 运行涉及的构型、维修和程序，CCAR - 26 涉及的特殊持续适航文件等)。

8.3.1　持续适航文件的内容规范

8.3.1.1　维修要求

维修要求的目的主要是向航空器使用人或运营人提供保持航空器的持续适航性以及飞行安全的维修任务要求，航空器的维修要求包括：

① 航空器系统与动力装置重要维修项目的计划维修任务以及维修间隔；

② 航空器结构重要项目的计划维修任务以及维修间隔；

③ 航空器各区域的计划检查任务与检查间隔；

④ 特殊检查任务(如闪电和高辐射防护)以及检查间隔；

⑤ 审定维修要求(CMR)；

⑥ 适航性限制项目(ALI)。

维修要求应该根据航空器型号审定中明确的系统、设备和结构的预期可靠性水平确定，涵盖航空器所有的系统、设备和结构，并考虑下列(但不限于)特定运行环境的影响：

① 潮热气候；

② 含盐腐蚀气候；

③ 风沙和(或)灰尘；

④ 寒冷天气。

维修要求应当具体指明维修任务的类别、适用的项目或区域(系统、设备和结构项目以 ATA 章节的方式标明)，并以飞行小时、飞行循环、日历时间或者其组合的方式明确维修或检查间隔。

除了经过局方特别批准采纳其他行业或者国际规范之外，维修任务应该采纳 MSG-3 的逻辑分析流程予以确定。相对运输类航空器与通勤类飞机，还是需要邀请航空器运营人参加 MSG-3 的逻辑分析流程，并且形成经过局方批准的维修审查委员会报告(MRBR)。

维修要求可以包括在航空器维修手册中，也可以编制单独的文件，比如维修计划文件(MPD)。相对于具备 MRBR 的航空器，比如编制 MPD，使用术语以及定义应该和 MRBR 一致，而且内容不少于或者低于 MRBR 的要求。

8.3.1.2　航空器维修程序

维修程序的目的主要是向航空器所有人或运行人提供一套维护说明书，用以确保航空器的正常维护以及落实具体的维修要求。航空器维修程序的内容包括 6 类资料。

(1) 概述性资料

航空器概述性资料源于型号审定的对应文件，主要包括航空器特点、数据以及勤务说明。为了方便使用，在不同的维修程序手册中可能会重复编写或相互参考，但是必须保证相关资料的一致。

(2) 系统和安装说明

航空器系统与安装说明中涉及的系统组成与设计数据内容源于型号审定的对应文件，涉及的安装程序与图示源于生产许可审定的文件。包括航空器各系统(包括发动机、螺旋桨和设备)的基本组成部件与部件的功能、相互逻辑关系，系统显示，以及为了方便说明所提供的必需的系统产品部件的性能数据与部件内部的工作原理。对于发动机、机载设备与部件的离位维修测试所涉及的使用与操作说明，包括在有关制造厂家编制的单独手册中。

(3) 使用和操作说明

航空器系统、部件使用与操作说明中的内容源于型号审定的文件。包括维修人员需要了解的航空器系统、部件在翼使用与操作说明。

(4) 故障处理说明

航空器可能会发生的故障源于型号审定过程中的系统安全分析，是航空器监控系统所能检测到的故障，包括机组与维修人员发现的故障。故障处理说明一般涵盖型号审定过程中系统安全分析得出发生的可能性大于 10^{-5} 的故障情况。故障处理说明包括针对每条故障现象列出的可能原因与失效部件，以及基于故障可能原因进行的隔离、判断与排故程序。故障隔离与判断的先后逻辑不能影响航空器安全或者造成人员伤害，并且不会致使可能的原因漏判。

(5) 维修实施程序

① 维修任务。维修任务源于维修要求与其他持续适航文件涉及的维修实施要

求，包括 MRBR 和 MPD 中的计划维修任务，故障处理涉及的排故程序，主最低设备清单(MMEL)中涉及的维修程序，可预计的意外损伤的处理，部件拆卸安装后必要的维修任务，数据统计分析产生的维修任务。

每一项维修任务的内容都包括清洗、检查、调整、试验与润滑的具体实施程序，并且提供适用的允差以及推荐的补充工作内容；拆卸和更换零部件的顺序及方法，以及应该采取的必要防范措施；任务中涉及到的工具设备、航材、材料等必要信息。

② 维修可接近性说明。维修可接近性说明应该源于维修任务的可达性要求。包含完成所有维修任务需用的航空器接近口盖的图示与说明，如果没有接近口盖，应说明接近的具体方法与程序。

③ 标准工艺与操作。标准工艺与操作源于维修任务中的通用工艺与操作，包括具体每一项工艺或者操作的具体实施程序与标准，保证航空器与人员安全的必要措施，并且提供所涉及的工具设备、航材、材料等一系列必要信息。

④ 无损探伤(NDT)文件。无损探伤文件主要源于维修任务中要求实施无损探伤的项目。包括根据航空器的结构特点确定各种 NDT 方法的特点与适用范围以及维修任务要求的每个项目 NDT 检查的具体程序。

⑤ 结构修理文件(SRM)。结构修理文件描述航空器在服役中预期的结构修理种类与准则，是需经型号审定部门批准的一种持续适航文件。

(6) 维修支持信息

① 工具设备手册。工具设备主要源于维修任务中涉及的专用的工具、夹具与测试设备。

② 供应商信息。航材供应商信息主要源于维修任务中涉及的可更换零部件、原材料与专用工具设备。主要包括便于航空器所有人或者运行人采购的索引部分与供应商信息。

8.3.1.3 机载设备和零部件维修程序

机载设备与零部件维修程序的目的主要是向航空器所有人或运行人提供一套机载设备和零部件的维护说明书，用以确保落实具体的维修要求。机载设备与零部件维修程序的编制责任属于航空器制造厂家。

航空器制造厂家可以选择直接使用机载设备与零部件制造厂家编制的单独手册或者结合航空器维修程序一同编制。

8.3.1.4 构型控制文件

产品构型控制文件用于规定航空器的构型设计标准，以保证在航空器维修过程中，符合经批准的设计规范。产品构型控制的主要内容图解零件目录和线路图册。

(1)图解零件目录

图解零件目录源于型号审定过程中制造符合性检查确立的装配图解，用于提供航空器部件装配、更换的上一级/下一级装配件关系，并且提供零部件识别、供应、储备与领取的索引。主要包括详细零件图解、详细零件目录及其他必要说明。

(2) 线路图册

线路图册源于型号审定过程中制造符合性检查确定的布线图,用于提供航空器电子电气线路的图解,并对相应的电路进行详细的描述,供维修过程中对相关系统进行排故和维修时使用。主要包括航空器所有电子电气线路构成的线路图、系统原理图、清单(包括电子/电气设备和导线)和位置图(包括必要的发动机、部件内部线路)。

8.3.2 持续适航文件的编制、分发和修订管理

8.3.2.1 持续适航文件的编制

持续适航文件的初始编制基于合适的源头文件,包括航空器的设计定义和图纸,系统安全分析文件,结构分析和实验报告,部附件供应商的分析和实验报告以及其他适用的工程设计文件。除上述源头文件外,所有的持续适航文件均参考航空器型号统一的名词术语规范和构型控制文件。

持续适航文件的编写一般采用直接的文档编辑或数据库的模式,在内容编写完成后需经过工程设计部门的审核,确定所编写的内容符合相关的设计和分析、验证报告。对于因研制过程中设计更改和验证问题造成的持续适航文件内容修订,需要重复上述审核和验证过程,直至航空器设计冻结后形成持续适航文件的初稿,并提供给局方审核。经过进一步试飞验证和局方审核后,形成定稿,并交付首批用户作为运行准备参考。

持续适航文件在草稿和初稿阶段一般应该是以型号审定包括的航空器所有构型为基础的主手册,在定稿后可以根据客户的选装构型编制客户化手册。

8.3.2.2 持续适航文件的分发控制

持续适航文件在编制完成后应及时分发给制造厂家内部相关部门,以便在相关的工作中参考并实施验证。

在航空器交付时,应将适用的持续适航文件一同提供航空器的所有人(或运营人),并进行客户化或单机化出版编辑,同时建立出版编辑规范以实施有效控制,保证内容的适用性。

8.3.2.3 持续适航文件的持续修订

航空器投入使用后,航空器制造厂家根据要求应当对持续适航文件的准确性、可用性和与设计的符合性进行全寿命的持续跟踪,并在发现或者得到存在错误、缺失、不可操作或设计更改等问题反馈时及时修订涉及的持续适航文件内容;并在修订前以服务通告的方式快速通知航空器运营人(或所有人)所涉及的持续适航文件内容修订,以提醒运营人(或所有人)保证及时引起注意。

为保证持续适航文件持续跟踪和修订工作的有效进行,航空器制造厂家还将建立有效的信息收集方式和渠道,并制定相应的修订工作规范。

8.3.2.4 持续适航文件管理规范

为保证持续适航文件编制、分发和修订责任的落实,航空器制造厂家根据要求通

过管理体系文件的方式建立续适航文件管理规范，明确持续适航文件管理的责任部门和人员，明确相关部门的支持和配合要求，并建立规范的工作流程和标准。

8.3.3　局方对持续适航文件的认可

除局方批准的文件或文件内容外，局方评估确认航空器制造厂家是否建立了合适的持续适航文件管理规范，是否有记录表明持续适航文件的编制、分发和修订管理符合相应的管理规范，并通过抽查对持续适航文件完成了准确性、可用性和与设计的符合性的评估和验证后对航空器型号的持续适航文件及其持续修订予以认可。

8.3.4　航空器设计更改要求

对于航空器的设计更改，航空器制造厂家和补充型号合格证(STC)、重要改装方案批准持有人共同负责对持续适航文件更改部分进行影响评估和必要修订。

航空器制造厂家之外的设计更改持有人，对相应持续适航文件所做修订的认可，如果没有被包含在适航审定部门设计的更改批准数据包中，则可以由设计更改持有人向局方航空器评审部门提出认可申请，或由实施该设计更改的运营人(或所有人)向其主管运行监察员提出认可申请。

第九章　运行与维修相关机构合格审定

9.1　航空营运人的审定

航空营运人的审定包括多个方面，分别是运行管理审定/监察大纲、跨地区运行管理、运行规范D分部的批准和管理、航空器投入运行前检查、租赁引进航空器的审核、湿租出租航空器的审核、运行演示和验证检查、最低设备清单的审核、航空器设备安装的偏离和豁免、特殊运行的审核、维修协议的审核批准、维修系统的机构和人员评估、维修工程管理手册的审批、航空器维修方案的审批、航空器加入维修方案的审批、可靠性方案的审批、维修系统培训大纲的审批、除冰/防冰大纲的审核、新开辟航线的审核。本章对其中的几个重要方面进行说明。

9.1.1　运行管理审定/监察大纲

(1) CCAR-121航空运营人的初始审定

对于申请颁发运行合格证与运行规范及其变更的航空运营人，相应的地区管理局应当安排主任维修监察员来完成以下审定或者补充审定项目：

① 对航空运营人维修系统的机构及人员进行评估，并审批其维修系统的培训大纲和维修工程管理手册(包括需要批准的特殊工作程序)。

② 根据航空运营人的申请，审批其计划使用航空器的初始维修方案和可靠性方案，并会同主任运行监察员完成最低设备清单、除冰/防冰大纲的批准审核。

③ 对于航空运营人引进的航空器要进行投入运行前的检查。如果涉及租赁引进航空器，则需要对租赁合同的技术条款和引进的符合性进行审核；如果有航空器设备安装偏离或者豁免申请，则需完成相应的审核并报民航局批准；如果涉及运行演示和验证，则应会同主任运行监察员完成相应的检查。

④ 对航空运营人申请开辟的航线要进行检查。如果涉及特殊运行的批准，则应会同主任运行监察员完成相应的检查。

(2) CCAR-121航空运营人的补充审定

对于已获得运行合格证和运行规范的航空运营人，如果其申请变更，相应的地区管理局应当安排主任维修监察员完成以下相应的变更审定项目：

① 对航空运营人维修系统机构及人员的变化，在进行相应的评估后应以审批其维修工程管理手册修订的方式予以批准。

② 对不涉及维修系统机构和人员变化的维修工程管理手册(包括需要批准的特

殊工作程序)、维修方案、维修系统的培训大纲、可靠性方案等技术文件或管理规范的变更,在进行相应的评估后,应以审批相应的管理规范或技术文件修订的形式予以批准。若涉及最低设备清单、除冰/防冰大纲的变更,则应会同主任运行监察员完成其修订审核。

③ 与初始审定类似,需对航空运营人新引进的航空器进行投入运行前的检查,对航空运营人新开辟的航线进行检查。

④ 对航空器湿租出租的审核,在进行相应的评估后,应以批准维修工程管理手册及运行规范的形式予以批准。

(3) CCAR－121 航空运营人的日常监察

对于已获得运行规范和运行合格证的航空运营人,相应的地区管理局应当安排主任维修监察员,来完成以下相应的日常监察项目:

① 对航空运营人关于运行规范的符合性、维修系统机构和人员对批准的管理规范的符合性进行年度评估;

② 对航空运营人运行的航空器应进行年度适航性检查;

③ 基于航空运营人的申请,对超出持续适航文件的修理、改装和再次保留故障进行审批;

④ 每季度至少对航空运营人进行一次停机坪检查(其中包括航空器、航线维修和地面勤务)和航路检查;

⑤ 需要对航空运营人上报的使用困难报告进行调查,并且参加航空运营人的可靠性管理会议。

(4) 审定监察的实施和审定监察计划

除涉及跨地区运行管理的运营人外,各管理局应按照民航局有关“三级管理”分工的相关规定,根据已收到的审定或补充审定申请、航空运营人的日常监察项目,同时将具体的审定监察项目分解到本地区的地方安全监督办公室,并且按照下述要求制定审定监察计划:

① 每年 2 月 1 日前,各管理局应对本年度内已确定的计划审定监察项目列出至少以月份为单位的审定监查计划表。

② 审定监察计划表应该至少每季度修订一次,且修订时突出现时修订的内容。

③ 对给出固定监察频度的监察项目,地区管理局可以基于人力资源和工作安排情况进行适当的调整,但是最长不得超过规定监察频度一半的时间。

④ 对以往监察过程中发现较多问题的航空运营人,各管理局可以视情提高监察频度来加强对其的监察。

⑤ 对于本地区所有运营人的审定监察计划表应集中存放一份现行有效的档案。

地方安全监督办公室在完成审定监察项目之后，地区管理局应当能够及时地得到审定监察信息的报告，并且承担监督落实审定监察计划的责任。

(5) 主任维修监察员及责任维修监察员制度

为落实审定监察要求以及工作计划，各地区管理局需按照下述要求建立责任维修监察员和主任维修监察员制度：

① 对辖区内每一个航空运营人分别指定一名主任维修监察员(或者称为主任适航监察员)，来负责对航空运营人的审定及补充审定的总体计划和实施，并且对运行规范和批准的管理规范进行管理。

② 基于航空运营人的规模指定相应的责任维修监察员，以此来分别实施对航空运营人的维修工程管理的各项审批事宜。若仅有一名维修监察员，则主任维修监察员可同时作为责任维修监察员。

③ 对于涉及跨地区运行管理的航空运营人，主任维修监察员应设在相应的合格证管理局，但是各属地管理局对本地区负责的维修工程管理职责应至少设定一名责任维修监察员。

主任维修监察员应当是地区管理局合格证管理办公室、适航维修处或者地方监管办适航维修处的维修监察员，并且应当具有丰富的运行合格审定经验及良好的协调能力。除非有计划的变更，否则主任维修监察员应当固定。

责任维修监察员应当是地区管理局合格证管理办公室、适航维修处、飞标处或者地方监管办适航维修处的维修监察员，而且负责机型技术文件审批的责任维修监察员应经过相应机型的培训。责任维修监察员应相对固定，在指定的人员缺席时，可以另外临时指定有资格的维修监察员担任。

9.1.2　运行规范 D 分部的批准和管理

运行规范的批准和颁发主要来源于下述情况：

① 航空运营人初次申请和修订申请审查结论；

② 责任部门的监察结果；

③ 局方其他部门审定和监察的建议；

④ 事故和事件调查后采取的强制限制运行措施。

针对运行规范 D 分部涉及的每一段落，其批准颁发前应当按照如下原则确认已经完成了规定的检查和评估：

- D0001 机构和人员：所有基地已经完成了维修系统的机构和人员评估。
- D0003 航空器清单：每一架航空器已经完成了投入运行前检查，涉及特殊运行的，需完成特殊运行的审核，并经主任运行监察员确认获得批准。

- D0005 维修工程管理手册:已经完成了维修工程管理手册的审批。
- D0007 培训大纲:已经完成了维修系统培训大纲的审批。
- D0009 航空器维修方案:已经完成了维修方案的审批。若有协议使用维修方案的情况,则还应当同时获得 D0019 协议和 D0017 协议使用维修方案加入可靠性管理体系的批准。
- D0011 航空器检查大纲(仅适用于 CCAR-135 的部分航空器)。
- D0013 可靠性方案:已经完成了可靠性方案的审批。
- D0015 最低设备清单:已经完成了最低设备清单的审核并且经主任运行监察员批准。
- D0017 协议使用维修方案:已经完成了维修协议的审核批准。
- D0019 协议加入可靠性管理体系:已经完成了维修协议的审核批准。
- D0021 协议维修单位:已经完成了维修协议的审核批准。
- D0023 航材共享协议:已经完成了维修协议的审核批准。
- D0025 特殊运行航空器的维修:已经完成了特殊运行的审核。
- D0027 湿租航空器的维修:对于湿租租进的情况,已经完成了租赁引进航空器的审核,并向主任运行监察员确认已经获得湿租批准;对于湿租租出的情况,已经完成了湿租出租航空器的审核,并向主任运行监察员确认已经获得湿租批准。

9.1.3 航空器投入运行前检查

在航空器投入运行前,其检查来自航空运营人的申请,可能的情况包括:

① 购买引进;

② 租赁引进;

③ 已有停用航空器重新投入运行。

在航空器投入运行前,检查的责任人一般为其责任维修监察员及航空运营人计划执管航空器的基地属地管理局。对于航空器检查委托的情况,航空器检查的责任人随之转移;对于跨地区运行管理的情况,维修工程管理项目的检查责任人分别为对应的责任管理局及其责任监察员。根据各地区管理局的机构及分工,责任部门可以为管理局适航维修处和合格证管理办公室。

需要检查的项目分为航空器和维修工程两个方面,表 9.1 给出了针对航空器本身的航空器投入运行前检查项目,表 9.2 给出了航空器投入运行前维修工程检查项目。

表 9.1 航空器投入运行前检查项目

序 号	检查项目	
1	航空器引进符合性	1.1 航空器一般信息；1.2 航空器合格证件；1.3 文件/资料的获得；1.4 技术状态记录
2	航空器运行设备	2.1 飞行/导航仪表；2.2 发动机仪表；2.3 厕所防火；2.4 应急设备；2.5 附加应急设备；2.6 座椅、安全带和肩带装置；2.7 座舱内部材料；2.8 其他设备；2.9 货舱和行李舱；2.10 驾驶舱检查单；2.11 燃油箱；2.12 旅客告示；2.13 机内广播系统；2.14 机组成员机内通话系统；2.15 高度保持和警告系统；2.16 夜间运行的仪表和设备；2.17 仪表飞行规则运行的仪表和设备；2.18 活塞发动机飞机用于生命保障的补充供氧要求；2.19 涡轮发动机飞机用于生命保障的补充供氧要求；2.20 具有增压座舱的活塞发动机飞机应急下降和急救用的补充氧气要求；2.21 具有增压座舱的涡轮发动机飞机应急下降和急救用的补充氧气要求；2.22 氧气设备的标准；2.23 呼吸保护装置；2.24 跨水运行的飞机的应急设备；2.25 结冰条件下运行的设备；2.26 空速管加温指示系统；2.27 飞行记录器；2.28 快速存取记录器或者等效设备；2.29 无线电设备；2.30 空地双向数据通信系统；2.31 地标领航的航路上目视飞行规则运行的无线电设备；2.32 仪表飞行规则运行或者非地标领航的航路上目视飞行规则运行的无线电设备；2.33 延伸跨水运行和某些其他运行的无线电设备；2.34 无人烟地区上空飞行的应急设备；2.35 地形提示和警告系统；2.36 使用特殊导航方法的运行所用的设备；2.37 空中交通警戒与防撞系统；2.38 机载气象雷达设备要求；2.39 低空风切变系统的设备要求；2.40 驾驶舱话音记录器；2.41 近地警告/下滑道偏离警告系统；2.42 飞机标记和标牌的文字要求
3	特殊适航要求	3.1 客舱座椅间距；3.2 客舱载货；3.3 货舱装货
4	航空器状态	
5	应急定位发射机频率和编码	

表 9.2 航空器投入运行前维修工程检查项目

序 号	检查项目	序 号	检查项目
1	维修方案建立/加入	4	维修能力
2	可靠性方案	5	维修工程管理手册
3	飞行记录本	6	人员培训

9.1.4 最低设备清单的审核

对下述情况需要进行最低设备清单的审核：

① 航空运营人在初次制定最低设备清单时的申请；

② 航空运营人修订最低设备清单的申请；

③ MMEL 或者适航指令对应的修订要求；

④ 局方监察发现问题相对应的改正措施。

最低设备清单审核时需要检查的项目如表 9.3 所列。

表 9.3　最低设备的检查项目

序　号	检查项目	序　号	检查项目
1	MEL 的编制依据	7	备注和例外
2	制定 MEL 的考虑因素	8	乘客便利项目
3	设备安装数量的标明	9	管理控制项目
4	签派或者放行数量	10	使用语言
5	修复期限类别	11	正文编写格式
6	操作和维修程序	12	正文之外的内容和格式

9.1.5　维修系统的机构和人员评估

维修系统的机构和人员评估来自于航空运营人的申请，其可能的情况包括：

① 初次运行规范的申请；

② 维修系统的机构和人员变更申请。

需要检查的项目主要包括 6 个方面：主要管理人员、工程技术部门、维修计划和控制部门、质量部门、培训管理部门以及可靠性管理机构，如表 9.4 所列。

表 9.4　维修系统的机构和人员评估检查标准

序　号	检查项目	
1	主要管理人员	1.1 维修副总经理设置；1.2 维修副总经理的任务、职责和权力；1.3 维修副总经理授权部分职责给其他人员；1.4 维修副总经理及其授权人员的要求和条件；1.5 总工程师设置；1.6 总工程师的任务、职责和权力；1.7 总工程师的要求和条件；1.8 上述主要管理人员的技术档案
2	工程技术部门	2.1 工程技术部门的设置；2.2 工程技术部门的职责；2.3 工程技术部门的设施、人员和工作程序；2.4 工程技术部门主管的资格；2.5 从事工程技术管理人员的资格；2.6 工程技术部门人员的培训；2.7 工程技术部门人员的技术档案
3	维修计划和控制部门	3.1 维修计划和控制部门的设置；3.2 维修计划和控制部门的职责；3.3 维修计划和控制部门的设施、人员和工作程序；3.4 维修计划和控制部门主管的资格；3.5 从事维修计划和控制管理人员的资格；3.6 维修资源计划；3.7 航线维修和勤务安排；3.8 使用统计和监控；3.9 航空器定期检修计划；3.10 航空器部件送修计划；3.11 分析、化验、译码计划；3.12 航材供应计划；3.13 工具设备计划和控制；3.14 维修控制中心；3.15 维修计划和控制部门人员的培训；3.16 维修计划和控制部门人员的技术档案

续表 9.4

序　号	检查项目	
4	质量部门	4.1 质量部门的设置；4.2 质量部门的职责和工作方式；4.3 质量部门的设施、人员和工作程序；4.4 质量部门主管的资格；4.5 从事质量管理人员的资格；4.6 管理制度和工作程序的评审；4.7 人员资格的评估；4.8 维修系统的内部审核；4.9 外部协议/合同单位的评估；4.10 单机适航性状况监控；4.11 质量调查；4.12 质量部门人员的培训；4.13 质量部门人员的技术档案。
5	培训管理部门	5.1 培训管理部门的设置；5.2 培训管理部门的职责；5.3 培训管理部门的设施、人员和工作程序；5.4 从事培训管理人员的资格；5.5 培训要求；5.6 更新培训；5.7 培训设施；5.8 培训提纲或教材；5.9 培训管理；5.10 培训部门人员的培训；5.11 培训部门人员的技术档案
6	可靠性管理机构	6.1 可靠性管理机构的设置；6.2 可靠性管理机构的组成；6.3 可靠性管理机构的工作方式；6.4 可靠性管理机构参加人员的职责和分工

9.1.6　航空器维修方案的审批

对下述情况需要进行航空器维修方案的审批：

① 航空运营人初始制定维修方案的申请；

② 航空运营人修订维修方案的申请；

③ 适航指令、改装及其他局方书面文件对应的修订要求；

④ 局方监察发现问题相对应的改正措施。

航空器初始维修方案审批需要检查的项目如表 9.5 所列。

表 9.5　航空器初始维修方案审批需要检查的项目

序　号	检查项目	
1	维修方案的考虑因素	1.1 航空器预计的使用特点；1.2 航空器预计的利用率；1.3 航空器的设计；1.4 使用历史；1.5 维修工程管理能力；1.6 维修的方便性
2	维修方案的内容	2.1 一般信息；2.2 载重平衡控制；2.3 计划检查和维修工作；2.4 非计划检查和维修工作；2.5 发动机、螺旋桨和部件的修理和翻修；2.6 结构检查/机身翻修；2.7 必检项目；2.8 维修资料的使用
3	结构持续完整性大纲	3.1 腐蚀预防与控制大纲 CPCP 的制定依据；3.2 CPCP 的内容；3.3 CPCP 检查任务和区域；3.4 CPCP 腐蚀等级的确定；3.5 CPCP 确定等级后的工作；3.6 CPCP 涉及 AD；3.7 CPCP 的执行；3.8 CPCP 的改善；3.9 腐蚀损伤的记录和报告；3.10 补充结构检查大纲 SSID 设计使用目标；3.11 制造厂 SSID 的获得；3.12 SSID 加入维修方案；3.13 SSID 修理/改装的影响评估
4	特殊运行的维修方案	4.1 特殊运行的工作单；4.2 发动机监控；4.3 滑油消耗量监控

对于适航指令、改装、局方书面要求或根据局方监察发现问题的改正措施而需要修订的情况，应当首先由责任维修监察员确认航空运营人提交了需要修订的内容，按表 9.6 逐项检查其修订的内容。将发现的问题通知航空运营人，并对提交的改正措施进行评估并记录结论。

表 9.6　航空器维修方案修订审批需要检查的项目

序　号	检查项目	
1	一般修订（问题改正、执行改装/服务通告、AD 的贯彻、老龄飞机修理评估等）	1.1 修订内容的准确性； 1.2 有关的维修/评估记录； 1.3 执行控制。
2	据可靠性分析结果的修订	2.1 维修任务修改/删减（2.1.1 MSI/SSI；2.1.2 OC/CM；2.1.3 MSG－2 安全或隐蔽故障任务；2.1.4 MSG－3 5/8 类任务；2.1.5 ALI/CMR）；2.2 维修间隔修改的控制（2.2.1 机身、发动机翻修或主要检查时间限制的延长；2.2.2 部件的检查、台架测试和修理时间间隔的延长；2.2.3 部件由监控维修方式转换为定时维修方式）
3	低利用率的维修方案	3.1 低利用率；3.2 补充检查和维修；3.3 执行日历时限；3.4 制造厂家的指导

9.1.7　可靠性方案的审批

对于下述情况需要进行可靠性方案的审批：

① 航空运营人初始制定可靠性方案的申请；

② 航空运营人修订可靠性方案的申请；

③ 局方监察中发现问题对应的改正措施。

可靠性方案的审批需要检查的项目如表 9.7 所列。

表 9.7　可靠性方案的审批需要检查的项目

序　号	检查项目	
1	可靠性方案的内容	1.1 控制的系统、部件、维修间隔；1.2 可靠性方案的内容
2	可靠性控制体系	2.1 数据收集；2.2 数据分析；2.3 纠正措施；2.4 统计性能标准；2.5 数据显示和报告；2.6 维修间隔的调整和维修方式/任务的改变；2.7 可靠性方案的修改
3	可靠性管理机构	3.1 可靠性管理机构的设置；3.2 可靠性管理机构的组成；3.3 可靠性管理机构的工作方式；3.4 可靠性管理机构参加人员的职责和分工

9.2 航空器维修单位审定

9.2.1 维修单位审定目的与要求

(1) 审定目的

航空器维修单位审定的目的是确定申请维修许可证或者其变更的维修单位对于CCAR－145的符合性。其中，符合CCAR－145的应颁发或变更其维修许可证；同时对持有维修许可证的维修单位有计划地进行持续监督其对CCAR－145的符合性，若发现不符合情况，应及时要求其纠正，并按照规定给予必要的处罚。

(2) 审定基本程序

国内维修单位审定的基本程序如图9.1所示。

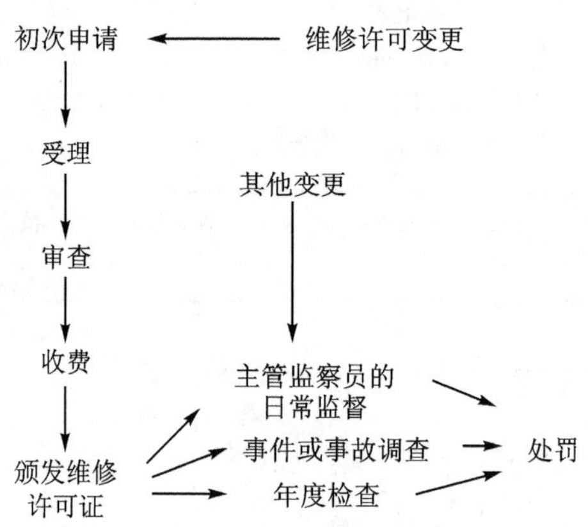

图9.1 国内维修单位审定的基本程序

国外和地区维修单位审定的基本程序如图9.2所示。

实际工作中，在年度检查或延长维修许可证的同时，允许并且鼓励维修单位申请维修许可证的变更。

(3) 审定人员要求

① 执行初次或变更申请维修许可审定的人员必须是民航局飞行标准司和地区管理局适航维修处的正式监察员，并且通过CCAR－145培训。

② 主管监察员：对国内维修单位来说，由地区管理局适航维修处处长来指定监察员，用来负责对某个(些)维修单位进行监督和管理；对于国外或地区维修单位，应由民航局飞行标准司持续适航维修处处长来指定监察员，用来负责某一国家或地区的维修单位的监督和管理。主管监察员应该具备民航局任命的适航监察员资格，且接受过CCAR－145部的培训。

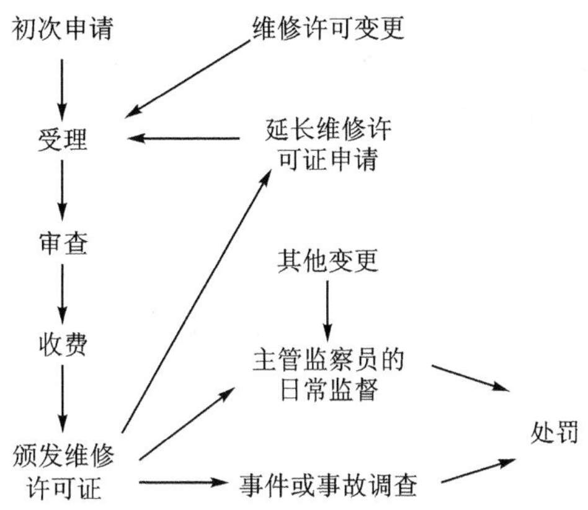

图 9.2　国外或地区维修单位审定的基本程序

9.2.2　国内维修单位审定

(1) 申请资料接收

接收的资料主要包括四个方面：

① 维修许可证申请书；

② 维修单位手册(适用于部件项目)；

③ 维修能力请单；

④ 符合性说明。

而且还应检查申请资料有无破损，若有严重破损，应通知申请单位或退回。

(2) 情况了解

审定人员首先需了解申请单位是否符合申请条件，对于法人单位的申请单位，应该出示其工商部门批准的营业执照；而对于由法人单位授权的申请单位，应该出示法人单位对申请单位的授权书和法人单位的工商部门批准的执照。其次，应了解主要管理人员的状况，若不是法人代表担任责任经理，应出示由法人代表对责任经理的授权书等；并且了解会面人员对 CCAR－145 的了解情况；然后通过会谈了解申请单位的各申请项目在厂房设施、器材、工具设备、人员方面和适航行资料的基本情况，及各申请项目的外委情况，其中对主要工作外委的项目不予受理。最后，核对会谈的情况和提交申请资料的符合性，并完成申请单位会面记录表。

(3) 受理与审查

适航维修处处长根据受理的项目和维修单位的类型确定审查组的规模及人员组成，并且指定审查组长。根据审查任务单给定的审查项目和工时标准，审查组长应制定维修单位审查计划表，并明确维修许可审查和记录单中适用的项目。至少在预计的审查日期前一个月，审查组长应以函件的形式通知申请单位其具体审查日期并附上维修单位审查计划表。

(4) 资料与现场审查

需审查的资料主要包括维修管理手册、工作程序手册、维修能力清单、外委项目清单等资料，审查重点是确认其必须内容和格式与 CCAR－145 的符合性。现场审查主要是确认维修单位申请维修项目范围的维修能力及其管理系统对 CCAR－145 的符合性。其中，对于工作程序相同的多个维修项目的审查，可以集中一个维修项目的全过程来进行详细审查，根据其存在的问题，采取抽查的形式来确认其他维修项目是否存在同样的问题。另外，要核对其实际的维修和管理工作与其维修单位手册的规定的符合性。

(5) 发现问题的通知与改正措施要求

将审查中发现的问题分成三类，其标准如下：

Ⅰ类问题：是指不符合 CCAR－145 在厂房设施、器材、工具设备、适航性资料及人员等硬件方面的要求，同时在日常的维修工作中不可缺少而且短期内不能解决的问题。

Ⅱ类问题：是指在管理系统与其工作程序上不符合 CCAR－145 的要求，以及实际维修工作同管理程序不符合的情况普遍存在或者重复出现的问题。

Ⅲ类问题：是指除Ⅰ、Ⅱ类问题之外的任何问题。

对于上述三类问题，给出了改正措施期限要求：

① 对于Ⅰ、Ⅱ类问题，要求在收到审查发现问题通知书后一个月内，维修单位必须改正，且在审查组长的同意下最长不能超过三个月。

② 对于Ⅲ类问题，如果是可以立即纠正的，应要求必须及时改正；而如果需要较长时间纠正的，应当有明确可行的改正措施计划。

(6) 批　准

在收到被审查单位的改正措施报告之后，主管监察员应使用改正措施评估单，并按照下述原则及时进行评审：

① 对Ⅰ类问题，应评估其改正措施的符合性，而且应在其改正后进行现场复核。若现场复核发现其改正措施正在进行但是尚未完成的，可以延长其改正措施的期限，但最多不能超过三个月。

② 对Ⅱ类问题，应评估其纠正措施的符合性，如果有些问题附有充分的资料证明其改正措施的可行性，那么可以不进行复核，否则需进行现场复核。若现场复核发现其改正措施正在进行但是没有完成的，可以在审查报告中建议延长其改正措施的期限，但是延长时间最多不能超过三个月。

③ 对Ⅲ类问题，其改正措施应该有足够的资料证明其已经改正或改正措施计划明确可行。

④ 对评审中发现的任何关于改正措施不满意的情况，应书面通知维修单位，但是一般情况下，对于任一发现问题的改正措施，最多评审两次，若两次后仍不满意，则任务结束。

按照经适航维修处处长批准的审查报告中建议批准的项目，审查组长或其指定人员可打印维修许可证。国内维修许可证的编号使用规则如下：

① 由一个英文字母及六位阿拉伯数字组成，例如 D.100001。

② D 为英文 Domestic 的缩写，代表“国内”；第一个阿拉伯数字为地区编号；后五位阿拉伯数字为顺序号，如“00001”代表第 1 份《维修许可证》。地区编号中，“1”代表华北地区，“2”代表华东地区，“3”代表中南地区，“4”代表西南地区，“5”代表西北地区，“6”代表东北地区，“7”代表新疆地区。

(7) 维修单位年度检查

审查组的成员必须要经过 CCAR－145 部的培训，审查组长应由适航维修处处长指定，年度检查时间一般规定为在初次批准或上一次年度检查后的 12 个月之内，最长不允许超过 18 个月。适航维修处处长根据批准的项目和维修单位的类型确定审查组的规模及人员组成，并且指定审查组长。根据审查任务单给定的审查项目和工时标准，由审查组长制定维修单位审查计划表，并且明确维修许可审查和记录单中适用的项目。至少在预计的审查日期前一个月，审查组长应以函件的形式通知申请单位其具体审查日期并且附上维修单位审查计划表，根据申请单位合理的请求，审查日期可以适当调整。

若在现场审查中发现维修单位从事被暂停项目、非批准项目或虽已获批准但是处于不完全具备维修条件状态项目的维修工作，那么应立即结束审查工作，并进入吊销维修许可证处罚的程序。另外，如审查组认为某一问题直接危害飞行安全，不论其问题的等级，审查组有权要求立即纠正或停止有关的维修工作。同时，在以往审查中发现的Ⅲ类问题若仍然存在，则应被视为Ⅱ类问题。在年检中，无论何类问题，都应要求在收到审查发现问题通知书后 30 天内，被审查单位需向审查组提交纠正措施报告，以此来说明其对发现问题的改正情况或者改正计划。

最后，对改正措施评估结果全部满意的情况，其维修许可证及批准所有项目会继续保持有效。对影响全部审查项目的发现问题，若维修单位明确表示无法改正，或是改正措施评估结果不满意，那么应建议进入暂停维修许可证程序；部分影响个别审查项目的发现问题，若维修单位明确表示无法改正，或是改正措施评估结果不满意，那么应建议进入暂停维修许可证有关许可项目程序。

在国内维修单位审查报告完成后，应该由适航维修处处长对其进行审核并批准。

9.2.3 国外或地区维修单位审定

(1) 申请资料接收

接收的资料与国内维修单位的初始申请要求一样，主要包括四个方面：

① 维修许可证申请书；

② 维修单位手册(适用于部件项目)；

③ 维修能力清单；

④ 符合性说明。

另外，还要检查申请资料有无破损，若有严重破损应通知申请单位或退回。

(2) 情况了解

审定人员首先应了解申请单位是否符合申请条件及主要管理人员的状况，确认申请单位是否有不良记录，如有，则停止会谈。通过会谈，了解会面人员对 CCAR－145 的了解情况，若对 CCAR－145 不了解，则停止会谈。通过会谈，了解申请单位各申请项目在厂房设施、器材、工具设备、人员方面和适航性资料的基本情况，如厂房设施、工具设备有借用或租用的情况，应要求其出示租用或借用合同。对在上述任何硬件方面不具备的项目，应不予受理，若存在没有完全具备的项目，则停止会谈。了解各申请项目的外委情况及主要中国用户意向，对主要工作外委及没有中国用户的项目不予受理。核对会谈的情况同提交申请资料的符合性，不符合的则停止会谈。

(3) 受理与审查

审查组由民航局飞行标准司维修处处长指定，或者由其授权由地区管理局适航维修处处长来选派本处人员。但是审查组长必须由飞行标准司维修处处长来指定。审查组成员必须经过 CCAR－145 部的培训，且至少有一人具有独立的英语听、说、读、写能力。审查组长必须经过民航局飞行标准司组织的审查组长培训及 CCAR－145 培训，并且至少有三次参加国外或者地区维修单位审查的经验。

根据维修单位的类型和受理的项目，飞行标准司维修处处长确定审查组的规模，同时指定参加人员或地区管理局，并且以民航明传电报的形式通知地区管理局。地区管理局在收到明传电报后必须在一周内以管理局领导签发的明传电报的形式上报审查组成员名单。根据受理申请通知书，飞行标准司维修处填写审查任务单，根据审查任务单给定的审查项目和工时标准，审查组长制定维修单位审查计划表，并且明确维修许可审查及记录单中适用的项目。至少在预计的审查日期前一个月，审查组长应以函件的形式通知申请单位其具体审查日期并附上维修单位审查计划表。根据申请单位合理的请求，审查日期可以适当调整。

(4) 批　准

国外维修单位审定中的资料和现场审查要求以及发现问题与改正措施要求等，同国内维修单位审定类似。最后，按照经主管监察员批准的审查报告中建议批准的项目，审查组长或其指定人员打印维修许可证。维修许可证的编号使用规则如下：

① 由一个英文字母及六位阿拉伯数字组成，例如 F00100001。

② F 代表“国外或者地区”；前三个阿拉伯数字为地区编号(使用国际电话区号)；后五位阿拉伯数字为顺序号，例如“00001”代表第 1 份维修许可证。

(5) 延长维修许可证

通过类似于初始申请审核的要求，进行资料与现场审查等，并提出问题与改正措施要求等。若改正措施评估结果全部满意，则应在报告中直接建议延长维修许可证。对影响全部审查项目的发现问题，若维修单位明确表示无法改正，或是改正措施评估结果不满意，那么应建议不延长维修许可证；对部分影响个别审查项目的发现问题，若维修单位明确表示无法改正，或是改正措施评估结果不满意，那么应建议延长维修许可证，但是对于无法改正或改正措施评估结果不满意的发现问题所影响的审查项目，建议取消批准。

在国外/地区维修单位审查报告完成之后，应由飞行标准司维修处主管监察员对其进行审核并批准。

9.3 航空器维修培训机构审定

9.3.1 维修培训机构审定目的与要求

(1) 审定目的

确定申请维修培训机构合格证，或是其变更的培训机构对 CCAR－147 的符合性。对于符合 CCAR－147 的，应颁发或变更其培训机构合格证；对持有维修培训机构合格证的培训机构，有计划地持续监督其对 CCAR－147 的符合性，对发现的不符合情况及时要求其纠正，并按规定给予必要的处罚。

(2) 审定基本程序

审定人员的要求：

① 执行初次或者变更申请维修培训机构合格证审定的人员，要求必须是地区管理局适航维修处、民航局飞行标准司的正式监察员，并且要通过 CCAR－147 培训。

② 主管监察员：对国内培训机构，是指地区管理局适航维修处处长指定的负责对某个(些)培训机构进行监督和管理的监察员。对每一个培训机构都应至少指派一名主管监察员。对国外或者地区维修培训机构，是指民航局飞行标准司持续适航维修处处长指定的对某一国家或地区的培训机构的管理和监督负责的监察员。主管监察员应该具备民航局任命的飞行标准监察员资格，并且接受过 CCAR－147 的培训。

9.3.2 国内维修培训机构审定

(1) 申请资料接收

接收的资料主要包括三个方面：

① 申请书(重点审查：签署人的资格、申请项目、培训地点)；

② 培训机构管理手册(重点审查：使用的语言、编写的方式)；

③ 教学大纲编写的方式(重点审查：编写的方式)。

检查申请资料的完整性，若有缺失或破损严重的情况，应通知申请单位或者退回。

(2) 情况了解

审定人员首先需要了解申请单位是否符合申请条件,对法人单位的申请单位,应该要求出示其工商部门批准的营业执照;对由法人单位授权的申请单位,应该要求出示法人单位对申请单位的授权书和法人单位的工商部门批准的执照。

了解主要管理人员的状况,若不是法人代表担任责任经理,则应出示由法人代表对责任经理的授权书,并进一步了解质量经理的人选。如果责任经理不是由法人代表担任且没有得到法人代表书面授权,则停止会谈。通过会谈,了解会面人员对CCAR-147的了解情况,若对CCAR-147不了解,则停止会谈。通过会谈,了解申请单位对各申请项目在教室、车间、设施设备、教学资料和人员方面的基本情况,如实习车间或设施设备有借用或租用的情况,应要求出示租用或借用合同。若是在上述任何硬件方面不具备的项目,则不予受理;若是没有完全具备的项目,则停止会谈。了解各申请项目的培训地点情况:有无异地培训的情况。没有将培训地点列在管理手册中,或者存在异地培训情况但在手册中没有异地培训管理程序的,则停止会谈。最后,要核对会谈的情况和提交申请资料的符合性,并且完成国内申请单位会面记录表。

(3) 受理与审查

审查组的成员必须要经过CCAR-147的培训,审查组长应由适航维修处处长来指定人员担任。根据维修培训机构的大小和受理的项目,适航维修处处长确定审查组的规模及人员组成,并且指定审查组长。根据审查任务单给定的审查项目,审查组长制定维修培训机构审查计划表,并且明确维修培训机构合格审查和记录单中适用的项目。至少在预计的审查日期前一个月,审查组长应以函件的形式通知申请单位其具体审查日期,并且附上维修培训机构审查计划表。根据申请单位合理的请求,审查日期可以适当调整。

(4) 资料与现场审查

需审查的资料主要包括对培训管理手册、工作程序手册、教学大纲等,审查的重点是确认其必须内容和格式与CCAR-147的符合性。资料审查应该在现场审查前完成。现场审查是确认其管理系统对CCAR-147的符合性和维修培训机构申请培训类别范围的培训能力,另外,还要核对其实际的培训及管理工作与其培训管理手册规定的符合性。现场审查应该包括与其申请培训类别范围,以及其管理有关的所有设施设备、部门或系统。对于每一种培训类别下工作程序中相同的多个培训项目的审查,可以采取抽样的形式,集中一个培训项目进行审查;对于每个抽取项目的审查,不能少于3个课时。若在审查期间没有培训课程,则应当另外安排时间进行审查。对于每一种培训类别下工作程序相同的多个培训项目的考试过程的审查,可以采取抽样的形式,来完成一次完整的考试过程的审查;若在审查期间没有考试,则应当另外安排时间进行审查。审查中应使用维修培训合格审查和记录单对发现的问题及时记录。

(5) 发现问题的通知与改正措施的评估

将审查中发现的问题分成三类，其标准如下：

Ⅰ类问题：指严重不符合 CCAR - 147 在培训教室、培训场地、设施设备、人员及培训资料、管理系统等方面的要求，并且是在日常的培训工作中不可缺少而短期内不能解决的问题。

Ⅱ类问题：是指在培训程序上不符合 CCAR - 147 的要求。此种情况有可能降低培训标准，而且如果长时间不予以纠正，将会影响到被培训学员今后的维修水平。

Ⅲ类问题：是指除Ⅰ、Ⅱ类问题以外的其他任何问题。

对于上述三类问题，给出了改正措施期限要求：

① 对Ⅰ、Ⅱ类问题，在收到审查发现问题通知书后一个月内，要求维修培训机构必须改正，在审查组长的同意下，最长时间不能超过三个月。

② 对Ⅲ类问题，若可以立即纠正的，应要求必须及时改正；若需要较长时间纠正的，则应有明确可行的改正措施计划。

(6) 批　准

在收到被审查单位的改正措施报告之后，审查组长应使用改正措施评估单并且按下述原则及时进行评审：

① 对Ⅰ类问题，应该评估其改正措施的符合性，并且应在其改正后组织审查组人员再进行现场复核。若现场复核发现其改正措施正在进行但是尚未完成的，可以延长其改正措施的期限，但延长时间最多不能超过三个月。

② 对Ⅱ类问题，应该评估其纠正措施的符合性。对于一些附有充分的资料证明其改正措施的可行性的问题，可以不进行复核；否则还应组织审查组人员再进行现场复核。若现场复核发现其改正措施正在进行但是尚未完成的，可以在国内维修培训机构审查报告中建议延长其改正措施的期限，但延长时间不能超过三个月。

③ 对Ⅲ类问题，其改正措施应有足够的资料来证明已经改正，或是其改正措施计划明确可行。

④ 对评审中发现的对改正措施任何不满意的情况，应该书面通知维修单位，但是一般对任一发现问题的改正措施最多只能评审两次。若两次后仍不满意则任务结束。

按照经适航维修处处长批准的审查报告中建议批准的项目，审查组长或其指定人员应打印维修培训机构合格证。维修培训机构合格证的编号使用规则如下：

① 由一个英文字母和六位阿拉伯数字组成，如 D. 147. 100001。

② D 是英文 Domestic 的缩写，代表“国内”；147 是指依据 CCAR - 147 的批准；第一位阿拉伯数字是地区编号；后五位阿拉伯数字是顺序号，例如“00001”代表第 1 份《维修培训机构合格证》。

(7) 培训机构年度检查

审查组成员必须要经过 CCAR - 147 的培训，审查组长应该由适航维修处处长指定。适航维修处处长根据本处的年度工作计划确定批准培训机构的年度检查时间,一般应该在初次批准或上一次年度检查后的12个月之内,最长时间不能超过18个月。

9.4 管理和监督

9.4.1 航空营运人的管理和监督

9.4.1.1 航空器年度适航性检查

每年2月1日前确定责任范围内每架航空器的任务计划,对于超出计划时间一个月没有执行任务的情况进行提示,并向责任部门主管提出警示;并且确保航空器在两次年检期间至少完成过一次完整的停机坪检查。如果没有或者不能确认,则在年检签署前应要求完成一次停机坪检查。

航空器年度适航性检查项目如表9.8所列。

表9.8 航空器年度适航性检查项目

序号	检查项目	
1	航空器基本信息和合格证件	1.1 三证状况;1.2 改装的补充型号合格证;1.3 客舱布局;1.4 使用记录
2	航空器放行	2.1 飞行记录本;2.2 维修放行证明;2.3 维修工作项目汇总单;2.4 维修工作单卡;2.5 上述记录的对应
3	航空器部件拆换	3.1 部件拆换记录;3.2 部件合格证件;3.3 PMA 件的使用;3.4 部件故障、缺陷检查记录
4	适航指令(AD)执行	4.1 AD 评估记录;4.2 AD 执行记录
5	服务通告(SB)执行	5.1 SB 评估记录;5.2 SB 执行记录
6	目前维修状态	6.1 计划定期检修;6.2 缺陷处理;6.3 重要修理/改装;6.4 一般修理/改装;6.5 DER/DOA 批准修理方法的使用
7	发动机/APU/螺旋桨状况的状况	7.1 基本信息;7.2 拆装记录;7.3 修理记录;7.4 AD/SB 执行记录;7.5 性能监控(只适合于发动机);7.6 使用小时/循环记录;7.7 重要修理/改装;7.8 一般修理/改装;7.9 DER/DOA 批准修理方法的使用
8	载重平衡	8.1 称重间隔;8.2 改装质量变化的记录;8.3 改装后的重新称重;8.4 称重记录和载重平衡报告;8.5 数据传输
9	保留故障和保留工作项目	9.1 保留故障(9.1.1 故障/缺陷或故障/缺陷件的确认;9.1.2 保留依据;9.1.3 修复期限;9.1.4 维修和操作程序;9.1.5 信息通报和挂牌;9.1.6 多个保留故障的控制;9.1.7 再次保留的批准);9.2 保留工作项目(9.2.1 保修项目的限制;9.2.2 保留期限;9.2.3 保留项目单;9.2.4 保留工作项目控制清单;9.2.5 保留工作项目的审核和批准;9.2.6 保留工作项目的完成记录)

9.4.1.2　超出持续适航文件的修理和改装审批

航空器超出持续适航文件修理和改装的审批来自航空运营人的申请。

超出持续适航文件修理审批的检查项目如表 9.9 所列，而超出持续适航文件改装审批的检查项目如表 9.10 所列。

表 9.9　超出持续适航文件修理审批的检查项目

序　号	检查项目
1	损伤或者缺陷的详细情况，包括必要的图纸、草图和照片
2	修理类别划分
4	修理方案制定人员的简介，包括工作资格说明、以往工作经验说明等内容
5	修理方案制定的参考依据、考虑因素及分析报告
4	计划的具体修理方案
6	修理方案的可施工性及对施工中出现的新情况处理说明
7	施工后的验收及对相邻结构、系统的影响和使用限制评估分析说明

表 9.10　超出持续适航文件改装审批的检查项目

序　号	检查项目
1	改装部件/部位说明，包括必要的图纸、草图和照片
2	改装类别划分
3	改装方案制定人员的简介，包括工作资格说明、以往工作经验说明等内容
4	改装方案制定的参考依据、考虑因素及分析报告
5	计划的具体改装方案
6	对持续适航文件的影响分析

9.4.1.3　航空器再次保留故障的审批

航空器再次保留故障的审批来自航空运营人的申请。航空器再次保留故障审批的检查项目如表 9.11 所列。

表 9.11　航空器再次保留故障审批的检查项目

序　号	检查项目
1	保留故障的原则
2	工具设备/器材的订货
3	保留期间的定期检修工作
4	申请签署

9.4.1.4　停机坪检查

在有下述情况时应该进行停机坪检查：

① 航空运营人运行管理审定/监察大纲的要求；

② 局方其他部门的监察信息；

③ 民航局或地区管理局的特别要求。

停机坪检查包括航空器停机坪检查、航线维修和地面勤务停机坪检查两个方面。航空器的停机坪检查项目如表 9.12 所列，航线维修和地面勤务的停机坪检查项目如表 9.13 所列。

表 9.12　航空器的停机坪检查项目

序　号	检查项目	
1	航空器合格证件	1.1 适航证书；1.2 国际登记证；1.3 无线电台执照
2	携带手册	2.1 机组操作手册；2.2 应急程序/检查单；2.3 最低设备清单；2.4 载重平衡手册；2.5 除冰/防冰程序；2.6 加油程序；2.7 维护手册(如地面不具备)
3	飞行记录本	3.1 记录本的内容；3.2 记录本的填写；3.3 记录本的复页；3.4 连续记录页
4	驾驶舱检查	4.1 空速指示；4.2 高度表；4.3 机组应急逃离窗口；4.4 手提灭火瓶；4.5 应急灯控制装置；4.6 安全带和肩带；4.7 保护性熔断器；4.8 风挡雨刷；4.9 供电品质和充裕度指示；4.10 静压系统位置控制；4.11 驾驶舱门；4.12 驾驶舱检查单；4.13 旅客告示开关；4.14 机内广播和内话系统；4.15 补充供氧/氧气面罩；4.16 呼吸保护装置(PBE)；4.17 救生衣/漂浮装置；4.18 大件物品的固定；4.19 观察员座位
5	客舱检查	5.1 厕所烟雾探测器；5.2 烟雾探测器警告；5.3 厕所垃圾箱灭火瓶；5.4 手提灭火瓶；5.5 急救箱和防护手套；5.6 应急斧；5.7 扩音器；5.8 手电筒；5.9 应急撤离设施；5.10 地板高度应急出口；5.11 额外的应急出口；5.12 机身下部和尾椎出口；5.13 应急出口标记；5.14 应急撤离标志的照明；5.15 应急灯；5.16 应急出口操纵手柄；5.17 应急出口通道；5.18 应急出口之间的距离；5.19 座椅、安全带和肩带；5.20 隔舱/舱室门钥匙；5.21 通往应急出口门的标牌；5.22 旅客告示；5.23 机内广播/机组内话；5.24 氧气系统；5.25 呼吸保护装置(PBE)；5.26 救生衣/漂浮装置；5.27 救生筏；5.28 烟火信号装置；5.29 应急定位发射器(ELT)；5.30 救生包；5.31 旅客安全简介；5.32 地板；5.33 厨房设备；5.34 客舱货箱
6	货舱检查	6.1 A 类货舱(6.1.1 机组进入；6.1.2 手提灭火瓶；6.1.3 呼吸保护装置(PBE)；6.1.4 防爆灯)；6.2 B 类货舱(6.2.1 机组进入；6.2.2 火警探测；6.2.3 手提灭火瓶；6.2.4 呼吸保护装置(PBE)；6.2.5 顶棚和衬板；6.2.6 防爆灯)；6.3 C/D 类货舱(6.3.1 火警探测；6.3.2 灭火系统；6.3.3 顶棚和衬板；6.3.4 通风控制；6.3.5 防爆灯)；6.4 E 类货舱(6.4.1 机组进入；6.4.2 火警探测；6.4.3 手提灭火瓶；6.4.4 呼吸保护装置(PBE)；6.4.5 顶棚和衬板；6.4.6 通风关断设施；6.4.7 防爆灯)；6.5 货舱设备(6.5.1 装载传动装置；6.5.2 货物约束装置；6.5.3 集装箱、货板和货网)

续表 9.12

序　号		检查项目
7	外部检查	7.1 皮托管；7.2 静压系统；7.3 航行灯；7.4 着陆灯；7.5 防撞灯；7.6 天线；7.7 雷达罩；7.8 喷漆和标识；7.9 告示；7.10 应急出口外部标识；7.11 外部应急撤离照明和撤离路线
8	故障缺陷	8.1 机组报告故障/缺陷处理；8.2 多功能组件显示的维护信息(ECAM，EICAS 等)处理；8.3 保留故障；8.4 外形缺损:绕飞机一周外部检查

表 9.13　航线维修和地面勤务的停机坪检查项目

序　号		检查项目
1	航线维修	1.1 维修人员资格；1.2 放行人员资格和授权；1.3 航线工作单；1.4 手册的使用；1.5 工具设备/器材；1.6 维修工时；1.7 维修记录；1.8 航空器放行
2	地面勤务	2.1 进出港(2.1.1 进出港指挥；2.1.2 挡、取轮挡；2.1.3 推、拖飞机)；2.2 地面勤务供应(2.2.1 勤务车辆接近飞机；2.2.2 飞机充气；2.2.3 飞机充氧；2.2.4 加油/放油)；2.3 航空器停放(2.3.1 停放和系留；2.3.2 拿取、堵放堵盖)；2.4 除冰/防冰(2.4.1 车辆和除冰/防冰液；2.4.2 除冰/防冰构型；2.4.3 除冰/防冰过程；2.4.4 除冰/防冰后的检查；2.4.5 保持时间；2.4.6 起飞前的检查；2.4.7 通话和记录)；2.5 航线腐蚀预防与维护(2.5.1 腐蚀性货物运输的信息通报；2.5.2 泄漏检查；2.5.3 CPCP 任务)；2.6 机坪安全(2.6.1 设备的摆放；2.6.2 机坪防火)

9.4.1.5　使用困难报告评估

使用困难报告评估检查项目如表 9.14 列。

表 9.14　使用困难报告评估检查项目

序　号	检查项目	序　号	检查项目
1	报告的范围	4	报告的责任
2	报告的内容和格式	5	报告的核实和调查
3	报告的时限	6	报告及调查报告的保存

9.4.1.6　维修系统机构和人员的年度评估

维修系统机构和人员的年度评估检查项目如表 9.15 所列。

表 9.15　维修系统机构和人员的年度评估检查项目

序　号	检查项目	序　号	检查项目
1	报告的范围	4	报告的责任
2	报告的内容和格式	5	报告的核实和调查
3	报告的时限	6	报告及调查报告的保存

9.4.2 航空器维修单位的日常管理和监督

(1) 管理和监督目的

确定维修单位日常的维修工作对 CCAR－145 的持续符合性，对符合 CCAR－145 且不影响维修许可证的变更，以批准维修管理手册或维修能力清单变更的方式进行批准和控制；对持有维修许可证的维修单位有计划地持续监督，或根据有关维修质量的信息报告调查其对 CCAR－145 的符合性，对发现的不符合情况及时要求其纠正，并按规定给予必要的处罚。

(2) 管理和监督基本方式

对于国内维修单位管理和监督的基本方式是：

① 主管监察员的计划与非计划监督检查，包括以下几种情况：

- 对以往审查发现问题改正措施的现场复核；
- 对批准项目首件/首次工作的现场监督；
- 对维修单位不影响维修许可证的变化的审核批准；
- 对维修单位的信息报告进行审核处理。

在实际工作中，允许主管监察员将以上的管理和监督的方式组合在一次中进行。对于维修工作量较少而没有机会经常接近的维修单位，即使没有上述管理和监督的内容，主管监察员也应保证至少每 3 个月到维修单位查看对 CCAR－145 的持续符合性。

② 联合检查。

③ 根据维修质量信息对维修单位进行的调查。

国外和地区维修单位管理和监督的基本方式是：

① 主管监察员的管理和监督：

- 对维修单位不影响维修许可证的变化的审核批准；
- 对维修单位的信息报告进行审核处理。

② 根据维修质量信息对维修单位进行的调查。

第十章　航空器持续适航管理

10.1　航空器持续适航管理概述

10.1.1　持续适航的定义和任务

持续适航的主要任务有两项：①符合，即飞机符合型号审定时的技术状态；②改正，即特定型号的产品和航空器由于在标准符合或标准制定方面可能存在未探明的变化，同时由于制造的缺陷和设计缺陷可能引起不可预计的综合失效，以及可能存在意料之外的环境条件或者操作条件等因素，特定型号的产品和航空器的实际适航安全风险水平可能高于设定的标准。这时需要制定相应的改正措施来保证使飞机处于安全运行的状态。

为了完成持续适航的第一项任务，首先要提前计划和制定保持飞机安全固有品质的程序和方法，然后按照已经制定的程序和方法运行。在飞机型号的审定阶段，完成这项任务的主要内容之一就是持续适航文件的制定。

持续适航的第二项任务是不能预计和计划的，国际民航公约附件 8 要求建立相应的持续适航系统来收集信息、识别风险及管理风险，也就是运用风险管理方法解决飞机运行阶段的实际风险问题。

10.1.2　持续适航的责任

10.1.2.1　注册国和设计国的持续适航体系的责任

飞机的设计国和注册国应按照国际民航公约附件 8 的要求来建立相应的持续适航体系。注册国在持续适航体系方面所应承担的责任归纳起来主要包括两个方面：

① 收集可能对适航不利的故障、失效及缺陷信息并将这些信息传递给设计国；

② 接受评估来自设计国的持续适航信息并采取合适的行动。

在持续适航体系方面，设计国所要承担的责任主要有四个方面：

① 收集可能对适航不利的故障、失效及缺陷信息；

② 决定是否需要采取以及何时采取适航行动；

③ 制定必要的适航措施；

④ 发布适航措施信息。

10.1.2.2　政府、型号合格证持有人、运行人和维修单位等各方的职责

政府、型号合格证持有人、运行人、维修单位等各方的共同职责是确保飞机持续

适航。因此,航空器制造强国和航空运行大国都建立了包含政府、型号合格证持有人、运行人、维修单位等各方的持续适航体系来达到适航风险管理的目标。

航空器安全运行的直接责任人是运行人,概括起来有两项责任:

① 收集适航安全相关的信息并报告这些信息;

② 评估接受相关的持续适航信息,并按标准改装、维护和修理飞机。

设计国能够承担持续适航职责的关键环节是型号合格证持有人,在持续适航体系方面的责任有三项:

① 收集适航安全相关的信息并报告这些信息;

② 分析评估这些信息并采取相应的措施;

③ 发布措施。

民航适航主管部门的职责是代表政府对民航飞机的持续适航进行管理,为了维护公众的利益,保证民航飞机运行安全的最低要求,其管理的方法通常是立法定标、颁发证件和监督检查。为了运用以上三种方法实现对飞机持续适航的管理,民航主管部门在持续适航体系方面应做以下两项主要工作:

① 收集适航安全相关的信息;

② 分析评估这些信息,进而制定强制措施并将其颁布。

10.1.3　持续适航体系的输入和输出

(1) 持续适航体系的输入

收集到的各类不利于飞机持续适航的故障、失效和缺陷是持续适航体系的主要输入。为了更加全面地收集可能的信息,信息的来源主要包括以下三个方面:

① 运行中反映的信息,主要包括飞行员报告、使用困难、事故报告、维修信息等;

② 设计制造中反映的信息,主要包括设计分析复查、飞行试验、制造问题和质量问题等;

③ 民航适航部门发布的信息,主要包括事故/事件通告、适航指令、拟议规章通知等。

建立完整有效的信息收集系统是体系建设的前提,包括政府、维修单位、型号合格证持有人、运行人等各方在内的信息收集系统,是信息收集系统建设的基本要求。

(2) 持续适航体系的输出

当收集到相关的信息后,需要采用规定的标准来对收集的信息进行筛选,在EASA AMC 21.3 中就规定了信息筛选需要遵循的原则;采用 SAE ARP5150 的标准或者其他适用的标准来进行适航风险分析。为了保持充分的适航风险水平,制定了一系列改正措施,否则,如果不制定改正措施,飞机的适航风险水平便会高于标准规定的水平。对于一些不能通过有效的缓解措施(如检查或限制)而完全立即恢复适航风险水平的案例,需提出一个标准。这个标准用来评估残留的风险提高值,并将其在整个寿命风险过程限制在一个合适的范围。总而言之,持续适航体系的输出要解决两个问题：

① 是否需要通过采取适航行动来控制飞机的适航风险水平；

② 何时采取适航行动。

持续适航体系中的主体传达体系的输出要通过不同的文件形式，民航适航主管部门的输出形式主要包括：信息通报、适航指令颁发、规章更改等。型号合格证持有人的持续适航体系输出的主要形式包括服务通告、持续适航文件更改、服务信函等。无论哪种形式，输出内容大体包括以下几个方面：

① 故障信息及其原因分析告知；

② 标准的更改；

③ 发布飞机改装的原因、计划及程序；

④ 发布飞机的检查项目、计划及程序；

⑤ 发布飞机使用、操作及限制等方面的信息和程序。

10.2　持续适航风险管理过程

在民用航空器持续适航阶段，由于系统、结构、机载设备、人为因素等导致的失效、故障或缺陷，通过危险识别技术被识别称为事件。通过定性和定量的风险分析方法来确定事件发生概率及后果严重度，从而判断事件对飞机造成的影响是否超出了所容许的适航安全水平。并根据风险分析的结果确定符合性期限，进行根原因分析，并确定相应的纠正措施，使持续适航风险达到可接受水平。

10.2.1　基于数据的运输类飞机危险识别与判定

危险是一种导致事故发生的状态，是事故发生的先决条件。危险具备潜在性与现实性。现实中的危险是可能产生不期望后果的固有特性，例如发动机排气管具有高温的特性，可能导致着火燃烧的危险；潜在危险是指当前的状态并非固有危险状态，但是在特定条件下，有导致引发事故可能状态的可能性。例如在干燥无火源的情况下，航空燃油泄漏并非危险状态，但是若燃油管路老化磨损，并且管路附近有点火源存在时，就会存在燃料泄漏，引发起火的潜在危险状态。潜在危险是安全管理与风险管理的重点研究对象。

危险识别定义为“识别危害的存在及其发展过程”。只有在识别事件的危险之后，才能针对危险进行风险评价和风险分析，并合理制定风险控制措施。风险的根源是危险源，危险转化为不安全状态的可能性和后果的严重性决定了风险的大小。因此，风险分析和风险评估的基础是危险识别，唯有及时准确地识别出危险、解决风险管理的对象问题，才可以有针对性地采取合理有效的措施来缓解风险。

危险识别需要尽可能识别出所关注事件存在的潜在不安全状态。其原则是以实际证据为基础，站在独立事件或与其他事件/失效相结合的角度，考虑先前无法预料的故障模式和运行环境，来识别事件最糟的实际后果和潜在后果，通常情况下会识别出多个。飞机运行数据可以分为三类：① 统计数据；② SDR 等事件数据；③ 监测数据。

针对这三种类型数据，开展不同类别的危险识别技术研究。首先，针对机群和机队统计数据，开展基于大数据的飞机风险挖掘技术；针对具体的 SDR 等事件数据，开展基于事件驱动的飞机风险鉴别技术。其次，针对单机的监测数据，开展基于监测数据或物理模型的飞机风险预测技术。

随着我国自主研制的民用飞机逐步投入运行以及我国机队规模的迅速扩大，持续保持飞机的安全运行水平是我国面临的重要课题。虽然在国际民航公约和我国相关的适航规章中，对飞机处于持续适航阶段的事件信息报告体系、故障、失效和缺陷的分析有明确的要求。但是由于民用飞机存在海量运行数据，想从中有效挖掘有用的信息，实现“主动风险管理”以提前识别潜在风险，提前采取必要措施，有效控制和消除风险，具有非常大的难度。

10.2.2 运输类飞机实际风险的定量化分析与评估

风险评估指的是通过定性或定量的方法，来确定事件后果的严重度与发生概率。对国外运输类飞机实际风险管理工业实践的研究表明，风险分析与评估，特别是定量评估是飞机实际风险管理的核心要素，同时也是最终判定不安全状态的主要依据。准确评估风险是后续缓解措施制定及其符合性期限确定的重要依据。

国内外关于风险分析和评估的方法模型非常多，分别有各自适应的应用领域和优缺点，关键点是确定单机/机队风险、不安全事件发生概率以及条件概率，具体应用到运输类飞机实际风险评估的方法，需结合具体飞机型号的设计特征，在通用方法上进一步改进才具有可操作性。

(1) 单机/机队定量风险指标及影响因素分析

计算发生可能性概率值是单机具体安全事件的风险评估过程中的一个关键因素，如图 10.1 所示。由此产生的概率值通常以每飞行小时或者每飞行循环的平均乘员损伤概率来表达。因此单机风险定义为每飞行小时中乘员遭受致命损伤的概率。

机队风险评估本质上来讲是对整个机队的单机风险的累积。单机风险计算是以“每飞行小时”或“每飞行循环”为单位的基础上计算出的概率，而机队风险评估的结果通常表示为一段时间内的权重事件总数或乘员损伤率，或者是到退役前或故障排除前的权重事件总数或损伤率率，如图 10.2 所示。因此，机队风险定义为在没有采取措施来纠正已确定的、潜在的不安全状况时，预计在规定的时间里机队发生权重事件次数或死亡人数。

机队风险影响因素包括：

① 在研究中的不安全状况可能发生的次数(如该不安全状况的统计期望)；

② 由于该状况而导致的严重后果的条件概率(该不安全状况会导致已知严重度

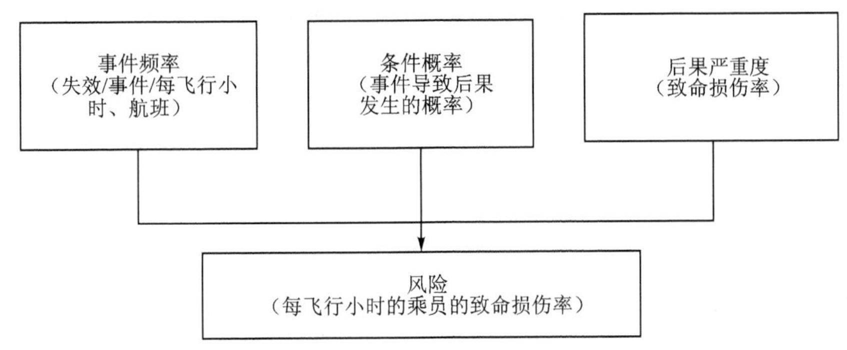

图 10.1　单机风险影响因素

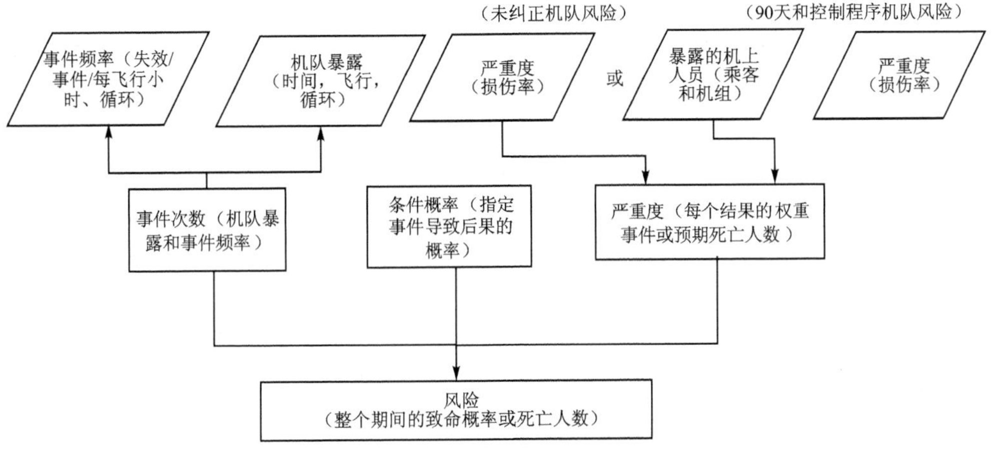

图 10.2　机队风险影响因素

的后果的概率)；

③ 后果的严重度，即在规定的时间里如果没有采取纠正措施，导致的预期死亡人员数目。

单机风险影响因素包括：

① 研究中的不安全状况可能发生的最大频率；

② 该状况导致的严重后果的条件概率；

③ 如果在规定的时间里没有采取纠正措施，严重后果导致的致命损伤率。

(2)常失效率型不安全事件发生概率估计

如果假设失效率在产品的寿命期内保持不变，观测到的事件的数量用于概率评估，或者是暴露出某问题的飞行小时数量或飞行循环数量，简单地用不安全事件的次数除以暴露出问题的机队飞行小时数(或者飞行循环数)。

运输类飞机风险评估使用的通常是小概率事件近似，其基于观测的事件概率计算可由两种方式简化：

① 事件发生的概率可以近似为该事件的发生次数除以飞行小时数(或者飞行循环数);

② 当某事件是由两个因素之一引发时,这两个原因的概率相加近似等于该事件的发生概率。

通常,当概率大于1%时,小概率事件近似是不适用的。在这样的情况下,应使用精确的方法进行概率计算。

风险评估中,当概率计算问题只能以少量观测到的事件作为基础时,其结果将出现显著的统计不确定性。在这种情况下,可以采用给分析结果加上通过计算统计的置信区间,利用校准观测概率的置信因子,推断统计结果的确定性水平。

(3) 损耗失效率型不安全事件发生概率估计

如果不能假设失效率在产品寿命期内保持不变,如结构疲劳裂纹扩展、磨损失效等问题,即可能出现"早期失效"或"损耗失效"的情况,则概率计算可以基于威布尔故障分布模型或其他失效模式分布模型进行分析。对损耗失效率型不安全事件发生概率的估计通常用威布尔分布(或其他故障分布)来计算部件的老化故障特性。

上述概率评估是根据观测到的故障数据分析出来的,可以利用其他可用信息建立一个更完整的失效模式的模型。例如,发动机涡轮盘的失效可以是以下参数的函数:开始出现裂纹的循环数、裂纹位置、裂纹扩展速率、检查频率、检查效率、轮盘报废时的使用寿命等。若通过工程分析、试验数据或其他方式,获得上述参数信息,通过蒙特卡罗仿真模拟出特定事件发生的次数,进而可以得到其失效概率。

(4) 事件链建模及条件概率计算

风险定量评估中的不安全状况可以是任何跟飞机相关的、潜在的不安全状况,不安全后果发生的概率是指不安全事件概率或是研究中的不安全状况的发生概率乘以从研究中的不安全状况转入不安全后果的所有条件概率。所以,在风险定量评估中,首先需要针对所识别出的潜在的不安全状态来建立从初因事件到不安全后果的事件链。构建事件链模型的具体实施过程如下:

① 初因事件确定。初因事件是事件链的起始点,在根原因还未明确的情况下,通常是将发现的事件本身作为初因事件,包括失效、缺陷、故障等事件。随着原因调查的深入,可随时进行调整,以便于更准确、完整地建立事件链。

② 事件链建模。在定量概率评估程序中,事件链建模是关键步骤,其目的是利用事件树对其后续事件的先后次序和成败响应建模。这些事件就是事件链的中间事件,其中包含了阻碍初因事件发展为潜在不安全状态的预防性控制措施,包括系统、结构、部件以及人的行为等。

③ 故障建模。对于事件链上复杂的初因事件或者中间事件的故障(失效),可以根据实际需求进一步建模,也就是说将初因事件或中间事件的故障(失效)作为故障树的顶事件,从而建立导致顶事件发生的所有可能的直接因素的模型。故障建模通常采用故障树方法,或采用可靠性框图、贝叶斯网络、马尔科夫链等其他方法。

根据建立的事件链模型，可以分析上一个事件（原因）导致后一个事件（结果）的条件概率，方法包括历史数据统计、专家经验、实验测试、故障树分析、仿真模拟等。

10.2.3　基于结构化的不安全事件根原因分析判定

运输类飞机实际风险缓解措施涉及不安全事件根原因分析、纠正措施的制定及评估等问题。风险缓解是整个风险管理过程的必要环节，也是最终控制风险的必然手段。根据ICAO标准，应将风险降低至切实可能低的水平。从风险管理角度来说，“切实可能低”的水平应考虑两方面因素：一是缓解风险的技术的可行性，二是缓解风险所需的成本。当风险处于切实可能低的水平时，说明任何有助于进一步降低风险的措施或者不可行，或者得不偿失。风险处于可接受水平并不等同于风险被排除，相反，还存在一定程度的风险，只是因为风险水平足够低，所以接受这种风险得大于失。

飞机出现风险征兆时，在进一步缓解风险之前，首先需要查清风险根源才能制定有效的缓解措施，由于通常存在多种缓解措施，因此必须有有效的缓解措施评估方法，才能选择满足安全性要求、相对经济的措施。

1. 运输类飞机持续适航不安全事件的根原因分析技术

根原因分析是一个系统的方法，假设系统和事件是相互关联的。一个区域中的一个动作触发另一个动作，再触发另一个，等等。通过追溯这些动作，找到一个问题的真正原因以及它如何发展成为现在所面临的症状并消除它，而非简单地解决表面的症状。

一般有三种基本类型的原因：

① 物理原因。有形的、物理的部件以某种方式失效。

② 人为原因。人为的一些错误行为，或者没有做一些必要的事情。人为原因通常会导致物理原因。

③ 组织原因：人们工作的系统、流程或策略有误（例如，维修人员没有按照规章进行操作，事后其他人员又未能及时发现）。

根原因分析着眼于所有这三种类型的原因。涉及负面影响模式的调查，找出系统中隐藏的缺陷，并发现导致该问题的具体动作。这意味着根原因分析通常会显示不止一个。

2. 运输类飞机持续适航不安全事件根原因分析流程

（1）定义问题

● 发生了什么？

● 具体的症状有哪些？

定义问题即明确问题是什么，确定问题的范围，这是根原因分析最困难的部分之一。明确了这个基础的问题，将会对整个分析过程起指导作用；相反，如果不能确定真正的问题，会导致解决了错误的问题或只解决了问题的一个症状。

定义问题时定义得太详细可能会导致研究面不全，而定义得太广泛则会浪费精力、时间和金钱。

(2) 收集证据和数据

● 有什么证据证明这个问题存在?

● 这个问题存在多久了?

● 这个问题的影响是什么?

问题分析结果的准确度将依赖于收集的数据。可以通过设备检查、拍照、工艺文件、培训材料和记录等方式收集相关的证据和数据,从而调查可能的原因。此外,通过回顾和分析数据,可以发现长期存在的问题。

(3) 识别可能导致问题的因素

● 什么事件序列导致了这个问题?

● 问题是在什么条件下发生的?

● 在关键问题的周围有无其他问题?

在这个阶段,识别尽可能多导致问题的因素,可以通过 5 - Why 分析法、因果分析法等许多不同的工具和方法来识别原因,有助于最终解决问题。

(4) 找到根原因

● 为什么导致问题的因素会存在?

● 问题发生的真正原因是什么?

运用同(3)中一样的工具找到每个因素的根本原因。

(5) 提供解决方案

● 为了防止问题再次发生,我们可以做什么?

● 怎样实施解决方案?

● 谁是负责人?

● 实施这个解决方案的风险有哪些?

从长远角度来看,解决方案是用于消除问题和纠正过程的具体行动。一般按照以下流程:

① 通过对问题的影响等级确定根本原因的优先顺序(帕累托分析);

② 聚集相关专家,通过头脑风暴法列出可能解决根原因的方案;

③ 评估并进行方案的成本/效益分析;

④ 创建一个实施和跟进方案的计划。

(6) 实施解决方案

实施解决方案的过程中需要记录新的程序以形成新的标准,并向所有员工通告标准的变化,对相关员工进行新方法的培训,防止问题的发生。需要注意的是,解决方案本身不应该引发新的问题。

(7) 观察方案以确保其有效性

实施解决方案后需要观察新的过程,以确保解决方案确实消除了问题。如果没有消除,则需要重复根原因的查找过程。

通过执行根原因分析，使问题重复发生的可能性最小化。然而，仍然会有再次出现问题的可能性。因此，根原因分析通常被认为是一个迭代过程，是一个用于持续改进的工具。

常用的根原因分析方法包括：

- 事件树分析法；
- 事件因果关系图表法；
- 5 - Whys 分析法；
- 阿波罗根原因分析法；
- 变化分析法；
- 屏障分析法；
- 基元事件分析法；
- 原因图法。

其中，阿波罗根原因分析法和原因图法具有更强的适用性、全面性和优越性，适用于运输类飞机持续适航不安全事件的分析。

3. 结构化根原因分析技术

阿波罗根原因分析法是一个简单的因果过程，即对预定的问题问一个为什么，回答至少两个答案，以动作和条件的形式，然后对每个回答继续追问为什么，直到没有更多的答案为止。至此，开始对未知原因的探索，重复该过程数次，直到创建出完整的原因和影响图为止，它显示所有已知的原因及其相互关系。

阿波罗根原因分析法的完整七步：

① 明确问题；

② 确定因果关系；

③ 提供图形表示；

④ 提供证据；

⑤ 确定原因足够且必要；

⑥ 确定有效的解决方案；

⑦ 实施和跟踪解决方案。

10.3　适航指令和特殊适航信息通告

10.3.1　适航指令概述

适航指令是指由中国民用航空局和民用地区管理局颁发的强制性检查要求、使用限制或改正措施。每一份适航指令都是 CCAR - 39 法规的一个修正案，都具有法规同等效力。适航指令所涉及的航空器，在规定的时间内如果未达到该适航指令的要求，那么相关航空器不再适航。

紧急适航指令是指具有紧急性质，作为立即生效的法规而颁发的适航指令。特殊适航指令指的是带有敏感技术内容，涉及航空保安的适航指令。CCAR－39 规定了民用航空产品颁发适航指令的条件。

(1) 适航指令的内容

适航指令包括下列主要内容：

- 标题；
- 编号；
- 适用范围(涉及民用航空产品的型号和序号)；
- 参考文件(文件类别、发文单位、编号及颁发日期)；
- 原因、措施和规定；
- 生效日期；
- 颁发日期；
- 联系人(姓名、地址、电话)。

适航指令中一般不包括施工程序和要求，这些内容包含在适航指令的参考文件中，在有些适航指令的后面将增加一个附录，介绍适航指令的背景或参考文件中缺少的施工程序或要求。

(2) 适航指令的编号方法(见图 10.3)

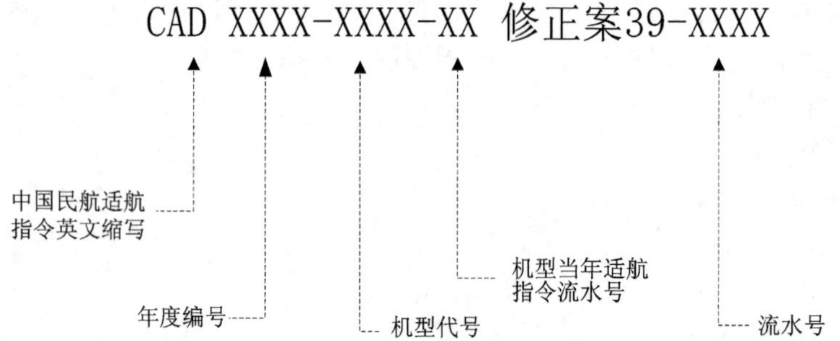

图 10.3 适航指令的编号方法

例如：CAD2005－B737－08 修正案 39－4950。该适航指令系 2005 年颁发的波音 737 飞机的适航指令，以及 CCAR－39 第 4950 次修正案。

当某一适航指令涉及多型民用航空产品时，型号代号应写作 MULT(英文“多型”的缩写)，其中机型适航指令序号是指多机型适航指令序号。

10.3.2 国外适航指令编制流程

10.3.2.1 FAA 适航指令发布机制

1. AD 的制定和颁发

(1) 何时颁布 AD

在航空产品(航空器、发动机、螺旋桨或机载设备)中存在不安全状态，并且此不安全状态有可能存在于其他同型号设计的航空产品中。AD 一旦颁布，任何人运营未满足 AD 要求的航空产品就是违反规章联邦航空法规 39.7 条。如果不安全状态只存在于一种航空产品而非其他同型号设计的产品中，那么不采用 AD 而通过其他方法完成纠正措施。

(2) 文件起草

给本国产品颁发 AD 时，大多数情况下都是先由 FAA ACO 参与型号审定的工程师发起。当对进口产品颁发 AD 时，FAA 审定中心标准部门应与受影响产品的制造商或国外民航当局，及相应的工业部门共同合作，以确保得到必要的零部件、工具及服务信息等。

项目工程师应该将需要颁发 AD 的技术决策意见记录在 AD 工作单上，项目工程师和 ACO 经理与航空器评审办公室(AEG)、MIDO 以及其他部门工程师协商后签署工作单。AD 工作单中记录的信息主要应包括：设计批准持有人名称及产品名称，不安全状况及纠正措施的描述，AD 的类别，紧急 AD 或建议 NPRM，实施纠正措施的经济性评估。

做出工程决策后，项目工程师将已完成的 AD 工作单和成本信息、其他相关支持文件(如服务通告等)等提供给将要颁发 AD 的审定中心规定编写人员，根据资料按规定模版起草 AD。

(3) AD 的评审与协调

在完成 AD 草案后，ASE 经理、审定项目组长(视情)、AEG(设备除外)、制造检查(只参与质量控制)、审定中心管理人员和地区适航顾问将会进行评审和协调。评审期间的任何修改都将提交给 AD 编写人员和工程师进行评估，如果修改是可以接受的，那么就将其纳入最终草案中；但是如果有反对意见，那么 AD 编写人员和工程师将在准备最终草案之前讨论并解决存在的问题。

(4) AD 的最终签发

最终的 AD 是由审定中心经理或副经理签发，并且由审定中心将 AD 的原件及引用文件送至联邦登记处出版，并将 AD 的副本提供给 AD 管理总部(AIR－140)。

(5) AD 的发布

AD 在联邦登记处出版后，AIR－140 负责将 AD 发布到 FAA 官方网站，并且发送给用户。对于紧急 AD，AIR－140 在收到从审定中心签发的 AD 后，应立即将 AD 发布到 FAA 官方网站，同时以传真的方式发送涉及的运输类飞机用户，且需反馈确认签收。

2. AD 的更改与撤销

(1) 意见期的更改

在颁布 NPRM 后，如果在意见期内，公众需要有额外的时间来审查 NPRM 并提出意见，可延长意见期。如果意见期已过，但出现新的信息或者收到公众意见要求重启意见期，可重新开启意见期，允许公众再次审查并提出意见。

(2) 更　正

在不影响 AD 符合性要求的情况下可颁布更正 AD,如更改联络信息、地址等。更正的 AD 不更改 AD 号或修正案号。

(3) 修　订

修订 AD 属于缓解措施,包含增加强制性措施的选择、缩小使用范围或改正错误(符合性要求没有现实情况)。修订的 AD 不能增加新的要求或扩大适用范围。

(4) 替　代

当需要更改 AD 的实质内容,如增加零部件号,更正零部件号,增加符合性要求,缩短符合性时间,扩大使用范围,更改符合性方法,增加纠正措施,增加或更改检查要求,增加强制性最终措施等,可以颁布 AD 的替代。AD 的替代形式包括颁布 NPRM、最终规定、FRC 或紧急适航指令。

(5) 撤　销

在颁布 NPRM 之后,出现新的信息可能致使撤销原来的 NPRM。NPRM 的撤销并不影响以后再颁发新的 NPRM。

(6) 废　除

在废除 AD 时,需要判断被废除的 AD 是否影响其他 AD,废除 AD 是否会造成不安全状态的遗留。废除的 AD 应有新的修正案号,但需保留原有的 AD 号,并需要在前言中说明此 AD 被废除。另外,不因为本国登记中未有受影响的航空器而废除 AD。

10.3.2.2　EASA 适航指令发布机制

EASA 的适航指令管理包含六个标准化管理程序,分别是标准 AD 程序、征求意见的 FAD 程序、紧急 AD 程序、已颁布 AD 更改程序、紧急符合性信息程序和国外(E)AD 的采用程序。

(1) 请求可持续适航指令的决定

根据对潜在不安全状况的判定来确定是否需要发布强制性持续适航信息(MCAI)、非强制性持续适航信息(no - MCAI)或者不采取行动。在确定需要采取 MCAI 后,明确存在的具体适航问题,并向型号合格证持有人寻求合适的纠正措施,同时评估符合性期限并判断是否需要发布紧急适航指令。

(2) 发布初始适航指令(PAD)

审定机构根据型号合格证持有人提交的纠正措施进行评估和协调,拟定 PAD 草案,并组织专家进行讨论,确定接受草案后出版 PAD 并评估是否需要发布 AD。

(3) 发布 AD

安全信息助理(SIA)收集专家意见后将 PAD 格式转化为 AD 格式,并将 AD 草案和意见反馈文件(CRD)发送给项目审定负责人。项目审定负责人接受 AD 草案并确定 AD 审批程序,当 AD 草案经过相关产品的 EASA 认证经理(CM)签字后,PAD 变成 EASA 的 AD,标准 AD 的有效日期通常是提出时间的 14 日之后。

（4）发布最终适航指令(FAD)

项目审定负责人对型号合格证持有人提交的建议纠正措施进行审查，并共同起草包含评论的FAD草案。SIO将草案格式化标准化并提交项目审定负责人，项目审定负责人接受FAD草案并确定FAD审批程序，CM将最终签署FAD。

（5）发布紧急适航指令(EAD)

项目审定负责人对型号合格证持有人提交的建议纠正措施进行审查，确定需要起草EAD。在这种情况下，项目审定负责人将决定不实施任何协商过程。SIO将草案格式化、标准化并提交项目审定负责人，项目审定负责人接受EAD草案，与上级管理部门审查EAD草案并确定EAD审批程序，CM将最终签署FAD。

（6）修订AD

对AD的修订是指所有不对适航指令适航性产生影响的内容修改，即非实质性的修改，例如对一个拼写错误的修改。PAD文件在发布到EASA网站上经公众咨询后发现了非实质性错误，那么在最终被采用并被作为适航指令发布之前，需要进行修正。安全信息部门与项目审定负责人协调对这个非实质性错误进行审查和PAD修改，并在适航指令修正版中对适航指令所作的修正进行说明，经过项目审定负责人批准后发布修正的适航指令。

（7）修正AD

AD的修正是指任何影响适航指令实质性的改正(如影响到适航指令的符合性)，实质性的修正可能会影响部分数据、服务通告和手册、符合性时间、用性、合性的方法、纠正措施、检验要求和生效日期等，应该着重区别AD修正与修订、替代和撤销的不同。

（8）替代AD

当新的AD提出了新的要求，原来的AD不能避免所有的错误或者欧盟成员国本身已经发布了本国的适航指令等情况，需要对原有AD进行替代。

替代的AD应当符合新适航指令的所有要求，每一过程都达到标准，最终的AD需要征求意见过程或EAD过程。同时替代信息部分应说明先前的适航指令已被替换，并注明理由。替代的AD将得到一个新的AD编号，网站记录也要被修改为反映新的“替代”状态页面。

（9）撤销AD

撤销AD即一条AD被完全废除。撤销AD需要起草AD撤销通告，并提交安全信息部门，项目审定负责人和其型号合格证持有人共同进行评估，检查被撤销的AD是否涉及或影响到系统中的其他AD，并确保被撤销的AD不会遗留下未解决的不安全状况。

标准程序是不用预先公开咨询就可以发布撤销命令的。如果项目审定负责人认为合适，也可建议事先进行公开咨询。

(10)接受外国的(E)AD

项目审定负责人需要对外国的(E)AD进行审查,评估是否需要根据国内情况对外国的(E)AD进行调整。如果不需要调整,则需要在外国(E)AD生效之前通知国外当局。如果需要在微小的地方进行调整,则在AD的“备注”中记录,并发布(E)AD。

10.3.2.3 FAA和EASA适航指令发布机制与流程对比分析

(1) AD文件起草、出版和发布

该部分是AD制定过程中的重要环节。在FAA体系中,当航空产品中存在不安全状态且该不安全状态可能存在于其他设计型号的产品中时,需要颁布AD。AD的起草始于AD工作单的签发并依据给定的AD的模板进行编写;AD的评审需要评审人员经过评审与协调之后提交AD的签署;在评审通过之后,由评审中心经理颁发AD。

EASA在该部分报告中并没有单独给出详细的过程描述。结合实际情况进行分析,根据EASA制定颁布各类AD的流程,可以看出EASA在该部分和FAA实际的操作过程应该大同小异。

(2) AD的更改及撤销

FAA关于AD的更改和撤销有较为详细的规定。有以下几个方面:意见期更改、更正、修订、替代、撤销以及废除,在详细的AD手册中给予了说明。

EASA在AD更改,更正、修订、替代和撤销方面与FAA有类似的程序。

10.3.3 特殊适航信息通告发布机制

10.3.3.1 美国适航当局特殊适航信息通告(SAIB)的编制准则

SAIB是一种非强制性的信息通告,是针对不需要颁发AD的情况或未取得型号合格证的产品,作为一种信息发布方式,SAIB用来警示、通知及建议公众提高航空产品的安全性。SAIB由审定中心编写,由AIR-140负责分配编号和网上发布。

(1) 发起SAIB

SAIB的发起由航空器审定中心(ACO)和管理局的航空安全工程师(ASE)根据管理局的持续运行安全(COS)决策程序,与AEG、其他民航当局、制造商或者其他发起人协商完成,以确保传达信息的精准性。对于总部的ASE,需要与其办公室负责人或其委任人协商。

(2) 起草SAIB

SAIB的起草需要使用8110.100A中的模板。SAIB必须在格式、类型、质量上统一,遵循平实的语言原则,使用电子方式附加或插入图纸和数字的方式。

(3) 批准SAIB

对于航空器审定中心或管理局发起的SAIB,与对应的负责产品的航空器评审组人员协商,将SAIB草案发送至负责该产品的管理局。与航空器审定中心负责人的协商由每个中心自行处理。管理局将审查和批准 SAIB,同时负责审查每个 SAIB 的文字清晰性以及可读性。对于总部发起的 SAIB,从其负责人或其委任人处获得批准。

(4) 发行 SAIB

当 SAIB 经过管理局或总部办公室批准,将通过邮件发至 AIR－140 进行出版发行。发行内容包含此 SAIB、附件和表明管理局/总部对 SAIB 批准的评论意见。

(5) 修订 SAIB

因为 SAIB 不是强制性的,只有因为影响 SAIB 的实质或特殊建议才会进行修订。如果确定需要修订,ASE 将与相应负责产品的管理局、总部负责人或其委托人协商修订版本。

10.3.3.2　欧洲适航当局适航安全信息通告(SIB)的编制准则

EASA 的安全信息通告(SIB)是一种信息工具,用于警示、通知和引起航空界对航空安全问题的关注。SIB 中包含一些非强制性信息和指导不满足适航指令(AD)的要求。

SIB 可能应用于任何类型的航空安全相关项目,局方接收到有益于促进航空安全的信息后,通过 SIB 分享给航空界。SIB 包含可能未经批准的零部件的相关信息,不符合 AD 标准的设计、生产或维修的相关信息和建议,飞行运营相关的信息和建议。

EASA 同时监管其他国家的安全咨询信息,如 FAA 发布的 SAIB 或加拿大运输部的服务困难咨询,以及经相关项目审定负责人同意的在欧洲航空安全局网站上发布的其他有关信息。

(1) 起草 SIB

技术负责人在准备 SIB 的过程中应该和 AD 部门密切磋商,将 SIB 草案、参考文件和已出版的技术性文件发送给适航指令办公室(ADO),ADO 将会对 SIB 草案语言的使用、用词的标准化和一致性等格式进行审查,并开展验证工作验证 SIB 公布信息的完整性和准确性。

(2) 接受 SIB 草案

技术负责人对同意 ADO 任何提议的变更负有最终责任。SIB 的最终草案将转交给负责的审定负责人来审查和批准。如果该草案不能被技术负责人接受,负责人将通过电子邮件向 ADO 提供关于 SIB 草案的更改建议,ADO 将向技术负责人重新提交草案,以获得审核和接受。另外,ADO 应该分配 SIB 编号并且通知适航指令安全和调查官员助理(ADA)SIB 已经做好了被审定负责人接受的准备。

(3) 接受 SIB

ADO 通过电子邮件准备并向负责的审定负责人提交 SIB 批准包,批准包包括被技术负责人接受的 SIB 最终草案和技术负责人接受 SIB 的电子邮件。

审定负责人在 SIB 出版前对其进行验证,特别是要确保它符合 WI. CAP. 0003

发布的安全相关信息中规定的条例。审定负责人将与技术官员共同协调批准 SIB。如果最终草案 SIB 不能获得审定负责人批准,审定负责人将通过电子邮件向 ADO 提供 SIB 草案修改说明,ADO 将对 SIB 最终草案做合适的修改,直至最终 SIB 被审定负责人批准,随后审定负责人需向 ADA 发送邮件确认他已经接受 SIB 草案。

(4) 发布 SIB

一旦经审定负责人批准最后的 SIB 文本,ADA 将把英文版的 SIB 作为附件添加到一个适当的电子邮件,发送给 EASA 成员国的国家航空局和任何要求被通知的 ICAO 缔约国当局。另外,ADA 还将在 EASA 官方刊物和 EASA 网站上发行此 SIB。

10.4 服务通告体系

服务通告(SB)是一种重要的客户服务文件,由制造商根据自身的信息和运营人的使用信息来编制,它传递对航空产品实施特殊检查/检验、零件、改装替换或使用寿命更改等的技术要求给使用者,包括向运营人发出的技术更改和建议的重要性,以及飞机运营人正确地执行 SB 的必要性及其条件,从而提高航空产品的可靠性或者使用安全性,是对自身生产技术改进的要求和对运营人的一种技术服务措施。

在以下情况下需要颁发服务通告:

① 纠正已交付飞机的安全或者适航问题;

② 纠正已交付飞机的生产缺陷;

③ 基于运营商飞机服役报告的性能和可靠性改进;

④ 有利于已交付飞机的设计更改;

⑤ 运行要求的更改;

⑥ 运营商购买情况的改变。

服务通告在制定时注重与工业规范相符,相关的行业规范主要包括以下三个:

① ATA iSpec 2200《航空器维修的信息标准》;

② ASD-STE100《维修文件的国际标准》;

③ S1000D《技术出版信息交换与再利用国际标准》。

10.4.1 服务通告分类

根据颁布的内容和执行期限,服务通告可以分为以下三大类:

① 普通类。属航空产品生产厂家在根据原设计的基础上,为了提高其性能、使用条件、寿命、环境等,进行的改进、改装而发出的服务通告,用户可根据情况选择执行。

② 重要类。属航空产品生产厂家在根据原设计达不到设计标准;用户在使用中由于发生问题,危及飞行安全等情况而需要进行的改装、更换,更改技术寿命,检查所

发出的服务通告,用户要按照通告执行。

③ 紧急类。内容同重要类。是指在短期内要完成的改装、检查、更换,是为了避免直接危及安全而采取的紧急措施,用户应该按照通告规定期限立即执行。

10.4.2　服务通告的格式和基本内容

服务通告采用年度、机型、ATA 章节、序号进行编号,如图 10.4 所示。

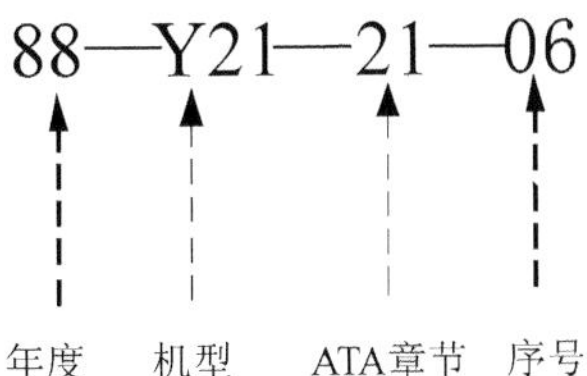

图 10.4　服务通告编号规则

服务通告基本内容包括:

- 题目;
- 类别(属于哪一类);
- 编号(年度、机型、ATA 章节、序号);
- 使用范围(设计的航空产品、件号、序号、备件等);
- 发布日期(按批准之日);
- 发布原因(有关故障、事故、事件要如实反映);
- 执行要求,包括检查、重复检查、检查手段、方法、改装施工程序及附图等;
- 参考资料(完成通告所需的资料查询);
- 批准;
- 器材(名称、件号、数量、来源);
- 质量及平衡;
- 特种工具设备;
- 基本内容中不适用的,则在该条下注明“无关”。

10.4.3　制造商的服务通告工作程序

(1) 制造商服务通告内部职责分工

① 快速响应中心:

a) 负责编制/修订服务通告;

b) 负责向适航管理部提交获得快速响应中心内部批准的 SB 及其他报批材料。

② 适航管理部:

a) 负责内部审核 SB 报批材料;

b) 负责向局方提交 SB 报批材料及相关支持性文件;

c) 负责协调局方批准 SB；

d) 负责接收局方反馈意见，并转发相关部门。

③ 型号副总设计师：负责内部审批 SB 报批材料。

(2) 服务通告的报批流程

制造商服务通告工作程序如图 10.5 所示。

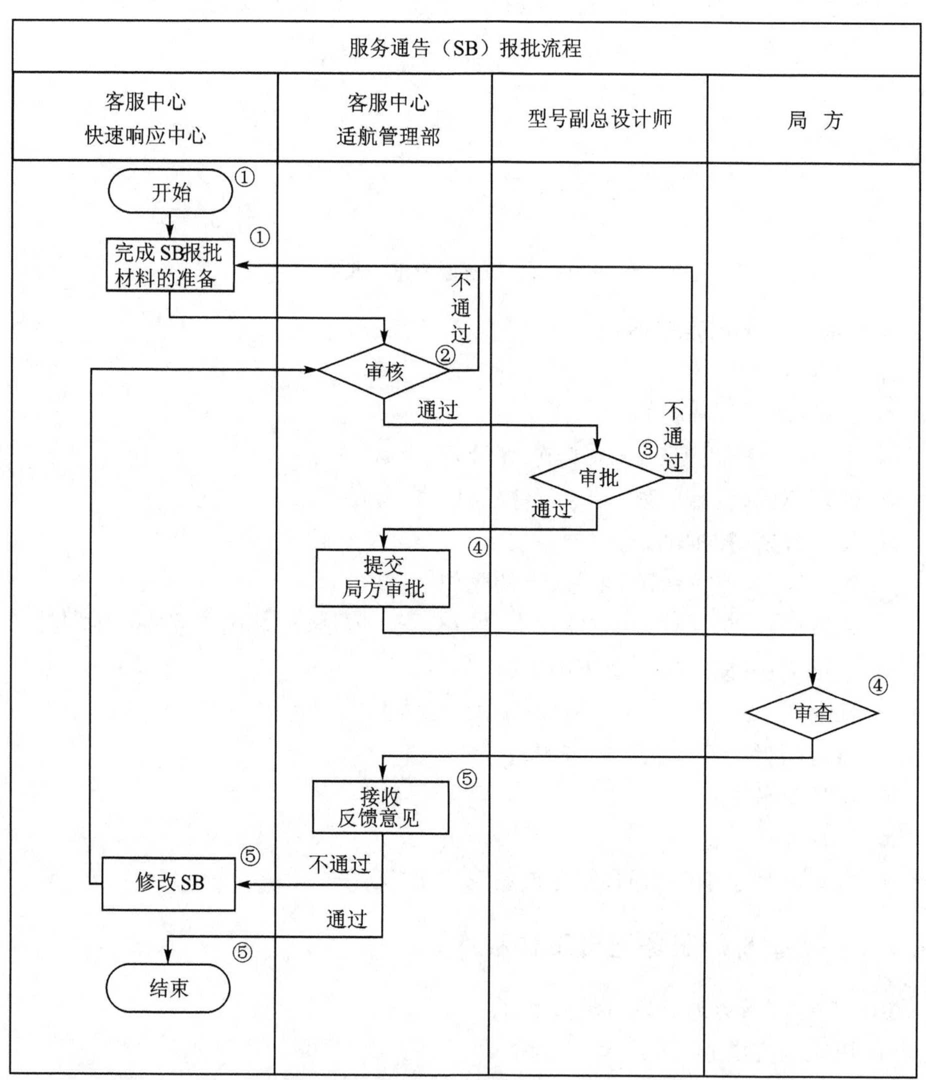

图 10.5　制造商服务通告工作程序

服务通告报批工作程序：

① 完成服务通告(SB)的准备。快速响应中心负责完成 SB 报批材料的准备并提交适航管理部。其中 SB 报批材料包括：

a) 获得快速响应中心(副)主任工程师/主管(副)部长批准的 SB。

b) 启动 SB 编制的文件，包含构型控制委员会决定的改装类 SB 和持续适航技术委员会决定的检查类 SB。

c) 技术方案，改装类 SB 是经适航审批的适用于在役飞机的 SB 技术方案，检查类 SB 是由型号总设计师/副总设计师批准的技术检查方案。

d) 事件风险评估报告(按需)；

e) 签署完备的《服务通告验证任务单》(按需)；

f) 其他的局方要求提交的技术文件(按需)。

② 完成 SB 报批材料审查。适航管理部持续适航室证后管理岗负责完成 SB 报批文件的内部适航审核，并填写 SB 报批资料适航审核单。若审核通过，则进入下一个环节；若审核不通过，则反馈给快速响应中心，快速响应中心负责修改/补充 SB 报批材料。其中，对于普通类 SB 需要在 3 个工作日内完成审核，对于紧急类/重要类 SB 需要在 1 个工作日完成审核。

③ 完成制造商内部审批。适航管理部持续适航室证后管理岗负责将通过内部适航审核的 SB 提交主管客服专业的副总设计师审批。若审批通过，则进入下一个环节；若审批不通过，则反馈给快响中心，由快响中心负责修改/补充 SB 报批材料。

④ 完成 SB 报批材料提交。适航管理部负责将审查通过的 SB 报批材料以 SB 报批资料提交单的形式提交给局方审批。对于普通类服务通告，适航管理部负责在 2 个工作日内提交局方审批；对于重要类和紧急类服务通告，适航管理部负责在 1 个工作日提交给局方审批。

⑤ 完成反馈意见接收与处理。适航管理部负责收集局方签署的 SB 评审意见表/SB 批准表，并将局方意见反馈至相关部门。若审批不通过，适航管理部将局方意见反馈至快速响应中心，快速响应中心负责修改 SB 直至获得批准。若审批通过，适航管理部负责将局方意见反馈至快速响应中心。

(3) 服务通告的审批

服务通告按类别进行审批。协作厂的服务通告应该与主机厂协商，并由主机厂统一向民航局适航管理部门申报。服务通告的类别由生产厂家提出建议，委任工程代表(DER)负责审核。服务通告中的重要类、紧急类应由民航局适航管理部门审批，并由申报者印发。生产厂家申报服务通告草本，同时必须将本通告的编写原因、依据、设计更改单等背景材料一起上报。

10.4.4 营运人对服务通告的处理程序

航空营运人会接收到来自航空器型号合格证持有人或适航管理当局的通知，以建议对其机队可能要进行的检查、改装或其他维修活动。这种通知通常以服务通告(SB)、服务信函(Service Information Letter，SIL)、适航指令(AD)或建议规章制定通知(Notice of Proposed Rulemaking,NPRM)的形式发布。对这些不同文件进行的评估、处理和执行的优先级别是有很大区别的,这取决于文件的类别和所包含的内容。例如,适航指令是要求马上进行处理并采取相应的工程行动或进行跟踪,但可能在几年后才执行。而另一方面,出于运行考虑,由零部件制造商发布的服务通告可能需要马上进行处理并采取行动。也有很多服务通告并没有被航空器营运人执行,这主要是由于没有利益或推荐的维修活动不是很紧急。

航空营运人是否执行服务通告与很多因素有关,如安全影响、成本、营运人的经验、机队寿命、营运人可靠性方法、飞机停飞要求等。一旦航空器营运人决定执行服务通告或类似的文件,执行的方法会有不同,这取决于营运人完成这类工作的程序。在有些情况下,他们编写非常详细的工程指令并发送到全部的部门执行;还有的情况是用一种简单而固定的沟通方式,通知供应商或营运人的维修厂执行服务通告。航空器营运人可以因为很多因素来考虑是否执行服务通告,这些因素包括:规章要求;安全考虑;标准化考虑;降低维修成本;降低备件成本;降低运营成本等。

航空器营运人对服务通告处理的程序流程如图 10.6 所示。该程序中包含了当前航空器营运人所采用的最佳实践与做法。

(1) 服务通告的接收、评估管理

当航空器营运人接收到服务通告以后,首先将其载入数据库。这个数据库用于跟踪服务通告处理过程中产生的记录和解决方法。那些没有执行的服务通告也保存在该数据库中。

首先,应对服务通告进行评估,判断该服务通告是否对营运人的机队有效;如果无效,将服务通告编制成文件用于将来参考,处理程序结束。

然后根据服务通告的类别再进行评估。若是适航指令 AD 要求执行的服务通告,则直接进入服务通告的执行阶段;但若不是适航指令 AD 要求执行的服务通告,那么就必须要判断是否需要执行。

做出上述判断时,不同的航空器营运人会有不同的考虑因素。一般会考虑以下几个方面:如果不执行服务通告是否会出现安全问题?原始设备制造商(Original Equipment Manufacturer,OEM)的建议是什么?(警告?特别注意?等等)以前航空器营运人在这方面的经验?执行服务通告对成本和利润的影响,包括:飞机/部件的标准、所需要的停场时间和工时数、项目持续的时间、可靠性/维修性的影响、备件影响、营运影响。

对以上这些问题进行评估,然后决定是否需要执行服务通告。上述问题的答案会影响“是否应该执行服务通告”的决策管理水平。营运人可以与厂家进行联系和协调,以确保完全理解厂家建议的安全行为。

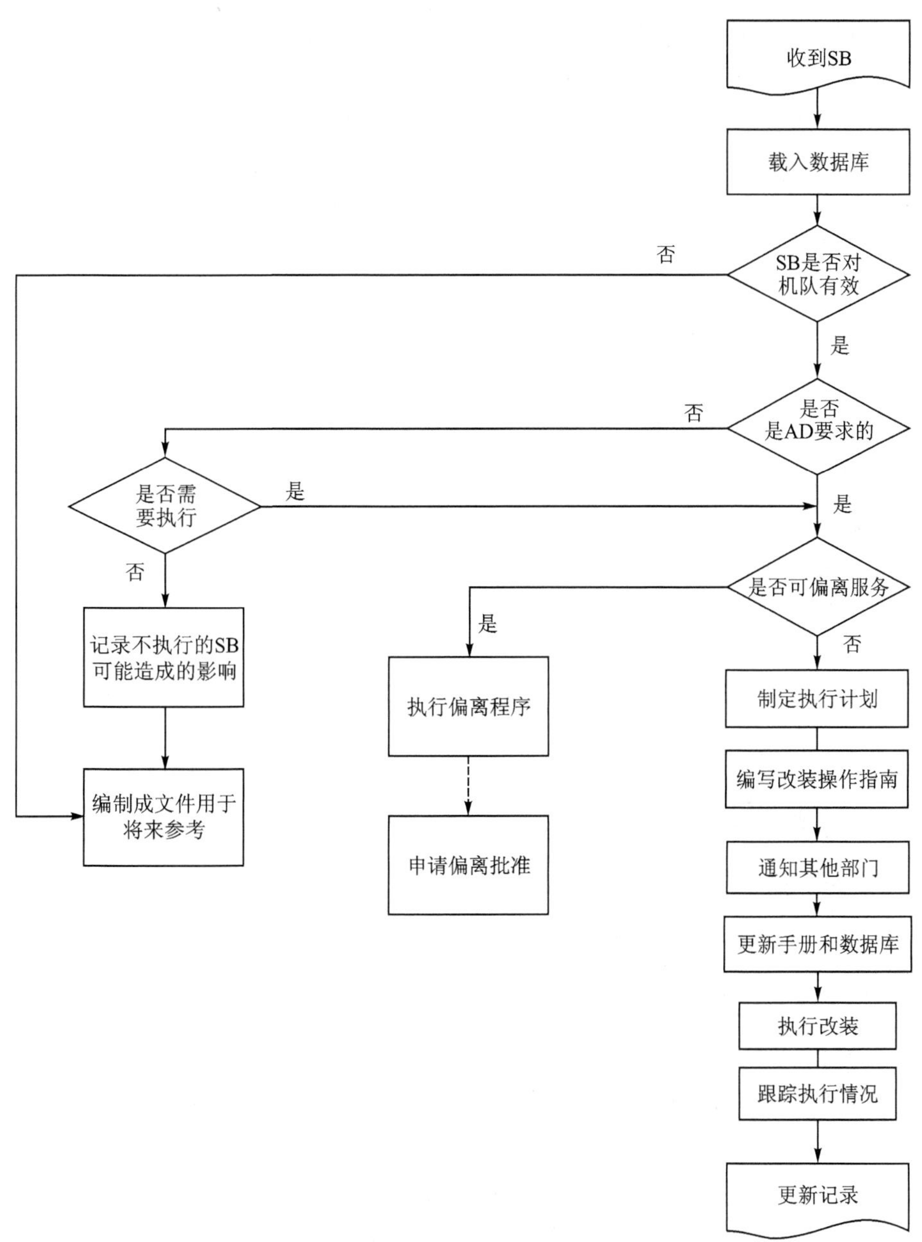

图 10.6　航空器营运人对服务通告处理的程序流程图

如果决定不执行服务通告，则应提供正当的理由并记录下来，尤其应该说明如果不执行服务通告会造成的影响。将这种服务通告编制成文件保存，以备将来参考。

(2) 服务通告的执行

当决定执行服务通告时，就进入了服务通告的执行阶段。首先要确定是否需要偏离服务通告。如果需要偏离服务通告，必须满足服务通告的要求并获得批准。航空器营运人可以就他们的偏离与厂家进行沟通，以确保满足原服务通告的要求。

当不需要偏离服务通告时，航空器营运人必须制定执行服务通告的计划。该计划应该涵盖公司内部的所有有关部门。在制定计划时，通常应该要考虑到：

- 是否影响安全；
- 改装的途径(如何执行服务通告)；
- 国内维修厂/境外供应商对构型管理的影响；
- 经费/成本考虑；
- 计划安排；
- 按预定的维修计划车间修理/专门安排车间修理；
- 人力资源和技能是否充足；
- 采购；
- 航材可用性及交货时间/航材的分布。

制定完执行计划后，航空器营运人必须根据其内部程序准备改装操作指南。在编写改装操作指南的同时，其他部门应该对改装文件草案进行评估，并准备必要的修订(手册、数据库等)，用以满足服务通告的要求。

对于有些修订，执行过程中必须仔细监控，以确保精确而完整。尤其是在处理AD、厂家要求的改装或营运人被动的改装时，显得尤为重要，防止出现由于疏忽大意造成的重新改装。

一旦完成改装操作指南的编写，就要真正开始飞机的改装。可以使用实际改装的模型或样机来帮助识别服务通告上可能没有说明的未预料的问题或困难，这在复杂改装中是非常重要的。

开始对飞机的改装操作以后，应跟踪机队改装的情况。完成改装以后，通过正常监控程序对改装的有效性进行监控，并向厂家或适航管理当局报告服务通告的执行情况(虽然并不是要求每次都这样做)，以确定服务通告的执行情况并对其有效性进行评估。

(3) 国内航空公司服务通告处理流程范例

实际工作中，每个航空器营运人在具体处理由航空器型号合格证持有人或零部件制造商发布的服务通告时会有一些不同，但基本原则是相同的。图 10.7 为国内某航空公司的服务通告/服务信函处理流程。

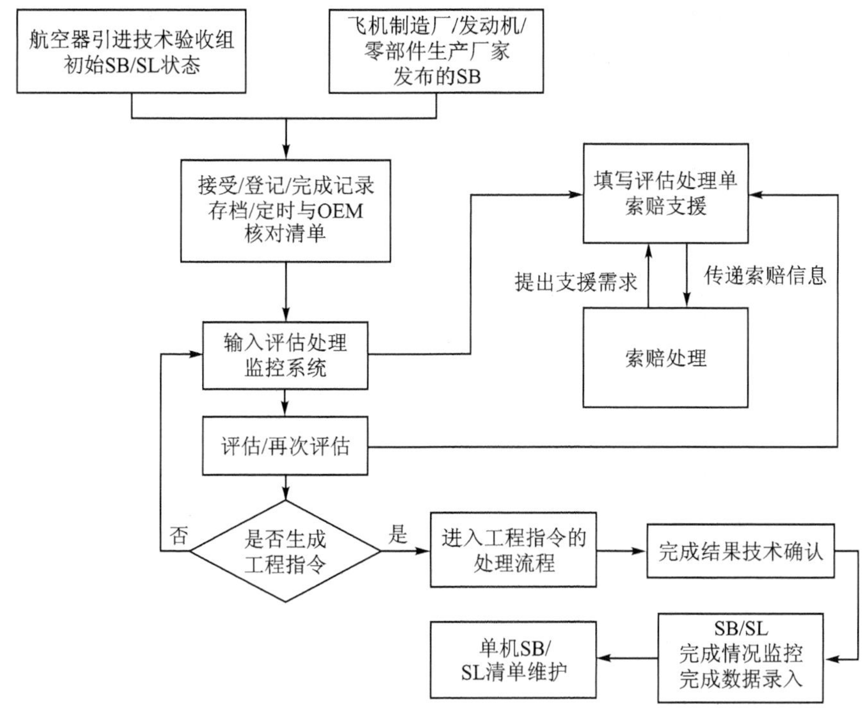

图 10.7　某航空公司服务通告/服务信函处理流程图

10.4.5　国内航空产品服务通告发展趋势

民航飞机服务通告等技术出版物在民机的使用和维护上作用巨大，但传统民航飞机服务通告在成本、体积、使用效率、信息维护和实效性上有很大弊端。用近年在航空航天、船舶工业领域广泛采用的 IETM《电子交互技术手册》技术对服务通告进行改造，以提升军民用产品的维修效率，提高全寿命周期管理水平，改善产品的研制、使用和维护。应用 S1000D 规范编制民航飞机服务通告，能很好地满足技术出版物内容模块化、标准化存储、全寿命管理、电子化交付的发展，保证了全寿命管理。在我国大型民用飞机紧张研制的背景下，制作和发布新型服务通告可以推动飞机通过适航审定，提高航空公司的机务维修效率，增强民用航空产品的核心竞争力。

10.5　局方和制造商之间的合作计划

为了能及时发现和解决航空器投入运行后相关的型号设计和制造的安全问题，能实现航空器的持续运行安全，应由局方与制造商共同签订持续运行安全合作计划(Continued Operational Safety Plan，COSP)。双方通过明确双方在持续适航活动中的组织机构，建立和完善相关持续适航的流程、方法和标准，主动、及时、有效地识别和解决产品的潜在安全问题，在经验总结的基础上，不断完善持续适航体系，提高工作效率，共同促进航空器的持续改进。

10.5.1 组织机构

以 FAA 为例，FAA 和国内的局方和制造商都设立了专门的机构，落实 COSP 的要求，保证有效地开展 COSP 工作。

(1) 民用航空管理局

为了使航空器持续符合经批准的设计，并始终处于安全运行状态，局方负责接收、评估航空器制造商提交的报告，在飞机型号存在不安全状态或是发现没有按照型号合格证批准的设计标准生产时，颁发适航指令。

民航局适航审定司代表局方实施持续运行安全合作计划，指定的地方管理局成立针对某机型的产品安全管理委员会来具体执行本协议，其工作包括：

① 确定该型飞机可能存在的产品安全问题；

② 组织协调该型飞机产品安全问题的调查；

③ 确定该型飞机的产品安全问题的处理方案；

④ 颁发该型飞机的适航指令。

为保证产品安全管理委员会相关工程技术工作的顺利开展，负责的审定中心成立针对某型号航空器的持续适航技术评估组，持续适航技术评估组在产品安全管理委员会的领导下开展工作，其工作包括：

① 收集影响该型飞机持续运行安全的信息；

② 开展对信息的分析和评估，识别该型飞机的安全问题；

③ 开展该型飞机产品安全问题的调查工作；

④ 提出产品安全问题的解决方案建议；

⑤ 编制该型飞机适航指令；

⑥ 开展该型飞机持续适航体系的监督和管理；

⑦ 提出持续适航相关规章和规范性文件编制和修订的建议。

(2) 航空器制造商

航空器制造商作为型号合格证持有人，将按照规章的要求监控机队的运行，及时有效地识别并分析潜在的安全问题，准确地将潜在的安全问题报告给中国民用航空局，制定和发布合适的措施，将飞机风险控制在可接受的安全水平内。

航空器制造商成立持续适航委员会来负责实施安全合作计划。持续适航委员会的职责包括：明确航空器制造商持续适航工作的目标及要求，保障航空器制造商为落实持续适航职责所需资源，决策航空器制造商某型飞机安全问题。

为使持续适航工作更有效地开展，制造商的持续适航工作管理采用持续适航委员会、持续适航技术委员会两级委员会制度。持续适航技术委员会在持续适航委员会的领导下，主要负责某型航空器持续适航具体技术决策和提出持续适航相关设计规范、准则的修订完善建议。

航空器制造商成立持续适航委员会办公室，作为持续适航委员会和持续适航技术委员会的日常办事机构，具体执行本协议。其职责包括：持续适航工作的协调和工作分配，跟踪局方对持续适航工作的具体要求并组织落实，收集影响飞机安全的信息进行分析评估，管理改正措施，按需报局方。

10.5.2 合作内容

局方和制造商通力合作，建立双方交流共享信息，整合利用资源，协调解决分歧，共同推进民机产业发展的机制，并采用双方共同认可的流程和方式，持续开展与航空器运行安全管理相关的活动。通过双方的共同协作，及时识别飞机的产品安全问题，并及早提出应对措施和解决方案。COSP 的工作内容包括但不限于：

① 以规章要求为基础，为尽早发现飞机潜在不安全状态，形成双方同意的事件报告标准，并不断完善；

② 相互信任的原则，对飞机不安全状态的判定、根原因的确定和纠正措施的制定达成一致；

③ 共同总结经验，不断提高飞机的产品安全性，推进设计规范和规章进步；

④ 共同研究持续适航相关的标准、程序和方法，从而持续推进民机持续适航体系的构建；

⑤ 定期评估 COSP 的执行情况，并持续改进。

10.5.3 合作方式

(1) 宣贯培训

局方和制造商应通过开展对持续适航相关规章、标准、程序和方法的宣贯与培训，来加强双方对持续适航要求和职责的认识，以及对持续适航相关标准、程序和方法的理解。

双方承诺共同研究、协商人员培训计划，同时充分利用各自在人力、物力及财力资源等方面的优势，为双方人员培训(包括管理和技术方面)提供支持。

(2) 合作研究

局方和制造商共同开展对持续适航相关规章、程序、标准和方法的研究。通过双方项目合作的方式，多渠道筹措资源，联合开展持续适航相关课题研究，并将研究成果转化为双方共同推进持续适航技术水平和管理水平提升的动力，完善持续运行安全工作所需的规范、标准和方法。

(3) 定期评估

局方和制造商每年度至少开展一次针对双方 COSP 执行情况的评估。通过评估，总结 COSP 工作的成果，发现 COSP 工作中存在的问题，提出针对问题的措施及落实整改意见，从而推动 COSP 的不断修订与完善。

10.5.4 沟通协调

为便于局方和制造商持续运行安全工作开展，双方明确将在管理层会议和执行层会议两个层面上开展沟通和协调。

(1) 管理层会议

每年度至少召开一次适航司与制造商的持续适航管理层会议。参会人员包括：适航司、相应的地区管理局和相应审定中心相关领导及各业务处室相关人员；制造商主管适航工作的领导、相关型号主管领导、相关型号总师、适航管理部部长等。

持续适航管理层会议的主要内容是协调持续适航相关规章政策，提出 COSP 修订建议，深入讨论双方需要重点关注的领域：

① COSP 执行情况评估；

② 规章政策影响；

③ 组织机构变化；

④ 重大问题讨论；

⑤ 合作方式改进。

(2) 执行层会议

每年至少召开三次相关审定中心与制造商适航管理部的持续适航执行层会议。参会人员包括：审定中心主管领导及各业务处室相关人员；制造商适航管理部主管领导、持续适航专业副总师、相关业务部门负责人等。会议议题主要涉及以下内容：

① 规章政策的落实情况；

② 机队安全运行状态评估；

③ 产品安全重点专题讨论；

④ 体系监督管理问题讨论；

⑤ COSP 执行情况及存在问题的讨论；

⑥ 规章修订建议讨论。

(3) 问题解决原则和机制

局方和制造商在持续适航工作过程中，对于双方遇到的重大技术分歧或问题，根据以下原则协调解决：

① 保持开放的态度对待分歧；

② 共同确定解决问题所需的时间框架；

③ 共同确定分歧消解及问题解决机制。

制造商适航管理部与相应审定中心应共同管理一份项目技术分歧或问题跟踪清单，保证技术分歧或问题得到适当解决。

第十一章　航空事故与规章修订

11.1　事故及事故征候的定义

(1) 航空器事故定义

《国际民用航空公约》附件 13《航空器事故和事故征候调查》中对航空器事故的定义：在从所有人登上航空器准备飞行直至所有人离开航空器为止的时间内，所发生的与该航空器的运行有关的事故，在此事故中：

① 由于以下情况，人员遭受致命伤或重伤：

a) 在航空器内；

b) 在航空器任何部分包括与已脱离航空器的部分直接接触；

c) 直接暴露于发动机。

但由于自然原因、由自己或他人造成的受伤，或由于藏在通常供旅客和机组使用区域外的偷乘飞机者造成的受伤除外。

② 航空器受到损害或结构故障：

a) 对航空器的结构强度、性能或飞行特性造成不利的影响；

b) 通常需要大修或更换有关受损部件。

但当发动机故障或损坏仅限于其整流罩或附件时除外；或当损坏仅限于螺旋桨、翼尖、天线、轮胎、制动器、整流片、航空器蒙皮的小凹坑或穿孔时，发动机故障或损坏除外。

③ 航空器失踪或处于完全无法接近的地方。

(2) 事故征候的定义

国际民航组织关于事故征候的定义：事故征候不是事故，而是与航空器的操作使用有关、会影响飞行安全的事件。

中国民用航空行业标准 MH - 2001—1996《民用航空器飞行事故征候标准》关于事故征候的定义：航空运行的飞行实施过程中发生严重威胁飞行安全的情况或发生航空器损坏、人员受伤，但其程度未构成事故或航空器地面事故的，为事故征候。严重事故征候是指航空器飞行实施过程中几乎发生事故情况的事故征候。

11.2　事故调查与失效分析

民用航空器事故调查的目的是查明事故原因，提出保障安全的建议，防止同类事故再次发生。而失效分析是在事故或事故征候产生以后，为了查明其产生的原因，寻求防止产品失效的方法，因此通常需要做大量试验和研究工作。

失效分析的研究不限于已发生的事故，而更重视产品失效的潜在因素，探索防止失效的措施，以杜绝事故。失效分析可分为整机失效分析和零部件残骸失效分析，也可按产品发展阶段、失效场合、分析目的进行失效分析。失效分析的工作程序通常分为明确要求，调查研究，分析失效机制和提出对策等阶段，其核心是失效机制的分析和揭示。失效机制是导致零件、元器件和材料失效的物理或化学过程，此过程的诱发因素有内部的和外部的。在研究失效机制时，通常先从外部诱发因素和失效表现形式入手，进而研究隐蔽的内在因素。在研究批量性失效规律时，常用数理统计方法，构成表示失效机制、失效方式或失效部位与失效频度、失效百分比或失效经济损失之间关系，以找出必须首先解决的主要失效机制、方位和部位。任一产品或系统的构成都是有层次的，失效原因也具有层次性，上一层次的失效原因即是下一层次的失效现象。因此，越是低层次的失效现象，就越是本质的失效原因。

因为事故征候没有造成安全事件，但飞机的安全可能处于危险状态，所以对所有这种事故征候进行彻底调查，所获得的预防事故基本材料往往比飞机失事后进行调查所获得的资料还多。因此事故征候分析是一种预防今后安全事件发生的有效途径。

11.3 事故调查法规依据

从《国际民用航空公约》到我国的航空法、相关条例和规章，对事故和事故征候调查都做出了明确的要求和规定。目前在国内进行航空事故调查时主要参考的文件有：

(1)《国际民用航空公约》附件13《民用航空器事故和事故征候调查》

《民用航空器事故和事故征候调查》规定了国际通用要求，作为一个参考文件，列出了出事所在国、登记国、经营人所在国、设计和制造国的权利和责任，供全世界处理航空器事故或严重事故征候调查诸多问题的人使用。

(2) 国际民航组织文件《航空器事故和事故征候调查手册》(DOC9756 - AN/965)

该手册只提出进行调查的一般原则，没有规定进行调查的方法，因而与各个国家的法律没有矛盾。手册中强调与航空器失事有关的机构和当局在做准备工作和预先计划的必要性和重要性。国际民航组织在2000年颁布了《航空器事故和事故征候调查手册》。

(3)《民用航空器事故和飞行事故征候调查规定》(CCAR - 395)

为规范民用航空器事故和事故征候调查，根据《中华人民共和国民用航空法》《中华人民共和国安全生产法》，制定本规定。2007年3月13日，民航局令第179号颁布了《民用航空器事故和飞行事故征候调查规定》,自 2007 年 4 月 15 日起实施。《民用航空器事故和飞行事故征候调查规定》共包含 7 个章节,55 个条款,主要对事故调查的总体原则、调查的组织、调查人员、事故信息的通知、事故调查过程、调查报告的编写及其他相关规则进行了具体的规定。

(4)《民用航空器飞行事故等级标准》

《民用航空器飞行事故等级标准》主要参考《国际民用航空公约》附件 13《国际标准和建议措施航空器失事调查》和美国国家运输安全委员会程序性法规《联邦法规全书》。该标准规定了民用航空器在运行过程中,发生飞行事故的等级划分准则和分类指标,是确定飞行事故严重程度的依据。该标准适用于在中华人民共和国领域内,从事民用航空活动的所有航空器以及在中华人民共和国登记、在领域外从事民用航空活动的所有航空器。但不适用于首次获得适航证之前的所有民用航空器的试飞活动。

11.4 民用航空事故调查程序

11.4.1 事故等级的确定

在查明事故的人员伤亡情况和航空器的损坏情况后,根据《民用航空器飞行事故等级标准》(GB-14648—93)的规定,最终确定事故等级。

航空事故分为特别重大航空事故、重大航空事故和一般航空事故。

凡属下列情况之一者为特别重大航空事故:

① 人员死亡,死亡人数在 40 人及其以上者;

② 航空器失踪,机上人员在 40 人及其以上者。

凡属下列情况之一者为重大航空事故:

① 人员重伤,重伤人数在 10 人及其以上者;

② 最大起飞质量 2 250 kg(含)以下的航空器严重损坏,或迫降在无法运出的地方;

③ 最大起飞质量 2 250~50 000 kg(含)的航空器一般损坏,其修复费用超过事故当时同型或同类可比新航空器价格的 10%(含)者;

④ 最大起飞质量 50 000 kg 以上的航空器一般损坏,其修复费用超过事故当时同型或同类可比新航空器价格的 5%(含)者。

航空器运行过程中发生相撞,不论损失架数多少,一律按一次航空事故计算。事故等级按人员伤亡总数和航空器损坏最严重者确定。

人员伤亡统计应包括该次航空事故直接造成的地面人员伤亡。

航空器修复费用包括器材费、工时费、运输费。

11.4.2 事故调查的组织

(1) 事故调查组的组成

通常事故调查是按照事故的等级由不同的部门负责组织调查。

由民航局负责组织的事故调查包括：特别重大航空事故；外国民用航空器在外国境内发生的事故，但由国务院或者国务院授权其他部门组织调查的除外；运输飞行重大航空事故，国务院授权民航局调查。由民航局组织的事故调查，事故发生地的地区管理机构和发生事故单位所在地的地区管理机构，应当根据民航局的要求派人参加调查。

而通用航空重大航空事故和一般航空事故、运输飞机一般航空事故、民航局授权地区管理机构组织调查的其他事故，由地区管理机构负责组织事故调查。民航局认为必要时，可以直接组织调查。由地区管理机构负责组织的事故调查，事故发生单位所在地的地区管理机构应当派人参加，民航局可以根据需要派出事故调查员或者技术人员予以协助。

此外，涉及军、民航的事故调查由负责组织事故调查的部门与军方协商进行。

在我国登记、经营或者由我国设计制造的民用航空器在境外某一国家、某一地区发生航空事故，由民航局派出一名国家授权的代表参加事故发生所在国家、地区的事故调查。为协助国家授权代表的工作，民航局可以指派若干名顾问。

在我国登记、经营的民用航空器在境外发生航空事故，但事故地点不在某一国家、某一地区境内的，由民航局组织事故调查，也可以部分或者全部委托别国进行调查。外国民航航空器在我国境内发生航空事故，经民航局批准，航空器的登记国、经营人国、设计国、制造国可以派出代表和顾问参加中国组织的事故调查。

由外国设计、制造，在我国登记、经营的民用航空器在我国境内发生航空事故，经民航局批准，该航空器的设计国、制造国、可以派出代表和顾问参加中国组织的事故调查。

负责组织事故调查的部门应任命一名事故调查组组长。重大及重大以上航空事故的事故调查组组长由主任事故调查员担任；一般航空事故的事故调查组组长可以由主任事故调查员或者事故调查员担任。事故调查组组长对事故调查组的组成和事故调查工作有独立做出决定的权力。

事故调查组应由委任或者聘任的事故调查员和临时聘请的专家组成。参加事故调查的人应当服从事故调查组组长和专业调查小组组长的领导，其调查工作只对事故调查组组长负责。

事故调查组组长可以根据调查工作的需要，组成若干专业调查小组。通常包括的专业调查小组有：飞行小组、空管小组、适航小组、飞行记录器小组、公安小组、运输小组、综合小组。

根据参加调查人员的技术力量和调查工作的需要，事故调查组组长可以合并某些小组，或者组成另外的专门小组。专业小组组长由事故调查组组长指定。

（2）事故调查组的职责和权力

通常事故调查组履行下列职责：查明事故造成的人员伤亡和航空器损坏情况；查明与事故有关的事实及环境条件等因素，分析造成事故的原因，做出事故结论；提出预防事故的安全建议；提交事故调查报告。

事故调查组具有下列权力：决定封存、启封和使用与发生事故的航空器运行和保障有关的一切文件、资料、物品、设备和设施；要求发生事故的民用航空器的经营、保障、设计、制造、维修等单位提供情况和资料；决定实施和解除对现场的监管；对发生事故的民用航空器及其残骸的移动、保存、检查、拆卸、组装、取样、验证等有决定权，对其中有研究和保存价值的部件有最终处置权；对事故有关人员及目击者进行询问、录音，并可以要求其写出书面材料；要求对现场进行过拍照和录像的单位和个人提供照片、胶卷、磁带等影像资料。

事故调查组在履行职责和行使权力时，有关单位、个人应当积极协助，主动配合，如实反映情况，无正当理由不得拒绝。

（3）专业调查小组的职责分工

飞行小组职责主要包括：调查飞行人员的技术状况和身体健康情况；调查机组的飞行准备、飞行过程情况，以及应急处置情况；检查该次飞行的签派工作和签派员资格；调查事故发生与飞行人员生理、心理状况的关系，判定机上人员伤亡的因素；绘制飞行航迹图；进行飞行模拟验证、分析等；调查当事人及目击证人；进行其他必要的调查；提交小组的调查报告及原始记录、证据、资料等。

适航小组主要职责包括：调查航空器适航状况；调查航空器损坏情况；调查维修单位和维修人员的资格和维修工作；绘制残骸分布图；组织和参与专项试验和查证工作；调查当事人及目击证人；进行航空器失效件分析；提交小组调查报告及原始记录、证据、资料等。

空管小组主要职责包括：调查空中交通管制情况，整理通话记录和雷达记录；调查空中交通管制员的资格和管制工作情况；调查导航和通信设备的运行情况；调查与本次飞行有关的所有航行资料；调查有关的气象情况；调查当事人及目击证人；提交小组调查报告及原始记录、证据、资料等。

飞行记录器小组主要职责包括：搜寻飞行记录器和其他记录装置；负责飞行记录器的现场保护和运输；进行飞行记录器的译码、分析；会同有关小组综合分析飞行记录器和其他记录装置提供的信息；提交记录分析报告。

公安小组主要职责包括：调查是否有劫机、炸机、非法干扰或故意破坏航空器的情况；负责调查是否有易燃、易爆物品被带上航空器，是否危害了航空器的飞行安全；调查地面安全检查和航空器安全保卫情况；对遗体进行医学身源判断；负责事故现场的拍照和摄像工作；调查当事人及目击证人；提交小组调查报告及原始记录、证据、资料等。

运输小组主要职责包括：审查航空器经营者的资格、经营项目和范围；调查航空器的配载和装载情况；调查旅客的情况；提供机载货物及行李情况；调查当事人及目击证人；提交小组调查报告及原始记录、证据、资料等。

综合小组主要职责包括：调查机场设施和设备运行情况；调查现场应急救援情况；收集整理各小组的调查报告，目击者的证明材料，现场照片、图片、实物证据等；协助调查组组长组织事故调查工作，全面掌握各小组工作进展情况，发送事故调查情况简报；进行调查组的后勤保证工作；调查当事人及目击证人；提交小组调查报告及原始记录、证据、资料等。

除组成上述事故调查组外，为了保证事故调查工作的顺利进行，应建立后方支援保证组，为现场调查做好支援、保证和协调工作。该组可由当地政府及事发单位参加。事故发生所在地的民航地区管理机构负责组织。

11.4.3　事故调查过程

对于各种航空事故调查程序基本上大同小异，通常按照调查前准备、基本调查、分析查证和专项试验、事故原因分析、做出事故结论、提出安全建议和完成事故调查最终报告等步骤组织实施，如图 11.1 所示。

(1) 调查前准备

在航空事故发生后和正式调查工作前，事故发生所在国事故发生单位(公司)、与该次飞行有关的航管及保障单位应进行紧急处置工作。负责调查的单位以及参加事故调查的人员、应邀配合调查的单位及人员应为事故调查进行准备工作。

发生事故单位和(或)事故发生所在国，以及与该次飞行有关的单位应进行的紧急处置都有规定和预案，虽然各单位和各国可能有所区别，但主要内容基本相同，包括：事故飞机的搜寻、机上人员的营救、事故有关情况通报、现场保护及有关设备资料的封存等。

负责和参与事故调查国家(单位)，委派和抽调人员组成事故调查委员会(组)，准备事故调查必需的资料、用具；参加事故调查的人员根据事故地的环境和天气情况准备帐篷及必需的个人用品，利用可能的最快方法尽快到达指定地点集合。事故调查委员会(组)负责人根据事故情况划分各专业调查分委员会(小组)，制定调查计划，明确调查任务等。

(2) 基本调查

基本调查是最大限度地全面获取与事故有关的资料和信息的过程，一般包括：调查了解事故的基本情况，失事现场调查(含环境等)，绘制残骸分布示意图，残骸的记录与拍照，现场残骸的处置，证人调查，飞行轨迹调查，绘制航迹示意图，飞行活动调查，装备技术状况调查，人的因素调查，医学调查，飞行管制调查，货物及装载情况调查，勤务保障调查和其他必要的调查。调查中，要充分利用空地通话录音、航管雷达记录、飞行数据记录器、话音记录器等客观记录设备记录的信息，确定重点搜集和保护的残骸。

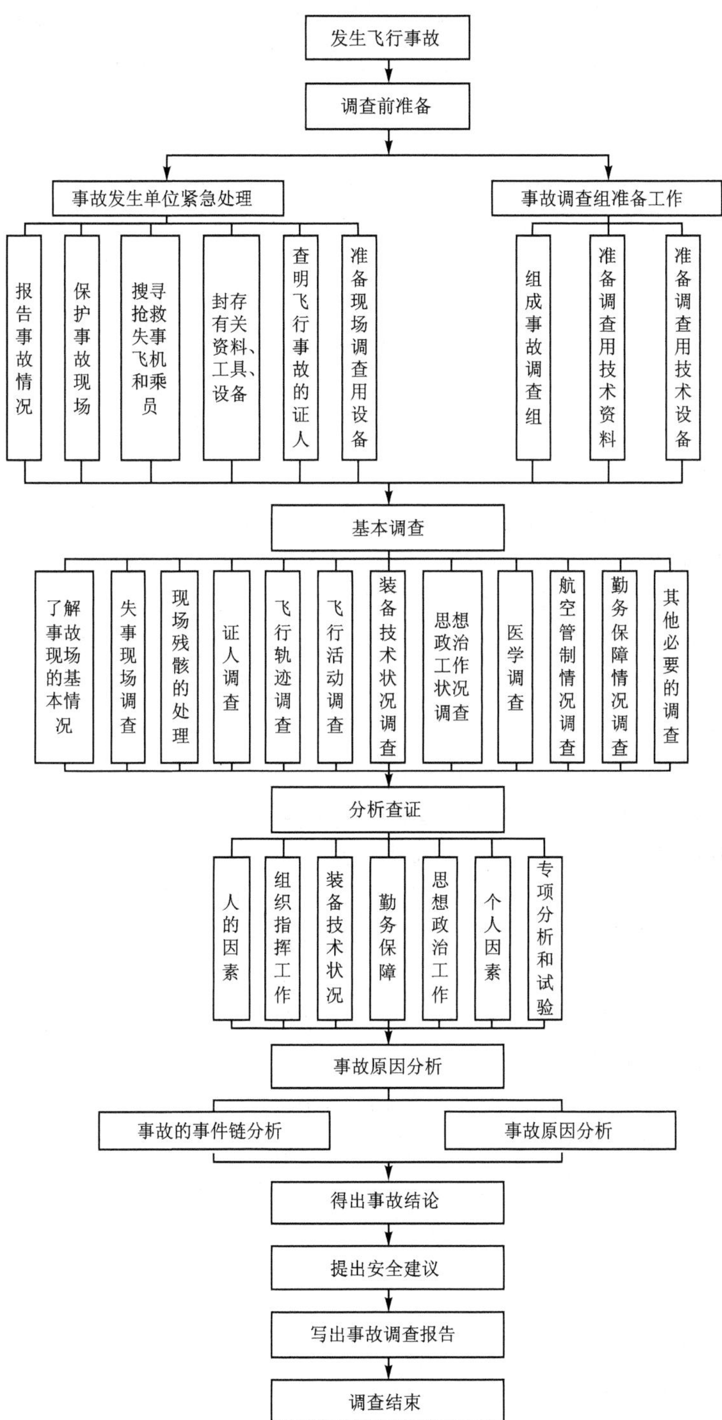

图 11.1　航空事故调查的一般程序

为高效地进行调查，每项调查都应根据调查委员会的分工，按照分委员会（专业委员会、小组）在本专业的工作范围内进行，并及时答复事故调查负责人对本专业提出的问题。

（3）分析查证和专项试验

分析查证是在掌握基本事实资料基础上，检查、测量、拼凑、分解、解剖搜集到的飞机残骸；汇总、梳理、分析、研究取得的各种数据、资料和有关情况；找出所有异常、偏离或违反技术标准文件及管理规定的现象，提出疑点，排列线索，采用理论计算、对比分析、技术鉴定、演绎推理和模拟验证等方法对各种疑点进行排查，分析这些现象是否与事故有关联，确定进一步研究方向，缩小调查范围的过程。

对调查员所发现的疑点和认为有必要的构件或产品可以进行专项检查分析和试验。专项检查的范围可以从对一处断口进行微观检查，到广泛地进行化学分析、系统试验和（或）飞行试验。装备技术状况的实验室研究必须在受控的条件下按程序进行，实验分析结果报告内不能有根据臆测、传闻或可疑资料得出的结论。

（4）事故原因分析

事故原因分析是在对事故经过、基本调查和试验分析的结果等进行综合研究的基础上，列出调查中发现的所有影响飞行安全的因素，然后将其中与本次事故有关的事件，按照它们发生的时间顺序和因果关系，排列出事故发生的事件链的过程。

（5）事故调查后期工作

事故调查后期工作包括做出事故结论、提出建议、提交事故调查最终报告。

在对事故原因进行分析的基础上应合乎逻辑地、扼要地总结出调查结果和事故结论。对事故原因进行深入研究，确定事故类型，明确暴露的主要问题和教训。

事故结论的文字表达通常包含：异常情况出现的时机、现象，发生事故的原因（按事故事件链表达）和导致的结果。对多原因导致的事故，分别列出所有原因及其促成因素。

必须针对事故原因提出可行的、提高安全性的建议，并尽可能明确每条建议的执行部门和范围。这些建议可以是由适航部门发出 AD（适航指令）；可以是要求生产设计部门做出设计更改；可以是对适航标准的修订等。

事故调查的最终报告是调查组组长或主管调查员签署的一份客观反映事故情况和调查结果的综合性报告。报告的完整性、准确性是非常重要的。因为，它不仅是为了记录，还对事故预防研究具有一定的价值。

11.4.4　事故调查报告

在《国际民用航空公约》附件 13 的第 6 章“报告”中规定了任一事故有可能要求的各种报告，报告形式如下：

- 初步报告；
- 事故/事故征候信息报告；

● 最终报告;
● 最终报告提要。

全面和准确地编写任一种报告都是极其重要的。因为由ICAO提供给各国的安全信息的真实性不仅取决于在事故调查中的认真程度,而且也取决于编写报告时的认真程度和准确性。因此,根据附件13准确地报告各事故和事故征候是各国的共同利益,只有这样,ICAO才能提供事故预防所需的真实信息。

11.4.4.1　初步报告

事故的基本真实和详细的情况通常在事故调查的前三至四个星期内就能获得。初步报告提供了如何报告这些信息的简单及标准的方法。初步报告由进行调查的国家发送到注册国(或事件发生国)、制造国、提供信息国和ICAO(2 250公斤至5 700公斤及以上多发飞机,对于2 250公斤以下多发和单发飞机,不用发送给ICAO)。初步报告应在事故发生之日起的30天内送交各个有关国家。

11.4.4.2　事故/事故征候信息报告

发生事故的单位和事故发生所在地的民用航空管理机构,应当在事故发生后12小时内以书面形式报告民航局。民航局和各地民用航空管理机构的航空安全主管部门,具体负责事故报告的接收和处理工作。描述事故的信息包括:事故发生的时间、地点和航空器经营人;航空器的类别、型号、国籍和登记标志;机长姓名、机组人员、旅客(乘员)人数;任务性质;最后一个起飞点和预计着陆点;事故简要经过;伤亡人数及航空器损坏程度;事故发生地区的物理特征;事故发生的可能原因;事故发生后采取的应急处置措施;与事故有关的其他情况;事故信息的来源和报告人。

通知或报告的信息暂不齐全时,可以进一步收集和补充信息,但不得因此而延误通知或报告的时间。一旦获得新的信息,应立即再次通知或报告有关部门。

事故/事故征候信息报告由进行调查的国家发送到ICAO,一般报告对象都是5 700公斤以上多发飞机,ICAO收到事故信息报告后,会更新初步报告的内容;对于事故征候不要求初步报告,但如果有的国家发现某一事故征候非常重要,有必要进行调查,则该事故征候有可能涉及安全问题,对ICAO来说,这些信息非常重要。

为了保证事故报告信息的准确,得到事故报告的部门和人员应当首先准确记录报告的内容,并获得报告人的信息和联系方式。记录时可以采用文字记录和电话录音相结合的方式。必须如实记录事故信息的全部内容,记录中不得含主观臆断的内容。记录中或记录后,可以采用逐句或全文复述的方式,请报告人予以证实,还可以请报告人以书面的方式再次报告,以便与口头报告的内容进行确认。

如果事故涉及国外设计、制造、登记的航空器,或者涉及国外航空营运人,民航局事故调查职能部门应按照国际民航公约附件13,或国家间民用航空协定的规定,报请民航局领导批准,通过航空固定电信网或其他渠道,及时通知航空器设计国、制造国、登记国和营运人国的国家事故调查部门,并负责这些国家参加事故调查的具体联络工作。

11.4.4.3 最终报告

最终报告是主管调查员的一份综合报告。在调查量小的情况下，该报告也应详细包括各方面调查内容。在重大事故中，事故的调查应由某一个组织机构来进行，每个组的组长应向主管调查员提交一份报告，并附上有关文件和由本组完成的调查情况数据。主管调查员收到各组的报告后，将其汇编成一份整体报告，该报告将包括从各组调查中整理出来的重要内容，并很大程度上依据各组报告。最终报告的完整和准确非常重要，它不仅是为了正确记录，而且因为对于事故预防研究只有使用完整准确的资料才能有价值。

整个调查的最终报告，包含结论性内容及从调查和分析过程中得到的有理有据的资料。报告的主要内容有五个部分：真实情况、分析、结论、安全性建议和附录。

真实情况包括：飞行过程、人员损伤、飞机的损坏、其他损坏、人员情况、飞机有关情况、气象资料、导航设备、通信、机场情况、飞行记录器、残骸和摔机资料、医学与病理学内容、着火、营救、试验和研究、辅助内容，新调查技术。

分析时应回顾和判断在“真实情况”中所述的证据，然后找出可能存在的情况事件；推出一些可能的假设，进而再以调查中所收集到的证据为基础进行讨论和试验，取消无证据的假设。应讨论在调查中明确得到的那些不令人满意，但自身又不是事故的直接原因的情况。

结论就是指调查的结果和原因。结果应该指明哪些飞行因素与本事故有关，哪些与本事故无关。在任一情况下，通常都要报告以下的情况：乘员的训练和经历；该飞机的有关资料；该飞机的适航性；该飞机的装载情况；该飞机在接地前是否发生破损；鉴别那些与事故原因有关的设备。表达事故原因时应以简明的语言陈述为什么会发生事故，而不能是一份事故情况的节选。

安全性建议包括为预防事故所提出的安全性建议及任一项综合改正措施的说明。

附录包括为理解本报告所必须考虑的任何其他有关信息。

然而，由于飞机事故的原因可能被各国所关心，尤其是有相同型号飞机的那些国家。因此，需要及时地把信息传送到飞机事故调查结果的合同国，这也是对航空安全的一大贡献。因为“最终报告”篇幅问题，不能将其发给每个国家，因此要为没有参与事故调查的各合同国编写一份含有他们所需的有关调查内容的报告摘要。

11.5 适航标准的制定及修订过程

11.5.1 事故调查与适航标准的关系

适航标准的制定及修订的背后往往隐藏着血淋淋的航空事故，只有通过科学缜密的事故调查才能准确地掌握事故发生的原因，这些原因就可能导致新的适航标准的诞生或对原有适航标准的修订。在美国,运输业发生的重大事故由专门机构负责调查,这个机构就是美国国家运输安全委员会(National Transportation Safety Board, NTSB)。NTSB 事故调查的客观性、科学性、公正性、权威性、公开性,调查结果的有效性,事故善后的人性化,为预防美国运输事故发生,保持社会稳定起了重要作用。NTSB 事故调查报告正是 FAA 进行适航标准制定及修订时的重要参考资料。

11.5.1.1 NTSB 简介

NTSB 成立于 1972 年,总部位于华盛顿特区。NTSB 的职能是,根据法律授权,对美国所有航空事故和其他运输业的重大事故进行独立调查,主要任务是找出事故的可能原因,并据此向政府运输部门和有关方面提出改进建议,以预防未来可能发生的事故。

NTSB 与事故调查有关的部门可分为两大部分。一部分是负责事故现场调查的部门,它们是航空安全局,航海安全局,高速公路安全局,铁路、管道和有害物质调查局;另一部分是为事故调查提供技术支持和各种保障的部门,主要有:运输事故受害者援助局、研究与工程局、建议与改进局、律师事务局、政府事务局、公共事务局、通信管理局。此外,NTSB 在全美另设 10 个分支机构。

NTSB 拥有一支强大的事故调查队伍,调查人员从有丰富工作经验的公务员、企业管理人员、科研人员中选拔,并经过专门的培训和训练。总部建立了事故快速反应机制,要求在接到事故报告 2 小时之内派出工作组赶往事故现场。工作组受总部直接领导,全权负责事故现场调查工作。NTSB 的事故调查工作按照严格、规范的程序进行,调查组分工明确,责任清晰,工作高效、配合有力。调查工作结束后,NTSB 根据需要适时召开事故听证会,听取各方意见和民意民愿,再由 NTSB 独立形成事故调查报告。调查报告包括事实、分析、结论、可能的事故原因以及建议,对责任问题不予涉及。事故调查报告由 NTSB 委员会讨论通过后,即为正式的事故调查报告,无需再经任何组织审批。

NTSB 是一个很特殊的机构,与世界各国设立的安全机构或事故调查机构不同,事故调查的理念也不同。概括起来主要有以下几个方面:

(1) 事故调查的客观性

事故调查的客观性主要体现在三个方面:

① 把事故调查任务定为查找事故的可能原因,而不是事故的确切原因。他们认为,人的认识有局限性,事故的原因是复杂的,事故的确切原因很难查清,今天认为确切的原因明天就可能被取代或者被推翻。因此,对事故原因的描述只能代表目前的一种认识。即使找不到事故的原因也不奇怪,不能要求每起事故调查都必须查出事故原因,事故调查的结论可以是“事故原因无法找到”。因此,他们调查的结论都是可能的原因,或最大可能的原因,或事故原因无法找到,从不认为事故的确切原因已经找到。他们对原因的客观定位,充分体现了尊重事实、尊重科学、尊重事物发展规律

的态度,体现了唯物主义认识论的辩证思想。

② 美国的运输事故调查中没有行政责任追究问题,如果是故意破坏事件,则不属于事故调查范畴。事故调查的任务是查找事故的可能原因,及时发现问题,以便为预防事故提出有效措施。他们认为,事故不是人们愿意或故意造成的,事故的发生是人的行为过失或科技、设备、设施缺陷所致。事故是反面教材,也是安全工作的宝贵财富,广泛吸取事故教训,总结经验,改进安全工作,预防未来事故,远比追究事故责任重要得多。

③ 重事实是 NTSB 在事故调查中严格遵循的一个很重要的原则。NTSB 从不以人的口供为依据对事故下调查结论。对于口供,NTSB 的调查与司法调查的态度完全不同。调查中,他们同样要询问有关人员,但是对于取得的口供,调查组只是作为参考,只能作为说明事实的旁证,不作为说明事实情况的任何证据。

(2) 事故调查的科学性

为了保证事故原因的相对准确,他们有强有力的调查队伍、科学的调查方法和科学技术做后盾,有自己的实验室,有各种技术手段。他们从来不以缺少物证、实验结果或科学论断的结论作为事故调查结论,而始终坚持调查结论必须建立在有说服力的事实、物证、科学分析的基础之上。只要事故原因还有疑点,他们的调查就不会结束,事故就一直处于各种分析、判断、实验之中,而不会靠口供、猜测、想象来了结事故调查工作。需要对公众公布时,他们总是客观地公布调查工作进展情况和到目前为止可能的原因,不隐瞒任何情况。可以说,调查得出的事故结论,是经得起专家推敲和历史考验的。

(3) 事故调查的公正性

① 调查组的组成。NTSB 调查事故时,主要依靠自己的专门调查人员,必要时聘请有关的专家参加,调查组不能有任何部门的行政人员。调查组一旦组成,就要履行法定的调查职权和责任,完成法定的全部调查任务,而不允许将调查组的任务委托调查组之外的人员,因为除调查组之外,再没有任何组织或个人被法律授予事故调查的权力,只有调查组的调查才是有效的调查。

② 开放式的调查。NTSB 的一切调查工作和调查方式方法都是围绕怎样更准确地描述事故的原因,弄清楚事故为什么会发生,事实真相到底是什么。为此目的,NTSB 从不搞封闭调查,他们尽可能多地给各方充分发表意见的机会,并坚持要全面听取各方意见,从不偏听偏信。NTSB 的调查工作不对被调查对象保密,相反地,他们希望被调查对象来找他们争论,提出不同意见,也希望被调查对象早点知道事故真相,及早采取有关措施和改进工作。NTSB 也会主动找被调查对象共同讨论有关技术和管理问题,以及各种实验结果。他们相信,当事方最清楚自己的工作情况,对事故的原因一定有更深刻的见解,为了得到当事方的协助,也为了使当事方清楚地了解事故情况,NTSB 会及时与之交流调查情况。在事故调查的全过程中,NTSB 还经常与媒体、事故幸存者及联邦、州、地方政府进行沟通。不论对什么人,包括当事者,

NTSB 一律平等、公平对待。比如在向当事人了解情况时，他们始终采取询问方式，询问不采取任何司法手段，是心平气和的谈话，是交流、对话，是讨论、研究。询问得到的口供可以是非正式的，也可以是当事人没有任何证据的看法。因为他们认为事故调查是中性的，应该客观、公正、实事求是，不能有偏见，不能隐瞒，搞清事故原因，还事物本来面目是最重要的，每个调查人员应当忠于职守。

(4) 事故调查的权威性

① 机构独立。NTSB 是独立的事故调查机构，只对国会负责。

② 法律授权。NTSB 被法律授予独立调查、不受任何单位和个人干扰的权力，被授予最终做出事故结论的权威机构的权力；属于 NTSB 调查范围的事故，在 NTSB 调查人员未到达事故现场之前，不允许移动现场物件，只有 NTSB 有权决定对事故现场物件的处理(结合快速反应机制，NTSB 取得的事故现场第一手资料也是权威的)。

③ 调查人员资格制度。NTSB 的调查人员必须是技术上合格，有丰富的事故调查经验的真正的专家。这些专家都是有调查资格的权威人士，他们既可以调查事故，又可以组织事故调查工作。

(5) 事故调查工作的公开性

公开的方式有媒体的报道，也有自己的消息发布。在事故现场调查阶段，只有事故调查组的发言人一个人有权对外发布消息，由他负责向媒体、事故幸存者及伤亡人员家属通报事故及事故调查情况。在现场调查结束以后的研究阶段，则由 NTSB 总部通过听证会、公布事故调查报告、接待和解答各种咨询等形式对外发布消息。这种做法达到了报道及时、渠道单一、消息准确、取信公众的良好效果。

(6) 事故调查的有效性

事故调查结束后，根据事故的可能原因，NTSB 要向各方面特别是运输部门提出详细且针对性强的建议，包括改善设备设施、改进安全管理、预防同类事故的各项措施，严肃指出现行工作中的缺陷，送运输等部门和有关单位落实。NTSB 的建议不是强制性的，但政府运输部门一般都会采纳。如果不予采纳，NTSB 则直接报告国会，由国会通知运输部门。运输部门一旦接到国会的通知，就必须立即实施或者向国会做出有说服力的陈述。实际上，很少发生运输部门不采纳的情况。多年来，NTSB 调查的权威性已经被各方所接受，NTSB 在历次事故调查中提出的各种建议普遍受到有关方面的欢迎和重视，很多建议成为运输等部门的法律或者标准、政策。

(7) 在善后工作中不可替代的作用

美国运输事故的善后处理工作，1998 年以前由当事方承担，1998 年以后改由 NTSB 主持进行，不受外界干扰。NTSB 担当了事故善后工作的领导者、组织者和决策者。每个美国公民在工作期间按规定纳税，一旦发生事故伤亡就能得到应得的那份工伤补偿金。所以，受害者和家属一方的麻烦，并不是能否领到工伤补偿金，他们更关心亲人伤亡情况和伤亡原因，并且认为从当事方得到的消息是不可信的、不公正的。严重的事故给美国带来许多社会性问题，并成为不稳定因素，因此，要求处理好事故善后工作而对国家施加的各种社会压力越来越大。为了缓解社会压力，缓和事故受害者与当事方的关系，保持社会稳定，1998 年经美国国会批准，由 NTSB 全权负责事故善后工作。NTSB 把善后问题作为一个典型的社会问题也是社会的灾难来对待，提供受害者和家属各种需要的条件，处理他们的一切问题。只要有一个问题没解决，他们的工作就不会结束。善后处理是一个相当长的时期，NTSB 要在调查的各个阶段，经常召开新闻发布会，把技术语言变成通俗语言，有时还要采取制作和借助各种形象的模型之类的办法，把事故及调查的各种情况给家属和社会公众讲明白。受害者及其家属普遍感到只有 NTSB 是第三方的、最公正的、最没有利益关系、最关心受害者的。几年来的实践表明，NTSB 的善后工作十分出色，效果十分明显，树立了良好的社会形象，赢得了家属和社会公众的信赖，大大加快了事故处理速度，保证了社会的平稳和突发事件的顺利解决，是其他组织无法替代和难以起到作用的，而且在国际上产生了深远影响，促成了世界保护消费者权益法则的建立。

11.5.1.2 FAA 与 NTSB 关于事故和事故征候调查的协议

1)FAA 与 NTSB 已同意，但 NTSB 实施调查时要符合以下条款：

① 调查需在 NTSB 主管调查员的控制与领导下进行。

② 任何时候，FAA 必须有一名协调员（FAA 主管调查员）被指定为其主要代表，一直到完成调查为止。被指定作为 FAA 主管调查员的人，有权取得并利用所有的 FAA 人员、设施和记录。通过各位主要代表，NTSB 将使 FAA 可以利用从调查中得到的文件、报告、其他证据以及任何暂行建议，以便 FAA 可以立即采取必要的纠正行动。

③ FAA 其他人员的参加，必须由 FAA 主管调查员决定。在协调 FAA 的活动中，FAA 主管调查员必须与 NTSB 主管调查员配合工作。

④ 被指派到某个调查小组的 FAA 人员必须在该组组长领导下工作，并在调查阶段完成前或者经 NTSB 主管调查员与 FAA 主管调查员解除其职责之前，留在该组工作。

⑤ NTSB 主管调查员必须把调查的所有情况告诉 FAA 主管调查员。

⑥ 必须及时有序地让 FAA 得到有关的调查记录和报告。

2) 为 FAA 所需而 NTSB 并不需要的事实，必须经 FAA 主管协调员与 NTSB 主管协调员协调后，以不妨碍 NTSB 调查的方式去取得。在获得这样的事实时，FAA 人员必须说明，他们不是按照 NTSB 的指示进行的。

3) NTSB 必须调查一切涉及 FAA 航空或航空人员的事故和事故征候。FAA 航空器的定义是：FAA 所拥有的、借用的、军方委托的、租用的或由 FAA 人员以 FAA 正式身份驾驶的一切航空器。FAA 必须参加 NTSB 对于民用航空器事故与事故调查的同样方式参加 NTSB 对于这些航空器的事故与事故征候的调查工作。

4) FAA 必须调查一切涉及 NTSB 人员驾驶的航空器的事故与事故征候。

5）FAA 参加 NTSB 事故征候调查的程序与参加事故调查的程序相同。

11.5.1.3　FAA 适航标准制定与修订程序

FAA 适航标准是以修正案的形式不断完善起来的案例法规，法规条款的每次修订都有其安全性理由，且伴随有技术原因或者对惨痛教训的总结，是在民用航空工业技术发展的历史中凝练出的、保证公众利益的最低安全要求。在适航标准使用过程中，通常会有一些 FAA 的政策（Policy）、咨询通告（AC）、备忘录（Memo）、指南（Guidance material）和其他标准等为工业界和审定人员提供指导，并且每一条款都是在广泛征求了工业界的意见，并就修订的原因、经济性等进行了深入讨论后确立的。因此在工业界的设计或局方的审定工作中都能够充分地把握条款的安全性意图和关键点，有能力采用正确的方法完成工作。

在 FAA 的立法职能中很重要的一个部门是航空立法咨询委员会（ARAC）。ARAC 是由航空各界代表组成的正式的咨询委员会，于 1991 年由 FAA 正式成立，职责为在立法方面向 FAA 提供工业界观点、信息、建议和意见等与安全相关的立法活动的建议和推荐材料，以帮助更好地制定法规并减少修订流程所需时间和 FAA 资源的占用。该委员会有 64 个成员组，广泛代表航空界各方的利益，并向公众公开会议的内容。工作组执行具体的职能，并将任务报告通过 ARAC 提交给 FAA。当然，FAA 法规的修订不仅限于对 ARAC 建议的采纳。ARAC 的相关工作和报告体现了规章使用者的想法，为规章的制定提供了参考。ARAC 的工作使 FAR－25 部能够始终与民用航空技术的发展实际相适应，与公众的安全需求相适应。

FAA 规章的修订必须遵照《行政管理程序法案》（APA）、FAR－11 以及运输部（DOT）关于规章制定的政策和程序的相关要求。立法程序要求：

① 建议修订的规章条文或内容首先应以通告的形式在《联邦注册报》（FR）上予以公布（如公布《规章制定建议通告》（NPRM）），以保证实施任何规章修订之前彻底考虑到公众提交的全部信息和意见。如果 FAA 有充分理由认定事先征求公众意见是不实用的、不必要或违背公众利益的，则通告规定就不适用。

② 必须留给公众充分的时间提出对法规草案的意见，并且最终法规在生效的至少前 30 天在《联邦注册报》上公布。

③ 在法规最终公布时应将法规修订的充分理由作为附件一起公布。

④ 法规修订在考虑各方面安全、技术因素的同时，还必须衡量其成本影响，如工业界实施修订的直接成本，对小公司的实质影响，以及是否影响 FAA 与其他国家之间的关系。

⑤ 法规的生效以修正案的形式确定。

因此，FAA 在整个立法过程中严格执行程序，从条款修订的目的、背景和原因分析到最终的采纳意见和结论形成一套完整的体系，保证了其审定人员以及工业界设计人员都能够对每项法规的要求有深入的理解和认同。

11.5.2 我国适航规章的制定与修订

我国依照FAR逐步建立相应适航规章体系的过程中，直接引用由使用经验形成的案例法规，从1985年开始到1992年，参照FAR逐步制定了CCAR－25、CCAR－23、CCAR－35、CCAR－33、CCAR－27、CCAR－29、CCAR－21等。到1992年基本建立了和FAR相当的适航审定规章体系。

在进行相应适航规章修订过程中，CAAC会下发制定、修订规章的征求意见通知，征求意见通知是为了保证制定规章的科学性和准确性，是发扬民主、集思广益的一种形式，其内容包括：制定、修订规章的内容；制定、修订规章的原因和背景；制定、修订后规章和预定生效日期；征求公众意见的截止日期。在各部门、各单位或个人收到此通知后，应认真研究，积极提出意见或建议。

为了适航法规和法规性文件的制定和修订工作标准化、规范化、制度化，以及提高工作效率，保证适航法规和法规性文件的先进性、准确性、可操作性和权威性，适航司于1991年9月26日发布了适航管理程序AP－01－02《适航法规及法规性文件的制定和修订程序》，并不断更新。

虽然在短期内实现了法规与国际适航标准相接轨的任务，但由于缺少条款修订的提出、讨论和接受的中间过程，缺少对相应指导、辅助材料的了解，不可避免地造成使用法规的相关设计人员和审定人员在深刻理解条款要求的本质上缺少足够的积累，可能造成验证与审定工作不到位，给准确、高效地完成条款的符合性验证与审定工作带来风险，从而有可能对飞机的安全性造成影响。因此，更应该重视飞行事故/事故征候调查的结果，积累航空器设计、制造、使用和维修经验教训，更好地完成适航规章的修订，更好地了解其修订的内涵，在航空器设计、制造、使用和维修过程中更好地应用适航规章标准，使飞机的安全性得到更好的保证。

11.6 事故调查案例分析

适航条款的要求背后都有其存在的安全性理由，并且时常伴随着技术原因甚至惨痛的教训。航空事故调查对预防事故再次产生的积极作用，主要体现在如何认真接受事故发生的经验教训，在飞机的设计、制造、使用和维修全过程中如何改进，以杜绝类似事故的再次发生，以保障人民财产安全，防止航空业蒙受巨大的经济损失。

11.6.1 HIRF事故征候及规章修订

11.6.1.1 事件描述

19世纪20年代以来，无线电技术的不断发展使得飞机的导航和通信能力大大加强，同样地，完成通信和导航的同时，对无线电技术也不断提出新的要求，推动了无线电技术的发展。随着通信和导航系统对无线电技术的依赖加强，电磁环境的影响也越来越突出。高强电磁辐射场(HIRF)是由地面、船载或机载的雷达、无线电、电视及其他射频发射装置因发射而产生的电磁能量形成,会对飞机机载电子电气系统的正常工作造成不利影响。

高强电磁辐射场(HIRF)虽然对早期的飞机没有造成重大危害,但自 20 世纪 70 年代后期起,民用飞机的设计也像军用飞机一样开始采用关键的飞行电子控制设备、电子显示设备、发动机电子控制设备。这些电子设备的工作极易受到高强电磁辐射场(HIRF)的影响。

另外,以下原因也使得近年来对于飞机机载电子电气系统的高强电磁辐射场(HIRF)防护的必要性大大增加:

① 飞机的持续安全飞行和着陆日益倚重于电子电气系统的工作性能。

② 飞机设计所使用的一些复合材料降低了飞机的电磁抗干扰性能。

③ 电子电气系统由于数据总线或处理器的运算速度增加而对高强电磁辐射场(HIRF)更加敏感,集成电路和卡的集成密度越高,则该电子设备的敏感性也就越高。

④ 频率使用范围越来越大,尤其是超过 1 GHz。

⑤ 由于射频发射装置数量和功率的增加,致使形成的高强电磁辐射场(HIRF)日趋严重。

⑥ 有些飞机在实际飞行过程中经受了高强电磁辐射场(HIRF)的有害影响。

FAA 认识到必须尽快向公众通告飞机机载电子电气系统易受高强电磁辐射场(HIRF)干扰的特性,并于 2006 年 2 月 1 日颁发了建议的规章制定通告(NPRM/71 FR 5553)。此 NPRM 中的部分内容描述了由高强电磁辐射场(HIRF)引发的相关事件,以期推动此规章的尽快制定。

比较典型且非常严重的 HIRF 事故征候有:

1990 年 4 月 15 日,Airship－600 在飞行过程中受到美国之音电台天线的电磁辐射,致使两台发动机失效,在北卡罗莱纳州迫降过程中撞地。

1999 年 3 月 2 日,一架 R－44 直升机在葡萄牙上空 1 000 米的空中飞行时受到高能电磁波辐射,致使无线电通信和导航设备失灵,但飞机迫降成功。

11.6.1.2　事故原因分析

对于 1990 年 4 月 15 日 Airship－600 事件,NTSB 明确提出事故调查的原因是由于目前没有关于飞艇的 HIRF 适航审定标准。

而对于 1999 年 3 月 2 日 R－44 直升机事件,葡萄牙调查机构明确提出事故原因是由于高能电磁辐射致使无线电信号中断。

11.6.1.3　对适航标准的影响

通过上述事件,虽然没有造成航空事故,但可以说已经出现了严重的事故征候。FAA 在 1991—1998 年间连续发布了三份关于 HIRF 的适航指令,分别是 AD91－03－05、AD96－21－13 和 AD98－24－05。在 AD91－03－05 中,FAA 要求安装改进的发动机点火控制组件以防止在 HIRF 下双发动机失效；在 AD96－21－13 中指出 LITEF GmbH 的型号为 LCR－92，而 LCR－92S 和 LCR－92H 的姿态航向基准组件(AHRS)在 HIRF 条件下可能产生不准确的滚转和俯仰信息，FAA 要求安装这样设备的飞机只能在目视飞行规则下飞行，或者要求生产商对 AHRS 的电缆进行改进，重新进行屏蔽处理，或者在飞机飞行手册中注明系统失效或不失效情况说明；在 AD98－24－05 中，FAA 要求奥地利 HOAC DV－20 Katana 型号的飞机更换发动机电子控制盒，以防止在 HIRF 环境下发动机点火失效造成发动机停车。

自 1980 年以来，FAA 和工业界 EMC 的领导人定期会晤，来确定民用航空电子系统避免外界的干扰的防护要求。1986 年美国联邦航空局技术中心为民用航空制定了一个关于电磁环境的规范。这项研究是由电磁兼容分析中心(ECAC)进行的。自 1987 年以来，委员们撰写了非常全面的文件，其中包括 1992 年 9 月的 HIRF 草案咨询通告、1996 年的用户指南和 1995—1996 年的 DO－160DY 第 20 章。1983 年，ARAC 委员会关注电磁环境危害工作组(EEHWG)进行的 SAE－AE4R 工作，其目的是协调欧洲和美国版本的咨询通告和编写规则的变化，在 1996/1997 提交了 NPRM。到现在，已经颁布了 SAE DO160F，以及在 FAA 的 25－122 修正案中明确了 FAA 有关的适航条例，在 FAR－25(部)中增加了关于飞机机载电子电气系统免受外部高强电磁辐射场(HIRF)干扰的适航审定标准 FAR－25.1317 和附录 L。由于现在机载电子电气系统对于高强电磁辐射场(HIRF)的敏感性越来越高，地面使用的大功率无线电发射装置越来越多，使得制定本修正案显得非常必要，并且其有助于民用航空创建一个使飞机和机载系统免受高强电磁辐射场(HIRF)不利影响的更安全的运行环境。

2006 年 2 月 1 日颁发了建议的规章制定通告(NPRM/71 FR 5553)，征询周期于 2006 年 5 月 2 日终止，期间总共收到了 12 个反馈意见者的 13 条意见。反馈意见者中包括 2 个航空工业协会、2 个电子设备制造商、1 个发动机制造商、2 个飞机制造商和 5 个个人。

此修正案同时包含部分内容介绍了那些以前按 FAR－21.16 规定的要求颁发的 HIRF 专用条件取得合格审定的设备对于新试验要求的宽限(RELIEF)。只要申请人能够表明其设计的此类执行关键功能的、其故障将触发或引起阻止飞机继续安全飞行和着陆的电子电气系统仍然能够符合以前颁发的 HIRF 专用条件，修正案就允许在机上安装此类系统。但此项宽限仅在 5 年内有效并且仅适用于那些设备合格审定使用的 2007 年 12 月 1 日以前颁发的 HIRF 专用条件。要使用此项宽限，申请人必须能够：

① 提供证据表明系统合格审定使用的是 2007 年 12 月 1 日以前颁发的 HIRF 专用条件。

② 表明没有产生过任何导致按取证时颁发的 HIRF 专用条件验证的 HIRF 抗干扰性能失效的系统设计更改。

③ 提供当时系统按 HIRF NPRM 的同时，起草和颁发了相关的为申请人提供符合性指导方法的咨询通告草案，并根据收到的反馈意见进行了相应的修改，最后定稿颁发了题为"在高强电磁辐射场(HIRF)环境中应用的飞机电子和电气系统合格审定"的咨询通告 AC20－158。

对飞机机载电子电气系统高强电磁辐射场(HIRF)保护的规章修订涉及 FAR－23、FAR－25、FAR－27 和 FAR－29 部等各类飞机，以 FAR－25 部为例，修订后的规章要求申请人在接受飞机适航合格审定时，必须演示证明飞机上任何执行关键功能的、其功能故障将触发或引起阻止飞机继续安全飞行和着陆的电子电气系统必须被设计和安装成：

① 当飞机暴露于一个设定的 HIRF 环境(HIRF 环境Ⅰ)之中或之后，其关键功能均无不利影响；

② 当飞机暴露于 HIRF 环境Ⅰ后，系统均能及时地自动恢复其关键功能，除非此关键功能的恢复与系统其他的操作或功能要求相冲突；

③ 当飞机暴露于一个相对较弱但经常容易遇到的 HIRF 环境(HIRF 环境Ⅱ)之中或之后，其关键功能均无不利影响。

HIRF 环境Ⅰ设定了用于验证飞机和系统满足基本 HIRF 适航审定要求的门槛值，其代表了飞机在运行使用周期内可能会遇到的电磁辐射场强度的范围。HIRF 环境Ⅱ则代表了飞机在起飞和着陆时容易遇到的机场上空的电磁辐射场强度范围的估值。

此修正案同时确定了电子电气系统设备的 HIRF 合格审定试验水平。要求任何执行关键功能的、其故障将严重降低飞机操作性能或飞行机组操作反应的电子电气系统必须被设计和安装成：当其提供关键功能的设备暴露于 HIRF 合格审定试验水平 1 或 2 时功能正常，无不利影响。HIRF 合格审定试验水平 1 允许申请人使用工业标准试验方法进行符合性验证，HIRF 合格审定试验水平 2 则要求申请人按照为接受审定的飞机特别设定的设备试验水平进行符合性验证。

另外，修正案还要求任何执行重要功能的、其故障将降低(但非严重降低)飞机操作性能或飞行机组操作反应的电子电气系统必须被设计和安装成：当其提供关键功能的设备暴露于 HIRF 合格审定试验水平 3 时功能正常，无不利影响。HIRF 合格审定试验水平 3 同样允许申请人使用工业标准试验方法进行符合性验证，但其不像 HIRF 合格审定试验水平 1 或 2 规定的那么严格。HIRF 环境Ⅰ、Ⅱ和设备的 HIRF 合格审定试验水平 1、2、3 可在修订后的 FAR 附录 L 中找到。

11.6.2　尾翼鸟撞案例及规章修订

11.6.2.1　事件描述

运输类飞机经常与候鸟发生撞击。1962 年美国一架"子爵号"螺旋桨飞机大概在 6 000 英尺(约 1 829 米)的高度巡航飞行时，与一只天鹅(12～17 磅的质量)相撞，撞击造成了飞机左侧水平尾翼和升降舵的损伤，飞机随后失去控制而坠毁，机组和乘客全部遇难。

11.6.2.2 事件原因分析

FAA 重新审查分析了来自实际航空公司运营的鸟撞统计数据，并且注意到在飞机结构和控制系统中使用的失效-安全设计原则已经为防止因大鸟的撞击(如鹅类撞击和多鸟撞击)而造成的灾难性损伤提供了很高的安全保证。为充实飞机运营过程中收集到的各类鸟撞数据，FAA 还针对多款喷气式飞机进行了鸟撞试验。根据运营数据和试验数据，FAA 发现大多数已有的运输类飞机型号自身已经具备了一定的抗鸟撞能力，但依旧有少数型号的飞机在尾翼结构处的抗鸟撞能力不足，需要提高飞机尾翼的抗鸟撞设计要求。

11.6.2.3 对适航标准的影响

FAA 当时预计在 20 世纪 70 年代至 80 年代，喷气式飞机会逐渐取代螺旋桨飞机。基于上述考虑，FAA 决定对整个飞机的特定要求只进行实体化而不需要进行重大的设计变更。因此，FAA 提议新增 25.631 条款，要求飞机在设计巡航速度下，飞机尾翼在承受 8 磅鸟的撞击后，能够安全地完成剩余航程并安全降落。

FAA 的提案在业内反响不一。欧洲适航局指出，只针对尾翼提出上述要求是不合理的，质量为 13 000～40 000 磅的小型飞机的机翼更易受到撞击，并且指出 FAA 提出的承受 8 磅鸟的要求也不能够防止 1962 年"子爵号"事故的再发生，同时指出鸟的尺寸应该基于概率学进行考虑。美国航空工业协会指出，尾翼对承受 4 磅鸟的抗撞击要求已经足够，因为已经验证过 4 磅的要求已经完全可以满足风挡的安全要求。还有一些评论指出承受 8 磅鸟的规定是没有依据和不符合实际的，应该考虑更大的鸟(如 12 磅、20 磅等)，同时，所规定的鸟撞要求不应只针对尾翼，对于风挡和机翼也应采用相同的强度要求。

FAA 针对上述反映做出了回应，指出根据飞机实际运营经验，本修订案中不应该包括风挡的鸟撞标准，25.775 条中对于风挡鸟撞的要求是合理的，现有机翼结构设计也完全可以满足鸟类撞击的要求。没有证据可以证明除尾翼外的其他结构，不具备足够的针对大鸟的抗鸟撞能力，同时指出 8 磅以上鸟的撞击发生数量极少，所以未进行考虑。FAA 通过 FAR 25－23 号修订案增加了 25.631 条款，对尾翼结构提出了抗 8 磅鸟撞击能力的要求，同时明确表明，为了提高关键操作系统设备抗撞击能力，应该进行加强结构设计。FAR 25.631 的鸟撞要求仅适用于飞机尾翼结构。

经过上述提议和讨论，在 1970 年对 FAR－25 部进行了修订(Amendment 25－23; 35 FR 5665, April 8, 1970)，增加了 25.631，要求尾翼结构在设计时需要能够保证在飞行速度达到海平面巡航速度时，承受 8 磅鸟的撞击后，能够安全地完成剩余航行并安全降落。

在 25.631 被采纳后，其他有关鸟撞的条款也进行了相应调整。1977 年 8 月 15 日，FAA 发布了公告 77－15(41 FR 41236, August 15,1977)，该公告建议在 25.571

中加入新的损伤容限要求“飞机结构的疲劳性能评估”,包括针对由鸟撞引起的离散源损伤要求,并于 1978 年 12 月 1 日根据上述建议对 25.571 条款进行了修订(Amendment 25 - 45; 45 FR 46242, October 5, 1978);25.571(e)中的鸟撞要求通过修正案 25—72 进行了进一步修订,具体修订内容为将飞行速度要求由“可能的飞行速度”修改为“设计巡航速度”。此修订避免了“可能的飞行速度”表述过于模糊不清,也与 25.631 和 25.775 条相关的鸟撞要求相协调,同时也与 JAR 中的已有鸟撞要求保持一致;在此基础上,FAA 提出 25 - 96 修正案,更加严格明确地规定速度要求为海平面的巡航速度或者 8 000 英尺时的 0.85 倍巡航速度,该要求也是当时 JAA 的要求。由于 25.631 不适用于机翼,FAA 要求针对配有翼梢小翼而且因遭受大鸟撞击失去一个翼梢小翼的飞机建立可接受的安全等级,该要求也得到了几家制造商的认可。在鸟撞要求应用于其他特殊情况时也有必要进行特殊的解释,例如 25.365 中应用于因减压而达到结构设计载荷的情况。FAA 解释该条款要求对在 8 000 英尺飞行高度(高于 8 000 英尺几乎不可能出现该类大鸟撞击)因大鸟撞击完全丧失风挡玻璃的情况进行减压影响评估。对于一些在修正案 25 - 23 发布之前已经有审定基础的飞机,需要针对复合材料尾翼结构按照 25.631 的要求进行设计更改。

根据欧洲当时的飞机鸟撞运营数据,欧洲和美国的鸟撞数据库结果存在较大差异。欧洲数据库中,所有的鸟撞事件里有 1.2%的鸟重超过 4 磅,而美国的数据库显示,所有的鸟撞事件中有 7.2%的鸟重超过 4 磅。对于质量超过 8 磅的鸟撞事件,欧洲数据库统计结果为 0.3%,美国数据库统计结果为 3.6%。因此,EASA 确定对飞机所有结构的抗鸟撞标准定为 4 磅。FAA 曾成立一般结构协调工作组(GSHWG)试图协调 FAR 25.631 和 JAR 25.631 的内容,但是由于“鸟的质量”和“削减速度”的要求存在分歧,所以双方在该条款方面最终没能达成一致。

目前,FAA 在最近新设计的现代飞机中引入了许多新的技术,包括多出的一些新的关键控制系统和复合材料结构。使用了这些新技术的部位对鸟撞冲击载荷更为敏感,而在最初指定抗鸟撞标准时未对这类新技术进行考虑。此外,根据最新的北美鸟撞数据显示,质量大于 4 磅鸟的鸟撞事件数量在持续增加,同时鸟的数量也在持续增加,鸟撞事件的发生概率在增大。欧洲也意识到,某些对航空业造成很大威胁的野生动物物种数量急剧增加且它们已经适应了城市环境,致使野生动物袭击机场的风险更大了。然而,现有的审定标准都是 40 年前制定的,无论是设计标准还是制造标准都没有改变以应对新的威胁。因此,北美(FAA 和加拿大运输部)和欧洲(EASA)已经开始讨论因质量更大的鸟和群鸟撞击飞机而修改 4 磅和 8 磅的抗鸟撞测试标准,且 FAA 有意向将所有结构的抗鸟撞标准都提高至 8 磅。虽然加固飞机结构是提高抗鸟撞能力的一个有效缓解策略,但是通过制定“禁止商业飞机在低于 10 000 英尺处高速飞行”等操作策略和规章来降低鸟撞能量、限制鸟撞中的损伤是一个更快、更经济的解决方案。因此,北美国家在新的抗鸟撞适航标准颁布之前,已通过修订相关飞行规则来降低鸟类与飞机撞击的风险。

参考文献

[1] 朱凤驭. 民用飞机适航管理[M]. 国防工业出版社，1991.
[2] 孙卫平. 加强对生产批准书持证人的证件管理[J]. 民航经济与技术，1994(08)：32—33.
[3] 王居. 美国国家运输安全委员会概况及其在航空事故调查中的几个问题[J]. 民航经济与技术. 1994(1)：33-37.
[4] 中国民用航空总局航空器适航司. 中国民用航空器适航管理[M]. 北京;中国民航出版社，1994.
[5] 沈小明. 型号合格审定中工程专业代表与制造检查代表的关系[J]. 民航经济与技术. 1995(10)：37-38.
[6] 黄志中. 对“培训就是安全”的理解[J]. 民航经济与技术，1996(2)：40-41.
[7] 冯惠冰. 经修订后的FAA民用飞机型号合格审定程序分析[J]. 民用飞机设计与研究，1996(4)：32-38.
[8] 孙安宏,郭百鑫. 特许飞行证适航审查中应考虑的主要方面[J]. 民航经济与技术，1996(4)：42-43.
[9] 王坚,林植平. 谈谈中国民用航空器的适航管理[J]. 江苏航空，1997(1)：6-7.
[10] Bellenkes A,徐先慧. 调查航空事故的认知系统工程方法[J]. 航空军医，1997(4)：250.
[11] 祝海鹰. 关于当前适航指令编译方法的探讨[J]. 民航经济与技术，1999(8)：61.
[12] 汪巍. 航空业的互利合作[J]. 江苏航空，1999(2)：4-5.
[13] 李同泽. 欧洲联合航空局适航管理体制研究[J]. 航空标准化与质量，1999(2)：30-33.
[14] 靳洪艳. 中国民航飞行标准管理信息系统[J]. 民航经济与技术，1999(11)：43-45.
[15] 朱蕴萍. 略论申请颁发适航证应考虑的几个问题[J]. 洪都科技，2000(3)：43-45.
[16] 钟慧仙. 美国材料与试验学会(ASTM)简介[J]. 大型铸锻件，2002(4)：53-54.
[17] 张宏波. 美国运输事故调查的理念和特点[J]. 现代职业安全，2003(6)：27-30.
[18] 谈云峰. 我国民航安全运行管理的进一步完善[D]. 大连：大连理工大

学，2003.
[19] 成晓岚,曹凌云. 民用飞机航空电子系统适航标准应用初探[J]. 航空电子技术，2004(1)：42-47.
[20] 李福海,罗鹰,姚红宇. 浅谈我国适航指令的颁发与管理[J]. 中国民用航空，2004(11)：54-55.
[21] 杨昌其. 事故调查中危险接近的量化研究[D]. 成都:西南交通大学，2004.
[22] 姚红宇. 适航指令网络化管理系统[J]. 中国民用航空，2004(2)：59-60.
[23] 徐超群. 国外 PMA 产品在航空器维修中的使用[J]. 航空维修与工程，2005(2)：15-16.
[24] 朱文涛,陈大华. 照明电器的权威机构——国际电工委员会[J]. 光源与照明，2005(1)：36-38.
[25] 李红琳. 对飞机改装设计管理的探讨[J]. 中国民用航空，2006(7)：54-56.
[26] 蔡磊丹. 基于 ISO 9001:2000 标准的公用行业质量管理体系研究[D]. 天津:天津大学，2006.
[27] 杨小丽. 技术经济视角下的持续适航管理研究[D]. 南京:南京航空航天大学，2006.
[28] 黄世华. 论国际法上的国际环境合作[D]. 福州:福州大学，2006.
[29] 翟安强. 我国航空事故调查机制的建立[J]. 中国民用航空，2006(2)：19-20.
[30] 刘友丹. 民用飞机机载设备的适航管理[J]. 航空标准化与质量，2007(4)：9-12.
[31] 苏斌. 适航指令颁发的决策支持系统研究[D]. 南京:南京航空航天大学，2007.
[32] 刘延利,周燕佩,于敬宇. FAA 适航指令管理体系研究[J]. 中国民用航空，2008(10)：92-94.
[33] 路遥,赵越让,杨桢梅. 安全责任重于泰山 ARJ21－700 飞机型号合格审定工作详解[J]. 国际航空，2008(04)：44-46.
[34] 沈嗣贤. 基于案例推理的适航指令颁发辅助决策支持系统研究[D]. 南京:南京航空航天大学，2008.
[35] 冯铁惠. 美国机动工程协会(SAE)简介[J]. 航天标准化，2008(3)：37-39.
[36] 张越梅,浦传彬,刘晓华. 浅谈民用飞机的适航管理[J]. 民用飞机设计与研究，2008(2)：37-42.
[37] 柳永波. 小型民用飞机颤振适航性研究[D]. 天津:中国民航大学，2008.
[38] 李曙光. 中国民航体制改革发展与研究[D]. 济南:山东大学，2008.
[39] 郑苏. ZX1 型自转旋翼机适航性研究[D]. 南京:南京航空航天大学，2009.
[40] 王京玲. 保障航空安全 促进行业发展——中国适航管理回顾[J]. 中国民用航空，2009(10)：22-25.

[41] 王昭宏. 风险管理在我国民航安全管理上的应用研究[D]. 青岛:中国海洋大学，2009.

[42] 郎国鹏. 航空安全管理中人为差错分析及对策[J]. 中国民航大学学报，2009(4)：18-21.

[43] 齐亮,冯振宇,杨建忠. 航空事故调查与适航[J]. 国际航空，2009(4)：59-60.

[44] 高倩. 民航业“机”不可失[J]. 中国自动识别技术，2009(4)：37-40.

[45] 许科龙. 民用航空器主最低设备清单建议书(PMMEL)编制工作研究[J]. 民用飞机设计与研究，2009(1)：22-27.

[46] 易朝辉,余松涛. 民用小飞机取美国 FAA 型号合格证研究[J]. 洪都科技，2009(1)：46-54.

[47] 欧洲标准化委员会的标准类型及启示[J]. 机械工业标准化与质量，2009(3)：49-51.

[48] 冯远远. IRS/GNSS 导航综合性能评估技术[D]. 南京:南京航空航天大学，2010.

[49] 陈霞. 飞机持续适航文件初析[J]. 民用飞机设计与研究，2010(3)：47-50.

[50] 王跃全. 飞机复合材料结构修理设计渐进损伤分析[D]. 南京:南京航空航天大学，2010.

[51] 张雪苹. 飞机结冰适航审定与冰风洞试验方法[D]. 南京:南京航空航天大学，2010.

[52] 李上. 公共服务标准化体系及评价模型研究[D]. 北京：中国矿业大学，2010.

[53] 姜华斌. 国际合作中民机机载设备适航问题探讨[J]. 国际航空，2010(11)：83-84.

[54] 刘雨. 民航部件维修质量管理信息系统开发[D]. 成都:电子科技大学，2010.

[55] 于敬宇,路遥,舒小华. 民航适航标准体系[C]. 北京：2010 年航空器适航与空中交通管理学术年会，2010.

[56] 路瑞芳. 民用飞机适航审定管理信息系统研究与开发[J]. 民用飞机设计与研究，2010(4)：51-54.

[57] 孙承. 我国通用航空事故调查系统研究与实现[D]. 成都：电子科技大学，2010.

[58] 项勇,何钟武. 现代军用航空器适航审定要求概述[J]. 航空标准化与质量，2010(2)：26-29.

[59] 易朝辉. 型号合格审定阶段试验产品制造符合性检查研究[J]. 航空标准化与质量，2010(4)：26-29.

[60] 许沁莹. 浅析民航飞机的持续适航管理[J]. 价值工程，2011(28)：47.

[61] 韦艺,陈新锋. 使用困难报告安全性风险评估方法研究[J]. 中国民航大学学报，2011(2)：42-46.

[62] 弗洛里奥. 适航性:航空器合格审定引论[M]. 北京:北京航空航天大学出版社,2011.
[63] 苏宁,张嘉宁. 引领民航科技进步 助力民航强国建设——中国民航科学技术研究院成立大会侧记[J]. 中国民用航空,2011(1):10-17.
[64] 姜笑. 安全,我们的终极追求——访中国民用航空华东地区管理局副局长兼总工程师 吴坚[J]. 大飞机,2012(1):64-69.
[65] 顾海健. 飞机结构修理手册编制研究[J]. 航空维修与工程,2012(3):86-89.
[66] 赵曼. 飞机设计中的制造与维修成本方法研究[D]. 上海:上海交通大学,2012.
[67] 张凯,李勇. 国际航空事故调查政策法规的发展对我国民航的影响[J]. 中国民用航空,2012(8):46-50.
[68] 徐田坤,金妍,梁青槐. 国外交通运输事故处理机制分析及启示[J]. 综合运输,2012(3):48-54.
[69] 赵越让,等. 适航理念与原则[M]. 上海:上海交通大学出版社,2012.
[70] 刘静,肇俊武. 国外民用航空发动机低污染燃烧室的发展[J]. 航空发动机,2012(4):11-16.
[71] 史宇. 航空制造业质量体系建立研究[D]. 天津:天津大学,2012.
[72] 曹锋,金海波. 民机复合材料维修成本评估模型研究[J]. 江苏航空,2012(3):24-27.
[73] 郝莲. 民机研制适航取证总体技术方案探讨[J]. 航空制造技术,2012(22):62-65.
[74] 王冠茹. 民用飞机运营事件风险评估方法研究[D]. 南京:南京航空航天大学,2012.
[75] 汪超,龚文秀,李守通. 谈民机预投产飞机构型定义[J]. 科技创新导报,2012(1):254-255.
[76] 柏蓓. 中国民机适航取证的"探路者"——ARJ21-700飞机适航取证工作侧记[J]. 大飞机,2012(2):42-46.
[77] 赵旭望,秦永红. 民用航空法基础[M]. 北京:科学出版社,2013.
[78] 刘友丹. B787飞机型号适航审定基础分析[J]. 航空标准化与质量,2013(3):22-26.
[79] 刘岩东. EWIS设计中的适航要求分析[J]. 沈阳航空航天大学学报,2013(4):23-27.
[80] 日用电器编辑部. IEC国际电工委员会概况及我国参与情况[J]. 日用电器,2013(1):15-17.
[81] 何光勤,张敏倩,李夏. SMS体系下的航空公司安全风险管理研究[J]. 科技风,2013(3):265-266.

[82] 彭华乔，曾萍，陈元，等．道面除冰液对飞机除冰液影响的研究[J]．精细与专用化学品，2013(9)：21-24.
[83] 司悦彤．概率风险评估在尾矿坝溃坝中的应用研究[D]．昆明：昆明理工大学，2013.
[84] 沙江，刘珍彤．国产新型民用运输类飞机型号合格证颁发前 AEG 评审工作研究[J]．科技信息，2013(20)：428-429.
[85] 孙丹峰，季幼章．国际电工委员会(IEC)简介[J]．电源世界，2013(9)：57-62.
[86] 张陇东．国内外民机适航管理体系浅析[J]．民用飞机设计与研究，2013(4)：6-9.
[87] 刘永．机载维护系统对故障隔离手册的作用和影响分析[J]．科技创新导报，2013(14)：86-87.
[88] 张健．民航事故调查信息平台框架设计[J]．中国民用航空，2013(12)：97-98.
[89] 姚俊．民机研发领域工程委任代表管理体系研究[J]．科技信息，2013(19)：459-460.
[90] 丁立冬．民用飞机供应商适航联络员管理研究[J]．航空标准化与质量，2013(4)：21-23.
[91] 熊超，郝莲，付冬梅，等．民用飞机适航取证任务研究[J]．科技信息，2013(19)：59-60.
[92] 郑庆，李艳军，曹愈远，等．某型直升机重要改装设计批准符合性验证研究[J]．滨州学院学报，2013(6)：48-52.
[93] 陈金莉，吕忠．适航管理规章与 ISO9001 质量体系标准的异同分析[J]．航空维修与工程，2013(1)：90-92.
[94] 花迎春．通过失效报告和调查改进航空产品及其适航管理[J]．航空标准化与质量，2013(3)：30-33.
[95] 张萌．我国民用机场政府管制改革与发展研究[D]．西安：长安大学，2013.
[96] 贾春．型号检查核准书的颁发和管理[J]．航空标准化与质量，2013(4)：29-31.
[97] 张青，闫国华，武耀罡，等．噪声适航标准严格化趋势探究[J]．噪声与振动控制，2013(3)：235-240.
[98] 郑庆．直升机重要改装设计电磁兼容与环境符合性验证方法研究[D]．南京：南京航空航天大学，2013.
[99] 张涛．直升机重要改装设计疲劳评定符合性验证方法研究[D]．南京：南京航空航天大学，2013.
[100] 丁晓宇，刘明，吕忠．中、欧适航指令标准化管理技术对比分析[J]．航空标准化与质量，2013(6)：19-21.
[101] 郝莲，哈红艳．中国民用飞机主制造商设计保证系统的建立[J]．中国民用航

空，2013(9)：32-34.
[102] 刘伟东，尚大伟，段文运，等. 电力作业直升机 AS350B3 改装设计审定[J]. 航空科学技术，2014(2)：45-49.
[103] 孙博. 国际非政府组织 ISO 与中国[J]. 现代经济信息，2014(20)：138-139.
[104] 杨万柳. 国际航空排放全球治理的多维进路[D]. 长春：吉林大学，2014.
[105] 陈诗麒. 国际民用航空器适航责任研究[D]. 上海：华东政法大学，2014.
[106] 徐海宁. 航空法视野下 STC 的法律考察[J]. 长春工业大学学报(社会科学版)，2014(5)：66-69.
[107] 肖建华，袁圆. 论航空事故调查报告诉讼证明问题[J]. 北京航空航天大学学报(社会科学版)，2014(6)：21-27.
[108] 王莉莉，任和，王志强，等. 民机在役构型管理思路和方法研究[J]. 航空维修与工程，2014(1)：81-83.
[109] 杨蓓. 民用飞机维修手册编制规范研究[J]. 科技展望，2014(10)：151-153.
[110] 李家丰. 民用航空器适航指令控制管理[J]. 价值工程，2014(33)：198-199.
[111] 史彬彬. 民用航空器研制中制造符合性声明的使用[J]. 民用飞机设计与研究，2014(2)：70-75.
[112] 王恒亮，胡涛. 民用运输类飞机型号豁免要求研究[J]. 中国民用航空，2014(6)：83-85.
[113] 肖俊. 民用运输类飞机型号检查核准书(TIA)适航管理实践[J]. 山东工业技术，2014(18)：200-201.
[114] 刘明，丁晓宇，吕忠. 浅论国产民用航空产品和零部件适航指令的颁发程序[J]. 航空标准化与质量，2014(2)：26-28.
[115] 刘明. 浅论民用航空标准件的适航管理要求[J]. 航空标准化与质量，2014(1)：42-44.
[116] 聂常胜. 浅谈民用飞机适航管理体系建设[J]. 中小企业管理与科技(下旬刊). 2014(4)：34.
[117] 郭中伟. 浅谈民用适航管理与航空安全[J]. 江苏航空，2014(2)：21-22.
[118] 王锐，罗道国. 浅析飞机运行及持续适航文件(ICA)审查程序[J]. 科技创新与应用，2014(22)：294.
[119] 曹继军，司继宪. 浅析适航设计保证系统和质量管理体系的关系[J]. 航空科学技术，2014(3)：71-74.
[120] 朱亮. 审查飞行控制系统审定计划的几项关注要素[J]. 中国民用航空，2014(4)：54-55.
[121] 谢荣超. 通用飞机增雨装置加改装适航技术及管理研究[D]. 广汉：中国民用航空飞行学院，2014.
[122] 王哲. 外场飞机结构问题处理方法研究[J]. 航空科学技术，2014(10)：

55-58.
[123] 于中杰，齐畅，刘晓培. 中美事故调查及处理对比分析[J]. 中国标准化，2014(11)：109-111.
[124] 李杨. 航空器制造商持续适航体系研究浅析[J]. 科技视界，2015(30)：90-217.
[125] 卢佩妍. 机载设备初始适航管理研究[J]. 航空标准化与质量，2015(1)：39-43.
[126] 陈银. 基于欧洲98法的民用飞机直接维修成本预计研究[J]. 科技视界，2015(12)：218-277.
[127] 李卿卿，曹燚，孙有朝，等. 民用飞机技术出版物验证方法探讨[J]. 中国民航飞行学院学报，2015(2)：37-41.
[128] 李敬，张伟. 某型民用飞机自动驾驶仪适航研究[J]. 航空标准化与质量，2015(2)：49-51.
[129] 陈金莉，侯卓，刘延利，等. 外国民用航空器在华生产的适航管理方法研究[J]. 航空维修与工程，2015(1)：92-95.
[130] 王斌，蒋建军，王俊彪，等. 型号合格取证过程适航知识要素分析与系统建模[J]. 航空制造技术，2015(3)：97-101.
[131] 徐航. 租赁飞机的全流程工程管理[J]. 航空维修与工程，2015(3)：77-81.
[132] 林桂平. 型号合格证持有人持续适航体系事件收集的规范化研究：探索-创新交流(第7集)[Z]. 第七届中国航空学会青年科技论坛，2016，4.
[133] 于海生. 持续适航体系有效性管理方法研究[J]. 科技视界，2017(4)：28-63.
[134] 黄茜. 飞机事件严重度模糊综合评价法[J]. 电子技术与软件工程，2017(15)：194-197.